U0285691

高等学校土木工程专业应用型本科系列教材

新 土 力 学

邵龙潭　　温天德　　主编

中国建筑工业出版社

图书在版编目（CIP）数据

新土力学/邵龙潭，温天德主编. —北京：中国
建筑工业出版社，2023.8
高等学校土木工程专业应用型本科系列教材
ISBN 978-7-112-28746-8

Ⅰ.①新… Ⅱ.①邵… ②温… Ⅲ.①土力学-高等
学校-教材 Ⅳ.①TU43

中国国家版本馆 CIP 数据核字（2023）第 088249 号

本教材以土的应力变形和渗流分析为重点，力求进一步发展和完善土力学的理论体系，主要内容是：建立饱和与非饱和统一的土力学理论框架，包括分开考虑孔隙流体压强和其他外力的作用得到平衡微分方程、有效应力表达式；基于平衡微分方程建立饱和与非饱和土的渗流方程；基于试样局部应变测量建立新的应力应变本构关系；发展土的抗剪强度理论，提出曲面上土体的极限平衡条件并在此基础上建立通用的岩土结构稳定分析方法。具体而言，应用平衡微分方程、位移（变形连续）方程和本构关系方程，即动量守恒、质量守恒条件和材料的固有物理性质，并联合渗流方程，根据给定的边界条件和初始条件，可以求解各种孔隙介质和土力学以及岩土工程问题；而曲面上土体的极限平衡条件则奠定了岩土结构稳定分析的基础，基于此发展的岩土结构稳定分析方法——有限元极限平衡法几乎可以求解任何岩土结构的稳定问题。

为了便于教学，作者特别制作了配套课件，任课教师可以通过如下途径申请：

1. 邮箱：jckj@cabp.com.cn，12220278@qq.com
2. 电话：010-58337285
3. 建工书院网站：http://edu.cabplink.com

责任编辑：吕　娜　吉万旺
责任校对：党　蕾
校对整理：董　楠

高等学校土木工程专业应用型本科系列教材
新 土 力 学
邵龙潭　温天德　主编

*

中国建筑工业出版社出版、发行（北京海淀三里河路9号）
各地新华书店、建筑书店经销
霸州市顺浩图文科技发展有限公司制版
北京圣夫亚美印刷有限公司印刷

*

开本：787毫米×1092毫米　1/16　印张：17¾　字数：441千字
2023年7月第一版　　2023年7月第一次印刷
定价：**55.00元**（赠教师课件）
ISBN 978-7-112-28746-8
（41176）

前言
PREFACE

2011 年作者出版了《土力学研究与探索》和《土工结构稳定分析—有限元极限平衡法及其应用》两本书，介绍自己的相关研究成果，以期推动土力学基本理论和试验技术的发展与完善。2012 年修订出版了《土力学研究与探索—土力学理论新体系 5 讲》，进一步阐述完善土力学理论的新思路。2013 年编著出版了普通高等教育"十二五"规划教材《新编土力学教程》，尝试以土的内力、变形和稳定分析为目标，以平衡微分方程为主线，完善现有的土力学理论体系。原书共分为 11 章，分别是土和土力学、土的物理性质和工程分类、土的应力应变定义和平衡微分方程、饱和土渗流、地基土体的应力计算、地基的沉降和固结、土的强度理论、土力学试验、挡土墙和土压力、地基承载力、土坡稳定分析，限于篇幅，书中未涉及非饱和土力学和土动力学方面的内容。

本教材在《新编土力学教程》的基础上，以土的应力变形和渗流分析为重点，力求进一步发展和完善土力学的理论体系。教材主要内容是：建立饱和与非饱和统一的土力学理论框架，包括分开考虑孔隙流体压强和其他外力的作用得到平衡微分方程、有效应力表达式；基于平衡微分方程建立饱和与非饱和土的渗流方程；基于试样局部应变测量建立新的应力应变本构关系；发展土的抗剪强度理论，提出曲面上土体的极限平衡条件并在此基础上建立通用的岩土结构稳定分析方法。具体而言，应用平衡微分方程、位移（变形连续）方程和本构关系方程，即动量守恒、质量守恒条件和材料的固有物理性质，并联合渗流方程，根据给定的边界条件和初始条件，可以求解各种孔隙介质和土力学以及岩土工程问题；而曲面上土体的极限平衡条件则奠定了岩土结构稳定分析的基础，基于此发展的岩土结构稳定分析方法——有限元极限平衡法几乎可以求解任何岩土结构的稳定问题。

本教材共有 10 章，其中第 1 章由邵龙潭、郭晓霞执笔，第 4 章由邵龙潭和温天德执笔，第 7 章、8 章和 10 章大部分引用了《新编土力学教程》的内容，其余章节均由邵龙潭执笔。全书由邵龙潭和温天德修改定稿，温天德审核了全书各章的例题、思考题和习题。

感谢第一作者的学生们为本教材所做的研究工作！

为了便于读者理解，在导读中采用对话的方式阐释了本书与已有土力学的不同内容。限于水平和时间，书中不当之处在所难免，敬请读者批评指正。

复习题参考答案

导　读

——作者大S与学生小Q的对话

　　这是一本新理论体系的土力学。在讲授本教材的内容时经常会与学生讨论相关的问题。为了更好地帮助读者理解书中的主要内容，特整理了部分与学生的对话，谨以之作为序。

　　小 Q：老师，您好！我想占用您一些时间讨论土力学问题，特别是关于"新土力学"，方便吗？

　　大 S：小 Q，你好，方便，欢迎讨论！

　　小 Q：您能说说您如何看待土力学吗？

　　大 S：很高兴听到你对"新土力学"感兴趣。先说土力学学科，任何一门学科都是为了求知和解决问题。所谓求知，不仅指要了解事情的表象，还要了解表象背后的规律，也就是不仅要说明事情是什么样子，还要说明为什么是这个样子。绝大多数的理论和知识都是从问题中来的，一般都是先有问题，然后才有理论。工程学科更是如此，在实践中遇到问题、发现问题、寻找解决问题的思路和方法，进而才有可能发展和形成理论。

　　然而，理论不仅仅可以解决某一个孤立的问题，还可以解决一类问题，形成一个体系。就土力学来说，它的目标是求解岩石或土体结构的内力、变形、强度和稳定性等问题，既涉及固体，又涉及流体；既涉及应力、应变，又涉及强度理论和岩土结构分析方法。就理论体系而言，它既可以是土力学，也可以是散体力学，还可以是孔隙介质力学。

　　小 Q：老师，我听了您"土力学研究与探索"的课，最近又认真阅读了《新土力学》手稿，毕业后也打算从事与土力学相关的工作，我想知道目前已有的土力学理论体系是什么样的。

　　大 S：你的目标很清晰，应该鼓励！关于你的问题，目前的土力学在 20 世纪 20～30 年代由太沙基奠基，此后经过数十年的发展和完善，形成了比较完整的体系。正如在《新土力学》1.1 节中提到的，太沙基在建立土力学理论体系方面的贡献是举世公认的。他作为土力学的奠基人，主要贡献是按物理性质把土分成黏土和砂土，并把当时零散的有关土力学的定律、原理、理论等加以整理和系统化，形成土力学理论体系的基本框架；更重要的是提出了饱和土的有效应力原理并建立了土的一维固结理论。就现有大部分的土力学教材来说，内容大体包括：土的组成、土的物理性质和分类、土的渗透性和渗流、土中应力、土的压缩性、地基变形、土的抗剪强度、土压力、地基承载力、土坡和地基的稳定性以及简单的土动力学的内容，这就是土力学的知识体系，其中蕴含着土力学理论。许多前辈都曾总结和阐述过土力学的理论体系，在前辈论述的基础上，我重新将其归纳为 1 个原理（有效应力原理）、1 个定律（达西定律）、3 个理论（固结理论、强度理论、本构理论）和若干方法（应力计算方法、地基变形计算方法、土压力计算方法、稳定分析方法与土工试验方法等）。

小Q：那么新土力学的"新"体现在哪些方面呢？

大S："新"是继承意义下的新，我们继承了现有土力学的知识框架，在此基础上完善土力学的理论基础。主要体现在以下几个方面：

第一，明确了土的物理量的定义及其连续性，阐释了土作为连续介质的物质模型。这一内容非常重要，因为连续的数学工具是建立土力学理论的基础。在已有的土力学理论中隐含着这一内容，只是不明确。

小Q：明白了。老师，对于土力学，我有一个问题很困惑：我们研究的到底是实际的土还是理想的土？换句话说，是否可以把土作为理想的连续介质，然后利用连续介质力学的理论和方法解决土力学和岩土工程问题？

大S：这是一个根本性的问题。尽管我们在土力学理论中使用了连续介质力学的理论和方法，但是在现有的土力学著作和教材中，几乎都没有证明或阐释应用连续介质力学理论和方法的合理性。在本教材第2.8节中专门讲述了"土的物理量的定义及其连续性"，说明在"代表体元"的尺度上，可以应用连续的数学工具，即连续介质力学的方法描述土力学问题。其实，只要将宏观尺度与微观尺度做一个类比，就很容易理解这一点。因为所谓的连续介质，在微观尺度下它的物质的空间分布也是不连续的，就如在宏观尺度下土的物质颗粒在空间上的分布不连续一样，但是这不影响我们用连续的数学工具把在微观尺度上并不连续的介质描述成连续介质。

小Q：嗯，也就是说我们可以在更大的尺度上用连续的数学方法描述并不连续的土。对于均质或者均匀分布的非均质土，您这样说我能理解。但是，如果是建筑垃圾，还可以作为均质材料来处理吗？

大S：我们查一下百度百科，均质材料被定义为"任意部分的物理化学性质都基本相同的材料"。更严格的定义可以是"任意一个区域与另外相同尺寸的区域相比，材料的形态和物理化学性质都相同"。这里的区域是有尺度的，对于建筑垃圾来说，在垃圾块体的尺度上，它是不均匀的；但是在更大的尺度上，如果它符合我们上面关于均质材料的定义，就可以被视为是均质的。

第二，书中明确了土骨架的定义，提出将与土颗粒紧密结合并与其共同组成承担和传递荷载的结构的一部分孔隙水作为土骨架的组成部分，并称这部分孔隙水为骨架水。

小Q：这是以前没有的吧？这对土的物理性质研究带来哪些影响呢？

大S：是没有的。土的变形其实就是土骨架的变形，抗剪强度也是土骨架的抗剪强度。将骨架水作为土骨架的组成部分，增加了固体的体积，改变了土的三相比例指标，对土的变形性质有影响，比如细粒土的压缩，计入骨架水时孔隙比会变小，这意味着土的绝对变形量变小；另一方面，如果土颗粒之间通过骨架水连接，则可以借助于研究骨架水的性质了解和阐释土的抗剪强度和变形行为。此外，有了骨架水的概念，我们还给出了干土的定义，即把含水率小于骨架水含量上限的土都视为干土，由此土力学的研究对象可以分为饱和土、非饱和土和干土。

我们接着说土力学"新"的方面。

第三，也是最重要的一点，是分离考虑孔隙流体压强和其他外荷载的作用，得到了多相多孔介质的有效应力方程，说明了有效应力的物理意义。

小Q：在此之前没有人这样做过吗？

大 S：没有。分别对各相取隔离体进行内力分析推导平衡微分方程是有的，在孔隙介质力学中一直都这样做，但是没有分离考虑孔隙流体压强和其他外荷载的作用。因此，目前的孔隙介质力学中没能直接推导出有效应力方程。

小 Q：为什么要分离考虑孔隙流体压强的作用？

大 S：这源于我本人对液化问题的思考，那还是在 1986 年，为了做尾矿坝的静动力稳定和液化分析，我开始学习和思考砂土液化的机理：孔隙水压力升高、有效应力和抗剪强度降低甚至完全丧失而导致液化；而孔隙水压强升高应该是源于孔隙水和骨架之间力的相互作用。因此，试着对饱和土的骨架和孔隙水分别取隔离体进行受力分析，推导了各自的平衡微分方程。把两者相加，就得到了太沙基的有效应力表达式。1991—1996 年，我以此为基础开展博士学位论文的研究工作。1999 年，我在德国 KARLSRUHE 大学完成了非饱和土有效应力方程的推导，此后，又推导出同时考虑外力土骨架应力和孔隙流体压强作用的非饱和土的体积应变和抗剪强度表达式。

回到"为什么要分离考虑孔隙流体压强的作用"的话题。首先，在对饱和土的骨架和孔隙水分别取隔离体进行受力分析时，自然要考虑孔隙水对骨架的作用，包括了孔隙水压强的作用以及孔隙水与骨架相对运动产生的作用，后者即渗流力。静孔隙水压强的作用是自平衡的，也就是说，作用在骨架上的孔隙水压强自身满足力的平衡条件。其次，在推导同时考虑外力土骨架应力和孔隙流体压强作用的体积应变和抗剪强度表达式时，又发现外力土骨架应力和孔隙流体压强对抗剪强度和体积应变的贡献不同。上述两个方面的原因决定了我们要分离考虑孔隙流体压强和其他外荷载的作用。

小 Q：您说有效应力是不包含孔隙流体压强的其他外荷载作用产生的土骨架应力，是什么含义呢？

大 S：这一问题在新土力学书中有论述，其含义是：有效应力是土骨架应力，但是它不是全部内力（荷载）产生的土骨架应力，其中不包含孔隙流体压强的作用。书中也提到，只要分开考虑孔隙流体压强和其他外力（荷载）的作用，自然就会得到有效应力方程，即外力土骨架应力与孔隙流体压强及总应力之间的关系。

小 Q：土骨架还有其他的应力吗？

大 S：没有了。土骨架只受到孔隙流体压强和其他外力（荷载）的作用。除了孔隙流体压强，其他所有外荷载作用产生的内力都表现为外力土骨架应力。

小 Q：您能解释一下有效应力方程的物理本质吗？

大 S：除了基于分相和总应力平衡微分方程推导出有效应力方程外，我们还分别通过土中一点任意微元面上的内力分析、直接基于外力土骨架应力的定义（骨架应力不包含孔隙流体压强的作用）、基于传统孔隙介质力学的平衡微分方程、基于颗粒间的内力分析等，推导了有效应力方程。

从推导过程可以看到，有效应力方程在本质上是土中一点内力的合力与分力之间的关系，即合力等于孔隙流体压强和其他外荷载作用在骨架和孔隙流体上产生的分力之和。因此，有效应力方程是一个恒等式，与土（孔隙介质）的抗剪强度及变形性质无关。

小 Q：在许多文献上都提到，有效应力是决定土的抗剪强度和变形的应力，比如沈珠江院士曾经指出，有效应力应该依照 Skempton 的观点按照抗剪强度或变形等效的原则导出，这与您说的有效应力不一致吧？

大 S：是不一致。在我阐释有效应力的物理意义之前，关于有效应力到底是什么，有效应力方程是否需要修正一直存有争议。沈珠江院士曾认为，有效应力是虚拟的物理量，没有物理意义。这也是产生上述争议的原因。在明确了有效应力的物理意义之后，相信这些争议将会消除。所谓 Skempton 的观点，其实是根据土的抗剪强度和变形反推出有效应力，而我的思路是抗剪强度和变形与骨架内力相关，骨架内力包括并且只包括外力土骨架应力和孔隙流体压强。按照外力土骨架应力和孔隙流体压强各自的贡献可以得到的抗剪强度和体积应变的表达式，结果与 Skempton 修正有效应力的表达式相同。应力是因，抗剪强度和体积应变是果。在本质上，按照抗剪强度和体积应变等效的原则导出有效应力是由果导出因，而根据外力土骨架应力和孔隙流体压强各自的贡献导出抗剪强度和体积应变的表达式是从因到果。前者的问题是：影响土的抗剪强度和变形的不仅仅是应力，土的性质也对抗剪强度和变形也有影响，等效的有效应力中包含土性的影响显然是不合适的。事实上，试图用有效应力反映决定土的强度和变形的全部因素恰恰是现有土力学和岩土工程问题复杂化的根本原因。

小 Q：那您提出的外力土骨架应力到底是不是太沙基的有效应力呢？

大 S：可以肯定地说是。分开考虑孔隙水压强和其他外荷载的作用，我们得到了饱和土太沙基的有效应力表达式。首先，在数值上，外力土骨架应力与太沙基的有效应力相等；其次，在孔隙水压强的作用对抗剪强度和体积变形的贡献可以忽略时，外力土骨架应力就是决定土的抗剪强度和变形的应力，而绝大多数情况下孔隙水压强的作用对抗剪强度和体积变形的贡献都可以忽略，因此，外力土骨架应力就是决定土的抗剪强度和变形的应力，也就是有效应力。

小 Q：哦，那您还推导出非饱和土的有效应力方程，这有什么意义？

大 S：意义很明显。第一是在有效应力的概念下，现有的土力学解决饱和土问题的方法可以直接推广到非饱和土；第二是便于建立统一的饱和与非饱和土力学理论体系。此外，我们也给出了多相多孔介质的有效应力表达式。

小 Q：老师，还有一个问题，当土的含水率很低，孔隙水主要是吸附水时，还有孔隙水压强吗？有效应力方程还适用吗？

大 S：这个问题问得好！现实生活中，大家或多或少会受惯性思维的影响，认为水只有在自重作用下（自由水状态）才有压强。其实不然，从热力学或能量的观点来说，压强表示水的能量状态，即水势。众所周知，压强本身是水势的一个分势，称为压强势。但是，我们可以将压强扩展用来表示总水势，即单位水体从当前状态变化到标准参考状态时对外界所做的功（释放的能量）。在这个意义下，吸附水的能量状态仍然可以用压强表示，只是为负值。由此，我们可以将土中水的势能统一地表示为压强。

第二个问题，有效应力方程还适用吗？答案是肯定的。此时的孔隙水已经是骨架水，它成为土骨架的一部分，虽然有压强（能量状态），但是不出现在有效应力方程中。有效应力方程中的应该是孔隙气压强，在大气开敞条件下，相对值为 0。

另外，研究土中的水特别是吸附水是很有意义的，我们可以从中了解和解释土的复杂性。但是，试图把吸附水的性质反映在有效应力方程中是不可取的，也就是说，试图用有效应力方程反映吸附水的性质对土性的影响是不可取的。这一点在教材中有提到。

小 Q：老师，我能理解统一用压强表示孔隙水的势能，但是您说"把吸附水的性质反映在有效应力方程之中"是什么意思呢？

大S：意思是在有效应力方程中体现吸附力的作用性质。换一句话说，就是试图用有效应力反映吸附水的形态对土的性质的影响。这会使得问题变得复杂而且无法反映土性的本质。土的抗剪强度和应力-应变关系不仅与应力有关，而且与土自身的性质有关，而土的性质与吸附水的形态和作用机制有关。换一句话说，吸附水的形态和作用机制会改变土的性质，但是不会改变有效应力和有效应力方程。

小Q：您的意思是说，无论吸附水的形态和作用机制如何，有效应力方程都成立。也就是说，不管骨架水与土颗粒之间是如何作用的，结果都不影响有效应力方程。是吧？其他形态的孔隙水也是这样吗？

大S：是的。土中的孔隙水可以分成强结合水、弱结合水、毛细水和自由水，也有学者将土中的孔隙水分为吸附水、渗透吸收水、毛细水和自由水。孔隙水的作用力有库伦力（电磁力）、范德华力（分子引力）、毛细力和重力。无论水是什么形态，无论作用力是什么，其能态都可以用压强表示。只是当孔隙水完全成为土骨架的组成部分时，作为液体的孔隙水已经不存在，孔隙水压强也就没有意义了。此时，有效应力方程仍然成立，只是用孔隙气压强表示。有效应力方程表示的是宏观力之间的关系，与力的微观作用性质无关。

小Q：那作为土骨架的孔隙水也有压强吗？

大S：有压强的。实际上固体也有压强，也就是应力。固体压强是由于固体内部原子的挤压形成的，这种挤压源于原子之间的电磁力。

小Q：教材中提到当孔隙水的含量小于土骨架水含量的上限时，土就成为干土。按照您的说法，干土的有效应力不变，但是强度和变形性质会随着含水率的变化而变化。对吗？

大S：对。

小Q：那怎么确定土骨架水含量的上限，与土水特征曲线中的残余含水率有关吗？

大S：这也是一个很重要的问题。尽管我们将孔隙水分成了不同的形态，但是在实际中要确定不同形态的孔隙水及其含量非常困难甚至是不可能的。用分子动力学的方法也很难估算土骨架水的上限。也就是说，目前我们还无法从理论上确定骨架水含量的上限。但是我们可以知道，土水特征曲线是土固有的物理性质。典型的土水特征曲线有两个拐点：一个拐点对应进气值；另一个对应残余含水率。宏观土水特征曲线的这两个拐点反映的是土微观孔隙水性质的变化，前者是气体进入土体，孔隙不再完全被水充满；后者则反映孔隙水性质的变化，即拐点前后孔隙水的性质不同，这就是将其取为土水特征曲线中的残余含水率的根据。实际上，我们并不清楚拐点之后的孔隙水是什么形态。我认为，很大可能是吸附水、部分的渗透吸收水和少量的毛细水。

小Q：关于有效应力，我已经理解了。您接着讲其他新的方面吧！

大S：好。**第四**，基于孔隙流体的平衡微分方程，借用水力学中流体运动阻力与流速的关系（层流状态下阻力与流速成正比），直接推导了孔隙流体的运动方程。对于饱和土而言，就是达西定律表达式；在非饱和状态下得到了渗透系数（导水系数）的理论公式。

求解渗流问题是以达西定律为基础的。达西定律是通过试验得到的，它表明渗透流速与渗透坡降或水势梯度成正比的关系。在层流渗流条件下，引入阻力与渗透流速成正比的关系，由孔隙水的平衡微分方程可以直接推导出达西定律的表达式。说明达西定律在本质上反映的是线性阻力条件下孔隙水的动量守恒，即孔隙水的牛顿第二定律公式。对饱和土与非饱和土都是如此。这样，可以把饱和土与非饱和土的渗流问题统一起来，并且可以得到渗透系数的理论公式。

顺便提一下，根据孔隙水的平衡微分方程，我们会发现现有的渗流力的表达式需要修正。

小Q：您说"现有的渗流力公式需要修正"，是因为渗流力公式错了吗？

大S：不是，是渗流力的定义与公式不匹配。渗流力的定义是单位体积土体中的孔隙水在渗流时给予土骨架的作用力，它等于孔隙水受到的土骨架的阻力。注意，它是单位体积的土体中孔隙水的阻力。定义是单位体积土体中孔隙水的阻力，导出的公式却是单位体积孔隙水的阻力。两者相差一个比例系数，即孔隙水对应的孔隙率。

我们接着说其他新的地方。现有的土力学求解土的应力和变形的思路是先计算地基应力，一般包括自重应力和地基上荷载作用产生的应力。对于自重应力直接根据土层重量计算，对于地基上作用的荷载则假设土为线弹性材料，应用弹性方法求解（不考虑孔隙水压强，如果考虑孔隙水压强则需要求解 biot 固结方程）。把自重应力与荷载产生的应力叠加，得到地基应力。地基变形则是根据压缩曲线，采用分层总和法计算。而新土力学的思路则是基于平衡微分方程和连续方程，引入土的本构关系，给定边界条件和初始条件，按照实际荷载求解土的应力和变形（自然计入孔隙水压强的作用）。在这样的思路下，固结问题和一般的应力-应变问题是一致的。

第五，建立了新的应力-应变本构关系，其特点是：①只描述未出现破坏的土的应力应变关系；②应用破坏准则（破坏条件或强度条件）判别一点是否出现破坏；出现破坏时，土体在破坏面上沿着破坏方向滑动，变形不连续，服从摩擦定律或临界状态的偏应力与平均应力关系方程；③由应力相关的弹性模量表达式和破坏准则反映土的压硬性，用变形比（定义与泊松比一致）的变化体现土的剪胀（剪缩）性；④依据变形稳定状态建立弹性模型并确定弹性参数，并分离塑性变形，建立塑性应变模型；⑤从初始加载就出现塑性变形，无须屈服条件判断是否出现塑性流动，也不需要流动法则和塑性势函数。

到目前为止，几乎所有的本构关系模型都以土样整体的应力-应变试验曲线为依据，在土样局部出现破坏后有失合理性。主要原因是在出现局部破坏后，土样各处的应力应变关系不一致，破坏区域和未破坏区域的变形形态和应力应变关系截然不同，破坏的点（代表体元 REV）沿着破坏方向滑移，而未破坏的点仍然经历原有的应力应变过程。此时，土样整体的应力-应变关系曲线既不代表破坏区也不代表未破坏区，而是各处应力-应变关系的合成结果。新本构模型的基本思路是土体只有破坏和不破坏两种状态，破坏时在破坏面上沿着破坏方向滑动，服从摩擦规律；不破坏时满足应力-应变关系。

小Q：这一部分内容我比较熟悉。与已有的本构模型相比，新的本构模型有很多改变，比如：①土中一点只有破坏和不破坏两种状态，未破坏时服从应力应变关系，破坏后沿着破坏方向滑动，满足摩擦规律；②它不是以土样整体而是以一点的应力-应变关系曲线为根据，对于均质土，在未破坏状态下，一点、整体和各处的应力-应变关系基本相同；③不需要引入初始弹性的概念，对于初次加载的土，即使在非常小的应力作用下也会出现塑性变形；也不再需要屈服准则、塑性势函数和流动法则；④不再有应变硬化或者软化的特征，硬化或软化只对土样整体而言；⑤用多次加卸载循环后变形稳定状态下的应力应变关系表示土的弹性行为；⑥总的变形减去弹性变形，即为塑性变形。

大 S： 说得对。这一模型物理意义清晰，参数少且比较容易确定。有了平衡微分方程和本构关系，并且在未破坏条件下我们可以认为土的变形近似满足连续性条件，即对任意一个微元，在变形过程中没有颗粒和质量交换。由此，可以用弹性力学或者有限元方法求解土体和岩土结构的应力-应变和渗流场。

小 Q： 老师，到这里是不是已经建立了土体结构的应力-应变分析理论体系？

大 S： 可以这样说。有了平衡微分方程，位移方程（即连续性方程或质量守恒方程）和本构关系，引入边界条件和初始条件，几乎可以求解任何岩土结构的应力和变形问题。

小 Q： 嗯，我理解了。那是不是还有岩土体的稳定性分析？

大 S： 是的。接下来，我们说说以强度理论为基础的稳定性分析。

第六，发展土体强度理论。土的摩尔-库伦抗剪强度理论给出了一点的破坏条件，由此可以判断土体在哪一点的哪一个平面以及哪一个方向上会出现剪切破坏。但是，我们不能判断破坏向哪个方向发展，我们还没有在土体内部局部曲面或者贯穿整体结构的曲面上的破坏条件。为此，我们把土体在一点的破坏条件扩展到曲面，给出了曲面上任意形状土体沿着曲面达到极限平衡的充分必要条件。根据这一条件，我们可以判断土体会不会出现局部破坏，可以分析从局部到整体的渐进破坏过程，可以计算局部或整体滑动的稳定安全系数。

小 Q： 摩尔-库伦抗剪强度理论可以给出土破坏的方向，可为何又说不能判断破坏向哪个方向发展呢？

大 S： 这句话的意思是这样的：根据摩尔-库伦强度理论我们可以判断土中一点的破坏方向，但是沿着这个方向做出一个微元曲面是不是就是危险滑动面呢？我们不知道。换一句话说，假设土体沿着某一曲面达到了极限平衡状态，那是不是曲面上各点都在土的破坏方向上呢？答案是不确定的。也就是说，把每一点土的破坏方向连接起来，并不一定就是最危险滑动面。

小 Q： 那根据曲面上任意形状土体沿着曲面达到极限平衡的充分必要条件可以确定土体破坏的发展方向和最危险滑动面吗？

大 S： 是的。这又是新土力学的一个方面。

第七，给出滑动稳定安全系数的定义，将抗剪强度折减系数和剪应力超载系数统一起来。我们知道，在现在的土力学中，土体边坡稳定性用滑动稳定安全系数判定，而地基承载力用超载系数判定。根据曲面上任意形状土体沿着曲面达到极限平衡的充分必要条件可以定义安全系数，并且可以证明它既是抗剪强度折减系数，也是剪应力超载系数。这样，就把抗剪强度折减系数和剪应力超载系数统一起来，同时也把边坡稳定分析和地基承载力计算问题统一起来。实际上，安全系数的定义揭示了抗剪强度折减和剪应力超载系数的内在一致性，可以把所有的岩土结构稳定分析问题统一起来。

第八，发展了岩土结构稳定分析的有限元极限平衡法，既可以计算整体的滑动稳定安全系数，也可以分析渐进破坏过程。基于安全系数的定义，把岩土结构稳定分析问题作为在已知应力分布的条件下，寻找局部或整体曲面使得安全系数最小，即目标函数是局部或整体曲面上的安全系数，搜索变量是曲面（转化成节点坐标）。岩土结构稳定分析的有限元极限平衡法与传统的条分法是一致的。我们已经计算了许多岩土工程结构，有限元极限平衡法与有强度折减法以及传统的条分法计算出的安全系数和最危险滑动面都比较接近，证明了该方法的适用性。

这一方法的优点非常明显，首先应力是采用有限单元法计算得到的，不需要做刚性土条等任何假设，适用于各种复杂的岩土结构、复杂的荷载和边界条件，而且应力计算精度比条分法高；其次，不需要假设滑动面的形状，适用于任意形状的滑动曲面；再次，它适用于各种岩土工程结构的稳定分析；然后，它既可以求解整体最危险滑动面和安全系数，也可以求解局部滑动面和安全系数；既可以在一次加载条件下做稳定分析，也可以在分级加载条件下做渐进破坏分析。

小 Q：您说有限元极限平衡法适用于各种岩土结构？它和有限元强度折减法是什么关系呢？

大 S：是，有限元极限平衡法适用于各种岩土结构。有限元极限平衡法和强度折减法是一致的，它既具有有限元强度折减法的优点，比如不必假设滑面形状位置、不必假设条间力便能够查看破坏过程；又克服了它的缺点，比如，需要反复迭代计算；没有通用的滑动破坏判据；抗剪强度折减可能会影响土的应力应变性质；不同材料的抗剪强度折减系数不统一等。

小 Q：有限元极限平衡法适用于各种岩土结构是不是意味着不再需要专门研究挡土结构的稳定和地基承载力？

大 S：是的。只要我们能够计算出岩土结构的应力就可以用有限元极限平衡法分析其稳定性。当然，有些类型的岩土结构，如挡土墙和桩基础等，因为涉及土和结构的相互作用，应力计算可能比较复杂，但还是可以计算出来的。计算出应力后，即可以用有限元极限平衡法分析其稳定性。因此，在这本书中没有安排挡土墙土压力、地基承载力等内容。

新土力学新的方面大体就是上面讲到这些。土力学理论知识和土力学试验紧密联系在一起，缺一不可。在内容编排上，我们按照土的物理性质和工程分类、平衡微分方程与有效应力、渗流、土的应力应变性质、土的抗剪强度理论、土工结构的应力变形分析、地基沉降和固结计算、岩土结构稳定分析。把土工试验集中在一起单独形成一章。便于同学们将掌握的土力学理论知识及时应用到土工实践中，并将实践中遇到的情况反馈到土力学理论学习中来；循环往复，让同学们加深对土力学理论知识的理解，掌握土工试验的方法和技能。

小 Q：嗯。听了您的讲解我对于新土力学的理论和知识体系有了基本的了解，那就是从土的物质模型和物理量定义及其连续性出发，以平衡方程为基础建立求解渗流和岩土结构应力应变的方法，包括流固耦合求解。然后，发展了土的强度理论，由此定义安全系数，在岩土结构应力分析的基础上确定其稳定性，从而解决各种岩土结构分析问题。这一体系总的来说可以分成两大部分：一是渗流和应力-应变分析；二是稳定性评价。其中，有许多的理论创新，如骨架水和干土的概念；给出统一的有效应力方程并揭示了有效应力的物理意义；推导出达西定律的表达式和给出非饱和土渗透系数的理论公式；发展了土的抗剪强度理论；发展了有限元极限平衡法和统一岩土结构的稳定分析等；另外，在试验方法和试验装备研发方面，您和您的学生也做了大量的创新性工作。

大 S：是的。你总结得很好。我们在书中也提到，土力学研究的主要目的是分析岩土结构的应力、变形、强度和稳定性，与你总结的两大部分相对应。抓住了这些问题也就抓住了土力学和岩土工程的"纲"。试验方法和试验装备是为学术研究而研发的，我们在得到常熟市和江苏省双创人才项目的支持后进行成果转化，现在已经有多款土工试验产品上市，给国内很多高校的土力学教学和科研提供了助力。在研发方面，我们也有更高的目标。

小 Q：太感谢老师了，今天受益颇多！希望我们学生也能够像您一样在土力学理论研究闯出一片新天地。再次感谢老师！最后，您能说说对我们学生今后学习和科研的要求和希望吗？

大 S：好。人类的生存和发展离不开基础设施建设，在某种意义上，基础设施也是人类社会发展水平的标志，而绝大部分的基础设施建设都与岩土工程息息相关；另一方面，土力学和岩土工程也在与时俱进地不断发展。因此，岩土工作者永远都会有用武之地，同学们对岩土工程方向要充满信心，好好学习，打好基础，为毕业后的工作做好准备。

今天刚开始谈话时，我们提到了土力学学科。其实，完整的土力学学科应该包括理论土力学（主要是土静力和土动力学）、实验土力学、计算土力学、岩土工程学（含岩土工程勘察和监测）。今天，我们谈到的土力学仅仅是入门和基础，我们要学习和掌握的内容还有很多，可能终其一生也很难完全掌握，需要花工夫、下力气，不断学习和思考；另一方面，知识源于实践并用于实践，土力学和岩土工程是一门实践性很强的学科，要解决实际问题只有理论远远不够，还必须要有丰富的实践经验。因此，在认真学习和钻研，脚踏实地，在锲而不舍地沉淀和提升自己的同时，还需要乐于实践、勇于实践，在实践中锻炼和培养自己。此外，在学术研究中要勇于创新，敢于大胆假设，小心求证。

在实现人类美好未来的过程中，我坚信土力学和岩土工程大有可为。未来是属于你们年轻一代的，希望同学们能为社会的发展做出自己的贡献，愿同学们快乐生活！快乐工作！快乐创造！

目 录

CONTENTS

1
绪 论

　　土是由地质运动形成的分布在地球表面的松散堆积物，主要成分是风化的岩石，其次是地球生物分解的残骸物质，它们组成土的固体部分。土的孔隙一般被液体或气体填充，从而形成由固相、液相或气相组成的分散系。自然条件下的土一般有饱和与非饱和两种状态。饱和土分布在水位线以下的区域，主要由固相和液相组成；非饱和土介于水位线与地表之间，饱和度低于100％，它比饱和土多一相，即气相。在土坡、土石坝、路基填土、垃圾填埋场以及干旱-半干旱等地区大量分布的都是非饱和土。受外界气候或其他因素的影响，土通常在近似饱和与非饱和两种状态之间转换。土力学是人类在生产和生活实践中不断积累和发展起来的一门实用学科，它将土作为工程材料研究其物理性质以及力学性能和行为。

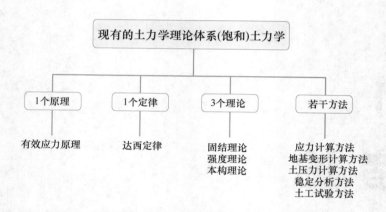

第1章　学习导图

1.1　土力学学科的形成和发展

人类与土打交道的时间几乎和人类的历史一样长，但是土力学的发展历程相对很短。有资料记载的最早有关土力学的理论研究可以追溯至 18 世纪 70 年代。1773 年，Coulomb（库伦）发表有关材料强度的论文，提出了抗剪强度的库仑定律，后由 Mohr（莫尔）发展和完善，建立了土的 Mohr-Coulomb（莫尔-库伦）强度理论，成为土的强度和破坏理论的基础，并且为土压力计算、地基承载力和土坡稳定分析提供了理论基础。1776 年，Coulomb 发表建立在滑动土楔平衡条件分析基础上的土压力理论；1857 年，Rankine（朗肯）提出了建立在土体的极限平衡条件分析基础上的土压力理论；1856 年，Darcy（达西）通过室内试验建立了孔隙介质中水的渗透理论；1885 年，Boussinesq（布希奈斯克）和 1892 年 Flamant（弗拉曼）分别提出了均匀、各向同性的半无限体表面在竖直集中力和线荷载作用下的位移和应力分布理论。这些早期的著名理论奠定了土力学的基础。20 世纪初，Prandtl（普朗特）根据塑性平衡原理，研究了坚硬物体压入较软且均匀、各向同性材料的过程，导出了著名的极限承载力公式。在此基础上，Terzaghi（太沙基）、Meyerhof（迈耶霍夫）、Vesic（魏西克）和 Hansen（汉森）等分别进行修正、补充和发展，提出了各自的地基极限承载力公式；1927 年，Fellenius（费伦纽斯）提出了著名的计算土坡稳定的简单条分法，也称瑞典圆弧法。

尽管已经有许多关于土力学理论的成果，但是在 1925 年 Terzaghi 发表《土力学》著作之前，这些成果是分散和不系统的。在《土力学》中，Terzaghi 系统地总结和阐述了土的工程问题和解决方法。1925—1936 年间，他又明确提出了有效应力的概念和有效应力方程（后被 Jennings 归纳为有效应力原理），并在 1943 年出版了《理论土力学》，标志着土力学成为一门独立的学科。1948 年，Terzaghi 与 Peck（佩克）合著《工程实用土力学》，初步建立了比较完整的土力学和岩土工程知识体系。1941 年，Biot（比奥）在 Terzaghi 有效应力原理和固结理论的基础上，给出了土力学的基本平衡方程—Biot 固结方程。有效应力原理以及建立在有效应力原理基础上的 Biot 固结方程成为建立土力学学科的基石。因此，Terzaghi 被认为是土力学的奠基人，他对土力学学科的建立做出了重要贡献，主要体现在两方面：一是按物理性质把土分成黏土和砂土，并把当时零散的有关土力学的定律、原理、理论等加以整理和系统化，形成土力学理论体系的基本框架；二是提出饱和土的有效应力原理，并建立了土的一维固结理论。

土力学作为一门独立的学科发展至今，大致可以分为两个阶段。第一阶段为 20 世纪 20—60 年代，称为古典土力学阶段，也是土力学建立和快速发展的阶段。在此期间，Fellenius（费伦纽斯）建立了边坡稳定分析的简单条分法，Taylor（泰勒）于 1937 年、Bishop（毕肖普）于 1955 年对其进行完善，提出了改进的条分法；1942 年，Soklovski（索科洛夫斯基）建立了散体静力学；1948 年，Barron（巴朗）提出了砂井固结理论；1941 年，Biot（比奥）发表了三维固结理论和动力方程，有效应力原理得到了广泛的推广和应用；1957 年，Drucker（德鲁克）提出了土力学与加工硬化塑性理论，对土的本构研究起到了很大的推动作用。在这一阶段，土体被视为刚塑性体或线弹性体，以 Terzaghi 的工作为标志，形成了以有效应力原理、渗透固结理论、极限平衡理论为基础的土力学理论体系，建立了土的强度理论、固结理论以及地基变形和边坡稳定计算方法，解决了土体变形、地基承载力、挡土墙土压力、土坡稳定分析等岩土工程问题。在这一过程中，弹塑性力学的知识被广泛应用，土力学理论得到快速发展和完善。第二阶段从20世纪60年代开始，称为现代土力学阶段。1963年，Roscoe（罗斯科）等提出了状态边界面概念，据此创立了著名的应力-应变关系：剑桥弹塑性模型，突破了先前弹性模型和刚塑性模型的局限，标志土力学进入了新的发展阶段。在此期间，研究者们改变古典土力学把各受力阶段人为割裂开来的做法，把土的应力、应变、强度、稳定等受力变化过程统一用本构关系模型描述，因此更接近土的真实行为。土的非线性和弹塑性本构关系模型研究伴随着数值计算方法在岩土工程中的应用，极大地推动了土力学、岩石力学和岩土工程等学科的发展。

Terzaghi总结发展建立的土力学是饱和土土力学，而大部分的地表土在大多数情况下都处于非饱和状态。自20世纪50年代开始，许多学者致力于非饱和土渗流固结变形与强度理论的研究。1977年，Fredlund（费雷德隆德）提出非饱和土应力状态变量的概念。1993年，他和Rahardjo（拉哈尔佐）合作出版了《非饱和土土力学》，使非饱和土土力学研究成为一个热点。此外，岩土工程数值分析方法研究，包括土与结构相互作用及其数值模拟方法，岩土工程数值计算程序开发和应用；土动力学研究，特别是动力本构关系模型、动力固结模型和砂土液化特性研究；土的渐进破坏理论和损伤力学模型研究；土的微观力学模型研究等都取得了重要进展。

作为土力学和岩土工程学术界四年一届的盛会——国际土力学与岩土工程会议（1999年以前称为土力学与地基基础会议）至2021年已召开了20届。1999年，国际土力学与基础工程协会（ISSMFE）更名为国际土力学与岩土工程协会（ISSMGE）。

1.2 关于土力学的评述

土力学作为一门完整的工程应用学科，包括土静力学（简称土力学）、土动力学、实验土力学、计算土力学和岩土结构学（岩土工程学），本教材只涉及土静力学。传统土力学的内容包括土的组成和工程分类、三相比例指标和基本性质（包括物理性质和工程性质）、渗流、地基应力（自重应力和地基附加应力）、土的压缩性、地基变形、土的抗剪强度、挡土墙土压力、地基承载力、土坡和地基的稳定性。

计算地基土层的应力应用弹性理论，不考虑流固耦合作用，一般是先计算总应力，再通过有效应力方程得到有效应力。在确定土层应力后，根据压缩曲线采用分层总和法计算地基变形。这是一种经验性方法。Biot固结方程可以考虑流固耦合作用，可以求解超静孔隙水压强生成和消散过程以及土的应力和变形。但是，也有人认为它只适用于固结问题。挡土结构、地基、边坡和洞室是土力学和岩土工程研究的主要问题，研究土压力的目的是计算挡土结构的变形和稳定性。针对挡土结构可能的承载状态，把土压力分成主动土压力、静止土压力和被动土压力三种，计算土压力时不考虑结构与土的相互作用；另一方面，在计算土压力时，基于如何考虑孔隙水压强以及渗流的作用，提出了土水分算与土水合算两种方法，可是对于这两种方法的适用性及合理性一直有争论。为了保证地基处于正常工作状态，必须保证其稳定并且变形在允许范围，这一般采用控制地基承载力的方法来实现。确定地基承载力的方法通常有：原位试验法、理论公式法、规范表格法和经验法。也有人认为，地基是坡度很小或者坡度为 0 的边坡，可以用边坡稳定分析的方法确定地基承载力，但是这一观点尚未形成共识。天然和人工土坡的稳定是岩土工程领域最常遇到的问题，涉及滑动稳定安全系数的定义、滑动面的确定、计算方法的选择、土抗剪强度参数的确定、水和渗流的影响等多方面，其中最大的困难是边坡土体内力计算。在计算机和有限元法等数值方法应用于岩土结构应力-应变分析之前，为了计算土体内力和边坡稳定分析，不得不做出各种假定，从而发展了各种不同的基于刚性土体假定的稳定分析方法；在有限元方法被广泛应用之后，最大的困难是如何根据应力-应变分析的结果评价岩土结构的稳定性。

仔细考察可以发现，现有土力学知识体系的理论基础比较薄弱，带有比较重的实用色彩。作为"拱基石"的有效应力原理主要基于经验和实验观察，没有理论依据，并且只针对饱和土，因此自提出以来一直有人讨论。Terzaghi 的一维固结理论、土压力理论、地基承载力和边坡稳定计算方法都引入了许多假设，这些假设影响了土力学理论体系的严谨性。虽然在土力学中总应力法被大量采用，但事实上，总应力法是一种近似于类比的"唯象"法，即在不能准确确定孔隙水压强和抗剪强度的情况下，应用相近条件的试验推断实际土体的抗剪强度和稳定性。采用静力平衡方法分析计算土层的自重应力，与把土层作为岩土结构采用弹性理论计算土层的附加应力的方法不统一；而采用弹性理论计算土层附加应力时通常不考虑流固耦合作用，与固结理论不统一。同样，采用分层总和法直接应用压缩曲线，而不是引入本构关系采用弹性理论计算土层变形的方法也是一种"唯象"方法，与采用固结理论计算土层变形的方法缺少一致性；压缩曲线实质上也是土应力-应变本构关系的反映，直接应用压缩曲线而不采用本构关系，使得分层总和的变形计算方法具有"唯象"色彩。从实用的角度出发，引入各种不同的假定分别处理挡土结构、地基和边坡问题，虽然具有很强的实用性，但是忽略了岩土结构应力-应变和稳定分析的内在联系，使得土力学的知识体系变得纷乱复杂。

土力学研究土的受力、变形、强度和稳定性，也研究水和气在土孔隙中的运动规律。它是力学的分支，也是独立的工程应用学科。本教材将用一种新的思路阐释土力学的基本理论和方法，包括物理性质和状态指标、平衡微分方程、渗流、应力-应变关系和抗剪强度理论、压缩与固结、应力与变形计算、稳定分析方法等。与传统的土力学相比，主要的不同之处在于：建立饱和与非饱和统一的孔隙介质与土力学理论框架，包括考虑孔隙流体压强和其他外力的作用得到平衡微分方程、有效应力表达式以及饱和与非饱和土的渗流方程；基于试样局部应变测量建立应力应变本构关系以及局部剪切破坏条件等。应用平衡微分方程、位移方程（变形连续方程）和本构关系方程，即动量守恒、质量守恒条件和材料的固有物理性质，并联合渗流方程，根据给定的边界条件和初始条件，可以求解各种孔隙介质和土力学以及岩土工程问题；而强度理论和局部剪切破坏条件则奠定了孔隙材料和岩土结构稳定分析的基础，在此基础上发展了岩土结构稳定分析的有限元极限平衡法，应用这一方法几乎可以求解任何岩土结构的稳定问题。

2

土的物理性质
和工程分类

土是由风化的岩石、地表生物残骸及生产生活废弃物形成的松散多相多孔介质。其孔隙一般被液体或者气体填充，从而形成由固、液、气组成的三相分散系。土作为建筑物的地基、建筑材料或建筑物周围介质，在自然界中无处不在。土力学所研究的土，包括从大块石、砾石、砂土、粉土、黏性土直至柔软高压缩的泥炭类有机沉积物等各种类型。一个建筑场地，可能存在多种不同类型的土，有明显的宏观分布变异性。

要认识和把握土的性质，首先需要搞清土是一种什么样的材料，并且了解它如何演变为现在的状态。岩石经过长期的风化、剥蚀、搬运和沉积形成土，随着风化过程的加深以及风化产物搬运距离的增大，土颗粒逐渐变细，矿物成分中次生矿物的含量逐渐增加。

每种土都是由无数大小不同的土粒组成的，要逐个研究他们的大小和性质是不可能的，也无必要。工程中，通常将性质相近的一定尺寸范围的土粒划分为一组，通过粒组构成对其进行定名，并用各粒组的相对含量即土的级配，来评价土的工程性质好坏。对于给定质量的土样，可以采用筛分法和密度计法联合测定各粒组的相对含量，并通过绘制颗粒级配曲线来判断颗粒粗细、颗粒分布的均匀程度及颗粒级配的优劣，从而估计和评价土的工程性质。虽然土颗粒是决定土性质的基本因素，但土颗粒间存在的孔隙液体和孔隙气体对土的性质也有很大的影响。

土的固、液、气相是土的物质成分，而结构和构造则反映土的存在形式。土的结构是指土粒大小、形状、表面特征、颗粒间的连结关系和土粒的排列情况。土的颗粒级配反映土粒大小及其组合特征，是土的结构特征的主要指标，对土的工程性质有重要影响。而土的构造则是指土体内结构相对均一的土层形态和组合特征，包括土层单元体的大小、形状、排列和相互关系等。单元体的分界面称为结构面或层面。土在形成及变化过程中，经历复杂的相互作用会形成不同的构造。结构和构造是决定土的性质及其变化趋势的内在依据，土的力学行为的复杂性一般都可以归因于结构和构造的复杂性。

与一般材料不同，土的最大特点是散粒体特性和多相性。土是由固体颗粒（固相）、水（液相）和气体（气相）所组成的三相体。三相中，每一相的性质、相之间的比例关系和相互作用都会对土的性质产生影响。土的三相物质的相对含量不同，土的状态和工程性质也会不同。因此，土力学把土的三相量之间的比例关系作为土的基本物理性质指标，称为土的三相比例指标。对于三相比例指标，我们要理解并熟记它们的定义，熟悉其确定方法，熟练掌握指标之间的换算关系。对于指标换算来说，土的三相图是非常有效的工具，需要熟练掌握其应用。

把土作为一种材料，研究其工程性质及其在荷载作用下的应力、变形、强度和结构稳定性等问题，为土工结构的设计、施工和运行管理提供基本原理和分析方法是土力学的主要任务。与其他任何一门学科一样，定义物理力学量对土的物理性质和状态进行描述，是开展土力学研究的基础；另一方面，土力学是一门应用性很强的学科，其产生的基础和发展的动力都是工程实践，土力学研究的根本目的是为工程实践服务。因此，我们也需要了解和把握土的工程性质。

定义描述土的性质和状态的物理力学量，首先遇到的困难是土骨架和孔隙的空间连续性问题。为此，我们在给出土的三相比例指标定义之后，讨论了土的物理力学量的连续性。

土可以粗略地分为无黏性土和黏性土两大类，两者的主要区别在于有无黏性。砂性土又称为无黏性土。无黏性土的密实度、黏性土的含水量，对土的工程性质影响很大。因此，本章专门讲述砂性土密实度的判定方法，主要指标是相对密实度和标准贯入锤击数；同时，专门讲述黏性土的界限含水量，包括液限、塑限和缩限。在此基础上，给出表征黏性土可塑性大小以及软硬状态的物理指标——塑性指数和液性指数的定义及应用。土的颗粒组成和构成成分不同，性质差异很大。为了粗略判定土的工程性质以及评价土作为地基或建筑材料的适宜性，有必要对土进行工程分类。因此，本章的最后一节介绍了土的工程分类。

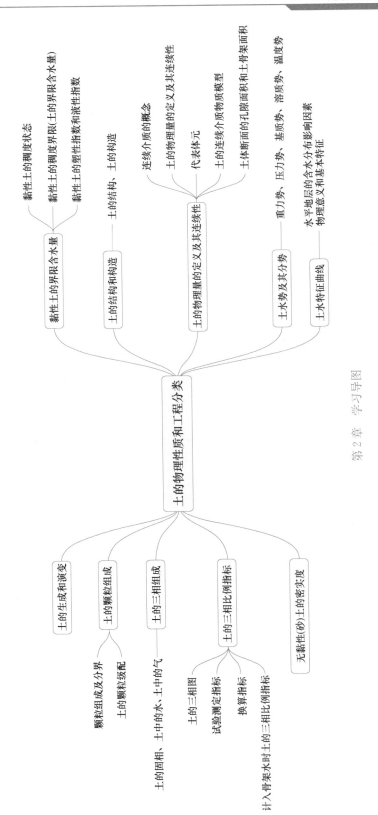

第 2 章　学习导图

2.1　土的生成和演变

地壳是由岩石和土组成的。岩石是矿物的集合体，由一种或几种矿物构成。矿物是地壳中的一种或多种化学元素在地质作用下形成的天然单质或化合物。自然界里的矿物很多，目前已知的有 4100 多种，最常见的有 50 余种，构成岩石主要成分的只有近 30 种。固态矿物根据内部结构可以分为晶体和非晶体。绝大多数矿物是晶体，由化合物组成，如石英、方解石、岩盐、石膏、黄铁矿、硅酸盐矿物和铝硅酸盐矿物，如绿泥石、长石、角闪石等；少数由一种单质元素组成，如自然金、自然铜、自然硫、石墨等。岩石按成因，可以分为三大类，即岩浆岩（火成岩）、沉积岩和变质岩。在地质作用下，三大类岩石之间可以互相转化。各种成因的岩石在大气中经受长期的多种风化作用，破碎后形成形状不同、大小不一的颗粒。这些颗粒在各种自然力的作用下搬运，在各种不同的自然环境和不同的地点沉积下来，形成以固体颗粒为骨架、内含水和气的松散集合体，就是土。沉积下来的土，在漫长的地质年代中发生复杂的物理化学反应，逐渐压密、岩化，最终又形成岩石，即沉积岩或变质岩，这种长期的地质过程称为沉积过程。在自然界中，岩石不断风化破碎形成土，而土又不断压密、岩化形成岩石，这一过程循环往复不休。一般工程上所遇到的土大多数都是在第四纪地质年代内所形成的，因此也称为第四纪沉积物。第四纪地质年代的划分一般约为从 260 万年前开始至今，其过程又可划分为更新世与全新世。更新世约为 258.8 万年前—1.2 万年前；全新世为小于 0.25 万年前—1.2 万年前。有人类活动以来沉积的土，称为新近代沉积土。

风化作用主要包括物理风化和化学风化，它们通常同时存在。物理风化是指由于地质运动、温度变化、水力作用、冻胀等物理作用使岩体崩解、碎裂的过程，它使得岩石块体变成碎石乃至更细小的颗粒；化学风化是指岩体或者碎散的颗粒受环境因素作用而改变其矿物的化学成分，形成新矿物的过程，在此过程中会形成大量的细微颗粒（黏粒）及可溶盐类。主要的化学风化作用有水解、水化、氧化，以及溶解和碳酸化。

按照形成条件，土可以分为残积土和搬运土。搬运土又可以分为坡积土、洪积土、冲积土、湖积土、海积土、风积土、冰积土等。因此，土是分布在地球表面自然形成的疏松和联结力很弱的矿物颗粒堆积物。成因不同，土中三相物质的含量比例不同，其种类就不同，物理力学性质也不同。土力学所研究的土从大块石、砾石、砂土、粉土、黏性土直至柔软高压缩的泥炭类有机沉积物等，涵盖各种类型。

砾石土、砂卵石、残坡积碎石土和风化岩石碴等统称为粗颗粒土。细粒土中黏粒的主要成分是含铝、镁的硅酸盐矿物，主要是高岭石族、伊利石族、蒙脱石族、蛭石族以及海泡石族等。由于黏土矿物颗粒细小，具有胶体特性，易与水发生活跃的物理化学作用，使黏土矿物具有复杂多变的性质。黏土矿物一般具有层状结构，结晶格架的基本单元由硅氧四面体和铝氧八面体构成，其结合形态有三层格架和二层格架两种。黏土矿物的晶架结构不同，其力学性质也不同，比如高岭石属于二层结构，蒙脱石属于三层结构，其力学性质差别很大。

土是由固体（固相）、水（液相）和气（气相）组成的三相分散系。土的固相也称为土骨架，颗粒与颗粒之间有许多孔隙，被液体、气体或两者共同填充。填充于孔隙中的水及其溶解物为土的液相，孔隙中的空气及其他气体为土的气相。当土内孔隙全部为水所充满时，称为饱和土；当孔隙全部为气体所充满时，则称为干土；当孔隙中同时存在水和气时，则称为非饱和土或湿土。饱和土和干土都是二相系，非饱和土是三相系。

与连续介质不同，土的生成和演化带来固有的多相、孔隙、松散和宏观分布变异等特性，不仅具有压硬、剪胀、蠕变和摩擦等特点，还具有与环境和应力条件相关的实时性和动态性。土的存在状态（颗粒组成、结构、密度、含水率）和受力（应力状态、应力历史、应力路径）显著影响其力学行为。

2.2 土的颗粒组成

2.2.1 颗粒组成及分界

土是自然界的产物，每种土都由无数大小不同的土粒组成。通常，把性质相近的一定尺寸范围的土粒划分为一组，称为粒组，并赋予常用的名称。工程中广泛采用的粒组有漂石、卵石、砂砾、粉粒和黏粒。表2.1给出了我国现在采用的粒组分界，包括各种粒组的范围和相应的特性。需要注意的是，根据颗粒粒径大小一般分成表2.1中的6个粒组，但是各专业的粒径界限不尽相同。

土粒大小分组　　　　　　　　　　　　表2.1

粒组名称	粒组划分		粒径范围/mm	一般特征
巨粗组	漂石或块石颗粒		>200	透水性很大，无黏性，无毛细水
	卵石或碎石颗粒		200~60	
粗粒组	圆砾或角砾颗粒	粗砾	60~20	透水性大，无黏性，毛细水上升高度不超过粒径大小
		中砾	20~5	
		细砾	5~2	
	砂粒	粗砂	2~0.5	易透水，当混入云母等杂质时透水性较小，而压缩性增加；无黏性，遇水不膨胀，干燥时松散；毛细水上升高度不大，随粒径变小而增大
		中砂	0.5~0.25	
		细砂	0.25~0.075	
细粒组	粉粒		0.075~0.005	透水性小；湿时稍有黏性，遇水膨胀小，干时稍有收缩；毛细水上升高度较大较快，极易出现冻胀现象
	黏粒		<0.005	透水性很小；湿时有黏性、可塑性，遇水膨胀大，干时收缩显著；毛细水上升高度大，但速度较慢

注：（1）漂石、卵石和圆砾颗粒均呈一定的磨圆形状（圆形或亚圆形）；块石、碎石和角砾颗粒都带有棱角。
　　（2）黏粒或称黏土粒；粉粒或称粉土粒。

2.2.2 土的颗粒级配

天然的土是不同粒组的混合物，其中某一粒组的质量占总土质量的百分数称为该粒组的含量。土中各粒组的相对含量（以占土粒总质量的百分数表示），称为土的颗粒级配。工程上，将含有多个相邻粒组、各粒组的含量相差不大的土，称为级配良好的土；把仅有1~2个粒组组成的土或只由粗粒组或细粒组组成，缺少中间粒组的土称为级配不良的土。

土的级配好坏直接影响土的工程性质。级配良好的土，压实后密度大、孔隙率低、透水性弱、强度高、压缩性小；级配不良的土，压实后密度小、孔隙率高、透水性强、强度低、压缩性大，而且渗透稳定性差。

要确定土的颗粒级配，需要用某种方法将各粒组分开，通常采用的是颗粒分析试验。试验方法有两种：对于粒径大于 0.075mm 的粗粒土用筛分法；对于粒径小于 0.075mm 的细粒土用密度计法。对于天然的土，一般配合使用这两种方法确定各粒组的含量。

土的粒组组成及其相对含量可以用土的颗粒级配曲线描述，也称为颗粒级配累积曲线，其纵坐标表示小于某粒径的土颗粒含量占土样总量的百分数，这个百分数是一个积累含量百分数，是所有小于该粒径的各粒组含量的百分数之和，横坐标是粒径的常用对数值，即 $\lg d$。横坐标采用对数坐标的原因是混合土中所含粒组的粒径跨度很大，往往相差几千甚至上万倍，并且细颗粒的含量对土的工程性质影响很大，不容忽视，有必要详细描述细粒土的含量。现举例说明，如何表示颗粒分析试验的结果。

【**例 2.1**】 取某场地干土 500g，筛分法得到的筛分法试验结果见表 2.2。取小于 0.075mm 的颗粒 30g，密度计法试验结果见表 2.3。试计算并绘出颗粒级配曲线。

筛分法试验结果　　　　　　　　　　　　　　　表 2.2

筛孔直径 d/mm	留筛土质量/g	筛孔直径 d/mm	留筛土质量/g
10	0	0.5	35.0
5	25.0	0.25	60.0
2	35.0	0.075	110
1	40.0		

密度计法试验结果　　　　　　　　　　　　　　　表 2.3

颗粒直径 d/mm	小于该粒径土的质量/g	颗粒直径 d/mm	小于该粒径土的质量/g
0.075	30	0.005	3.3
0.05	23.5	0.002	2
0.02	12.5		

【**解**】 （1）计算筛分法的试验结果

土粒总质量为 500g，先由 500g 减去各粒径留筛质量计算各筛下的土粒质量，再将各粒径筛下质量分别除以 500g 获得小于该粒径土质量占总质量的百分数，见表 2.4 最后一列。可见小于 0.075mm 的土粒占总质量的 39%，需要继续进行密度计法试验。

（2）计算密度计法的试验结果

密度计法总土粒质量为 30g，先由小于各粒径土粒质量分别除以 30g，获得小于该粒径的土粒质量占 30g 土质量的百分数，见表 2.5 第三列；再将第三列数据乘以 39%，得到小于该粒径土粒质量占总质量 500g 的百分数，见表 2.5 最后一列。

（3）绘出颗粒级配曲线

将表 2.4 与表 2.5 的第 1 列的粒径 d 值和第 4 列的百分数值分别合并，构成一组数据。以筛孔直径 d 或颗粒直径 d 为横坐标，采用对数坐标，以小于该粒径的土粒质量占总质量的百分数为纵坐标，采用普通坐标，点绘所有试验数据点，再过所有数据点绘一条曲线，即得到颗粒级配曲线，如图 2.1 所示。

筛孔直径 d/mm	留筛土粒质量/g	筛下土粒质量/g	小于该孔径土粒质量占总质量的百分数/%
10	0	500	100
5	25.0	475	95
2	35.0	440	88
1	40.0	400	80
0.5	35.0	365	73
0.25	60.0	305	61
0.075	110	195	39

筛分法的计算结果　　　　　　　　　　　　　表 2.4

颗粒直径 d/mm	小于该粒径土粒质量/g	小于该粒径的土粒质量占 30g 土粒质量的百分数/%	小于该粒径的土粒质量占总质量的百分数/%
0.075	30	100	39
0.05	23.5	78.3	30.5
0.02	12.5	41.7	16.3
0.005	3.3	11.0	4.3
0.002	2	6.7	2.6

密度计法的计算结果　　　　　　　　　　　　表 2.5

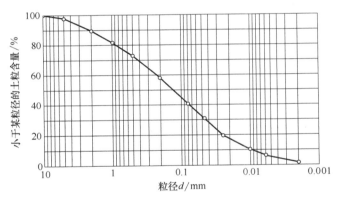

图 2.1　土的颗粒级配曲线

【例题讨论】

　　横坐标采用对数坐标的优点是可以把粒径相差千万倍的粗、细颗粒大小尺寸都明显表示出来，尤其能把占总质量百分数小，但对土的性质可能会有重要影响的微小颗粒含量清楚地表示出来。需要指出的是，采用对数坐标时，标出的数值就是粒径大小，且各数值之间的坐标值不再是线性比例关系。

　　土的颗粒级配曲线是工程上最常用的曲线之一。根据曲线的连续性特征及走势的陡缓可以直接判断土的颗粒粗细、颗粒分布的均匀程度及颗粒级配的优劣，从而估计土的工程性质。在分析级配曲线时，经常用到的几个特征粒径为 d_{50}、d_{10}、d_{30}、d_{60}。

　　平均粒径 d_{50} 表示土中大于此粒径和小于此粒径的土粒含量各占 50%。其数值反映土颗粒的粗细。该粒径大，则整体上颗粒较粗；该粒径小，则整体上颗粒较细。

有效粒径 d_{10} 表示小于该粒径的土粒含量占土样总量的 10%。

连续粒径 d_{30} 表示小于该粒径的土粒含量占土样总量的 30%。

限定粒径 d_{60} 表示小于该粒径的土粒含量占土样总量的 60%。

参见图 2.2 中 B 曲线上的示意。

用有效粒径 d_{10}、连续粒径 d_{30} 和限定粒径 d_{60} 可以定义反映土的颗粒级配曲线特征的两个参数——不均匀系数和曲率系数。

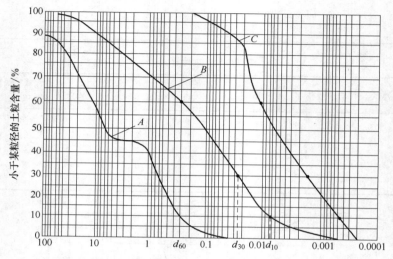

图 2.2　土的颗粒级配曲线（A、B、C 分别代表不同颗粒的级配曲线）

不均匀系数

$$C_u = \frac{d_{60}}{d_{10}}$$ (2.1)

曲率系数

$$C_c = \frac{d_{30}^2}{d_{60} \times d_{10}}$$ (2.2)

不均匀系数 C_u 可以描述土颗粒的均匀性，C_u 越大，土颗粒分布越不均匀，级配越好。C_c 是描述土颗粒级配曲线的曲率情况的，当 $C_c > 3$ 时，级配曲线曲率变化较快，土较均匀；当 $C_c < 1$ 时，说明曲线变化过于平缓，此平缓段内粒组含量过少，当此段为水平时其含量等于 0。所以，对级配良好、工程性质优良的土，一般 $1 < C_c < 3$。

如果土颗粒的级配是连续的，那么 C_u 越大，表示 d_{50} 和 d_{10} 相距越远，说明土中含有粗细不同的粒组，且所含颗粒的直径相差越悬殊，土越不均匀。这一点体现在级配曲线的形态上，则是 C_u 越大越平缓；反之，曲线越陡峭。级配曲线连续且 C_u 大，细颗粒可以填充粗颗粒的孔隙，容易形成良好的密实度，物理和力学性质优良。在图 2.2 中，C 曲线和 B 曲线都代表级配连续的土样，可以直观地判断 B 土样比 C 土样更不均匀，因为 B 曲线更平缓。也可以计算出两种土的 C_u，比较后可得出相同的结论。如果土颗粒的级配是不连续的，那么在级配曲线上会出现平台段。在平台段内，只有横坐标粒径的变化，而没有纵坐标土颗粒含量的增减，说明土的颗粒组成粒径变化不连续。

2.3 土的三相组成

在物理化学中，物质的相是指在没有外力作用下，物理、化学性质完全相同、成分相同的均匀物质的聚集态。系统里的气体，无论是纯气体还是混合气体，总是一个相。若系统里只有一种液体，无论这种液体是单纯物质还是混合溶液，都是一相。

2.3.1 土的固相

土的固相即土骨架，由固体颗粒、颗粒间胶结物和有机质，以及与固体颗粒结合紧密、共同承受和传递荷载的一部分孔隙水组成。固体颗粒的基本特征可以用矿物成分、颗粒大小和颗粒形状等来描述。颗粒的大小组成和形状不同，矿物成分不同，土的性质也会不同。而颗粒大小与矿物成分和颗粒形状之间也存在一定的联系，这种联系是在土的生成过程中自然形成的。例如，粗粒的卵石、砾石和砂，大多为浑圆或棱角状的石英颗粒，具有较大的透水性，没有黏性；细粒中的黏粒，则是片状的黏土矿，具有黏性、可塑性、透水性很低。因此颗粒大小的分布，即颗粒组成是描述土的存在状态的重要指标。关于土骨架颗粒的矿物成分、土骨架颗粒的性质、土体固相的胶结性质、土水相互作用以及土骨架的结构等内容，可以查阅《Fundamental of Soil Behavior》一书。

在此前的土力学或者孔隙介质力学中，土骨架都不包含孔隙水。为什么要把与固体颗粒结合紧密、共同承受和传递力的一部分孔隙水作为土骨架的组成部分呢？根据 Gudehus（古德胡斯，1999）关于土骨架的讨论，土骨架可以定义为由土体固相形成的能够承受和传递荷载的结构。这一定义包含两层意思：一是土骨架是土体固相组成的结构；二是组成土骨架的固相必须能承受和传递荷载。按照这一定义，粗粒土中可能存在的被架空的土颗粒不能被认为是土骨架的组成部分；而细粒土中，与固体颗粒紧密结合、可以与固体颗粒一起承受和传递荷载的孔隙水，则应该被作为土骨架的组成部分。

如图 2.3 所示，可以想象在粗粒土中会有这样的颗粒存在：它们坐落在孔隙中，不与上部周围的土颗粒接触，除了受到自重和孔隙压力的作用外，不会受到从土体边界传来的外力的作用。这样的土颗粒不应该被认为是土骨架的组成部分。当土体结构受荷变形时，架空状态可能会消失，这些颗粒会承受和传递荷载，进而转成为土骨架的组成部分。当然，这一部分土颗粒的数量非常少，在处理岩土工程问题时大多可以忽略不计。

图 2.3　架空的土颗粒

对于黏性土，Mitchell（米切尔）和 Soga（苏乌卡）在《Fundamental of Soil Behavior》书中比较详细地总结和介绍了土颗粒矿物和土中水的性质以及土水之间的相互作用。这些关于土的细观研究，对于了解和把握土性的本质和机理非常有意义。可是从宏观描述土的物理力学性质的角度来说，确认土中是否有一部分水作为土骨架的组成部分则更为重要。根据已有的研究成果，尽管我们还不能肯定地了解土颗粒表面吸附水的确切结构，但是至少可以肯定土颗粒表面强吸附水的结构与正常的水和冰的结构不同。已有的关于土中水的细观研究结果表明，土颗粒表面的薄层吸附水受到土颗粒的强烈吸引并且与土颗粒的结合十分稳固，甚至呈现晶体状态。另一方面，关于土的持水特性的研究也表明，即使在非常高（数百乃至上千兆帕）的排水压力作用下，土中仍然保有一定的含水量。这一含水量通常被称为残余含水量[1]。

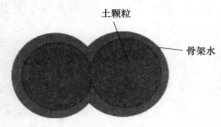

土颗粒

骨架水

图 2.4　土颗粒与骨架水示意图

可以设想，在土中有一部分含水量对应的孔隙水应该作为土骨架的组成部分，它们与土颗粒一起共同承受和传递荷载（图 2.4）。Fredlund 和 Vanapalli（瓦内帕里）关于非饱和土抗剪强度的研究结果提示我们这一部分的含水量应该等于残余含水量。正如我们将在第 3 章（土的静力平衡方程）中看到的，如果假设残余含水量对应的孔隙水作为土骨架的组成部分，那么按照土的抗剪强度就是土骨架的抗剪强度、土骨架的抗剪强度由土骨架应力决定的逻辑，我们可以直接推得 Fredlund 和 Vanapalli 根据试验得到的非饱和土的抗剪强度公式。

2.3.2　土中的水

土中的水可分为固相矿物中的水和孔隙中的水。固相矿物中的水仅存在于土颗粒矿物结晶格架内或参与矿物晶格的形成，称为矿物结合水或结晶水，它只有在极高的温度下才能排除。土孔隙中的水被称为孔隙水。在许多文献中都有关于孔隙水知识的介绍，按其所呈现的性质和存在状态，可以分为结合水和非结合水两种。

结合水是指由于复杂的物理化学作用紧密地结合在黏土矿物颗粒表面的孔隙水。它是决定黏土的物理性质和力学行为的重要因素。这些复杂的物理化学作用可能包括氢键连接、阳离子水化、渗透吸附、电场中偶极子定向排列和色散力吸引。越靠近土粒表面，相互作用越强烈，水分子所受到的吸引力越大，排列越紧密、整齐，活动性越小，与土颗粒的结合越牢固；随着距离增大，相互作用和吸引力减弱，活动性增加，与土颗粒的结合变弱，见图 2.5。结合水的性质和状态随着平衡湿度（也称相对湿度或平衡压力）p/p_s 的变化而变化，可以分成强结合水和弱结合水。当平衡湿度较低时，土中的结合水以吸附水的状态存在，实质上是表层黏土水化物的组成部分，与黏土矿物的晶格是统一的整体。这种黏土矿物表面亲水化合物的结晶水被称为强结合水，呈现固相的性质。当平衡湿度较高时，土中的结合水以黏土胶粒水化-离子层的形式存在。此时，黏土矿物表面在极化水分子作用下离子化，水引起黏土表面矿物的离解作用，使得部分交换阳离子脱离晶体基面而转为液相（这一过程被称为黏土矿物表面盐类水化合物在水中的溶解）。这种黏土胶粒水化-离子扩散层的水被称为弱结合水。它实质上是从土的固相向液相转变的水，也是一直处于固相与液相之间不停地转换中的水。强结合水与土颗粒表面的作用主要是电荷引力，即电场力；弱结合水与土颗粒表面的作用主要是分子引力，即范德华力。库里契茨基建议划分强结合水和弱结合水的临界平衡湿度为 0.88，即当 $p/p_s \geq 0.88$ 时，水才会以液体出现，并导致黏土矿物基面的离子化和黏粒水化-离子（扩散）层渗透的形成；而当 $p/p_s \leq$

---

[1]根据土水特征曲线，残余含水量定义为当基质吸力的增加不引起含水量的（显著）改变时的含水量。

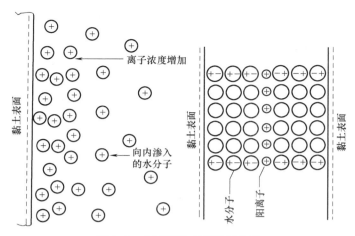

图 2.5 土颗粒对水的吸附作用

0.88 时，孔隙水以结晶水的状态存在，呈现固相的性质。

也有研究者建议将结合水区分为吸附水和渗透吸收水。吸附水是由黏土表面活化中心直接水化的水分子所组成。在靠近颗粒表面处，水分子依靠配位、静电和氢键连接与土颗粒表面牢固地结合，具有较高的黏滞性和抗剪强度，并且基本不受温度变化的影响。随着到颗粒表面距离的增大，吸附作用逐渐减弱，水分子由于偶极-偶极相互作用（范德华力）而形成水化层。虽然该层水与黏土表面的连接比较弱，但是由于受范德华力的作用，水分子呈定向排列，仍具有较高的黏滞性和抗剪强度。渗透吸收水是结构化水层，即吸附结合水向自由水转化的过渡层。它的上限与黏土颗粒周围充分发育的离子扩散层相当，其性质接近于自由水，但是在离子影响下，它的水分子不能组成同自由水一样的稳定结构。同样地，渗透吸收水的性态也随着与颗粒表面距离的变化而变化，距离越大，水化作用越弱，直至变成自由水。影响结合水形态的因素主要有黏土的矿物成分、黏土颗粒的大小、孔隙水中溶解盐类的成分和浓度、交换阳离子的成分和容量等。

在结合水外面没有受到土粒表面吸引作用的水称为非结合水，包括毛细水和自由水。毛细水是在土的细小孔隙中由于毛细力作用而与土粒结合，存在于地下水面以上的一种过渡类型水。土中的毛细力是由土粒对水的分子引力和水与空气界面的表面张力共同作用引起的。自由水也被称为重力水，具有自由活动能力，在重力作用下可以自由流动。

对孔隙水类型的划分是人为的。实际上，土孔隙中水的形态随着土颗粒之间的间距变化而变化，从结合水逐渐过渡到自由水，其间的分界并不明显。水分子处于不停的运动之中，在各水层之间始终存在着分子交换；另外，有研究结果显示，毛细水和结合水是交叉存在的，即在弱结合水的外缘就会出现毛细水，而并非在弱结合水的最外边才会有毛细水。换一句话说，在渗透吸收水尚未充分形成前便会有毛细水的存在。

到目前为止，我们尚不确切了解液态水分子的结构，对非常微小的黏土颗粒表面的吸附水的结构和性态的认知也很粗略，但是有一点几乎可以肯定，就是黏土中有少量的水属于固相，应该被作为土骨架的一部分。我们把作为土骨架的组成部分的孔隙水称为骨架水，包括强结合水、一部分弱结合水和毛细水。土骨架水的化学成分仍然是水，但是由于固体颗粒对它的强烈吸附作用或者强烈的毛细作用，它与土骨架颗粒紧密地结合在一起，

17

共同承受和传递荷载。土骨架水不能采用增加气压势的方法驱离，因此它所对应的含水量的上限可以设定为土水特征曲线的残余含水量（参见 2.9）。土骨架水可以采用加温（烘干）的方法或者降低其周围空气湿度（风干）的方法去除。烘干方法的极限是使得土中（近似地）不含孔隙水。因此土骨架水对应的含水量的下限是 0。当土的实际含水量在骨架水含量的上下限之间时，土中的孔隙水完全是骨架水，此时土的含水量（指烘干法测得的含水量）就是骨架含水量。

关于土骨架水的讨论至少有两点意义：一是明确土中有一部分孔隙水作为土骨架的组成部分；二是即使在很低的含水量下，土中的孔隙水也是连通的。也就是说，只要有孔隙水存在，即使含水量很低，土颗粒实际上也是通过其表面的结合水相互接触的，因此颗粒表面的结合水是连通的。连通的结合水之间会有分子交换，但是可以不传递静水压强。只有当含水量接近和超过残余含水量时，土孔隙中才会有自由水存在，也才会传递静水压强。因此，在土力学中含水量低于骨架含水量上限的土应该被作为"干土"。

2.3.3　土中的气

土中孔隙除了可能被水填充外，还有可能被空气或其他气体所占据。土中气体按其存在状态，可分为与大气相通的自由气体、完全封闭于孔隙水中的气体、吸附于土颗粒表面的封闭气体及溶解于孔隙水中的气体。

大多数情况下，土中的气体是空气。与外界大气相通的自由气体在土层受荷载作用时容易逸出，对土的性质影响不大。溶解于孔隙水中的气体一般肉眼不可见，它除了会增加孔隙水的压缩性之外，通常对土的性质没有影响。孔隙水中封闭的气体和吸附于土颗粒表面的气体一般会以肉眼可见的气泡形式存在。根据 REV 的概念，当气泡的直径大到一定的尺寸，比如土骨架颗粒的最大粒径或者 REV 的特征尺寸时，气泡的表面应该作为土体的边界来处理。大气泡受扰动逸出时会破坏土体结构；吸附的小气泡会影响土的有效应力。封闭气泡的体积会随着所受压力的变化而变化，压力增加体积缩小，压力减小体积增大。因此，封闭气泡的存在会增加土的压缩性。另一方面，封闭气泡还可能阻塞土中的渗流通道，减小土的渗透性。

另外，在淤泥和泥炭土等有机土中，由于微生物的分解作用，土中聚积有某种有毒气体和可燃气体，例如 CO_2、H_2S 和甲烷等。其中，尤以 CO_2 的吸附作用最强，并埋藏于较深的土层中，含量随深度增大而增多。从上面的讨论可知，这些气体会影响土的性质。

2.4　土的三相比例指标

土是固体颗粒、水（液体）和气体组成的三相分散体系。土的三相比例指标是土的物理性质参量，包括密度、重度、土粒相对密度、含水量、孔隙比、孔隙率和饱和度等，反映了土的干湿、轻重、松紧、软硬等物理性质和物理状态，是评价土的工程性质的基本指标，也是岩土工程勘察必须包含的内容。

土的三相比例指标可以分成两类：一类是通过试验测定，得到直接测定指标或试验测定指标，包括天然密度（天然重度）、含水量和土粒相对密度（旧称土粒比重）。分别通过土的密度试验、土的含水量试验和土粒相对密度试验直接测定；另一类是根据直接测定指标换算得到的，称为间接指标或换算指标，如干密度、饱和度、孔隙比和孔隙率等。

2.4.1 土的三相图

为了便于分析和推导土的三相比例指标，通常把土本来分散的三相各自理想化地集合起来，绘成示意图，称为土的三相图，如图 2.6 所示。三相图的一侧表示三相组成的质量，另一侧表示三相组成的体积，清晰地反映了土的构成及其三相比例关系。其中，土样的体积 V 为土粒的体积 V_s 与水的体积 V_w 和气体的体积 V_a 之和，水的体积 V_w 和气体的体积 V_a 之和为孔隙的体积 V_v；土样的质量 m 为土粒的质量 m_s 与水的质量 m_w 和气体的质量 m_a 之和；通常认为气体的质量可以忽略，则土样的质量仅为土粒质量和水的质量之和。借助于三相图，可以很容易地写出土的物理性质指标（三相比例指标）的表达式并导出其换算关系。

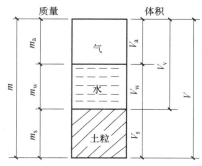

图 2.6 土的三相图

2.4.2 试验测定指标

1. 土的天然密度 ρ 和天然重度 γ

土的天然密度定义为天然状态下单位体积土的总质量，用 ρ 表示，其单位为 g/cm^3、kg/m^3 等。

$$\rho = \frac{m}{V} \tag{2.3}$$

式中 m——土的总质量；

V——土的总体积。

土的天然密度也称为湿密度，一般用"环刀法"测定，试验方法见《土工试验方法标准》GB/T 50123—2019，其变化范围比较大，常见值为 $1.5 \sim 2.0g/cm^3$。

土的天然重度定义为天然状态下单位体积土的总重力，又称土的**天然重度**，用 γ 表示，其单位为 kN/m^3。

$$\gamma = \frac{G}{V} = \frac{mg}{V} = \rho \cdot g \tag{2.4}$$

式中 G——土的总重力，单位是 kN；

g——重力加速度，其值为 $9.80m/s^2$；工程上为了计算方便，通常取 $g = 10m/s^2$。

2. 土的含水量 w

土的含水量定义为土中水的质量与土粒质量之比，用 w 表示，以百分数计。

$$w = \frac{m_w}{m_s} \times 100\% = \frac{m - m_s}{m_s} \times 100\% \tag{2.5}$$

式中 m——土的总质量；

m_w——水的质量；

m_s——土粒的质量。

含水量是反映土的干湿程度或者说干湿状态的一个重要指标。天然土层的含水量变化范围很大，它与土的种类、埋藏条件及其所处的自然地理环境等有关。干的粗砂土的含水量一般接近于零，而饱和砂土含水量可达 40%。坚硬黏土含水量一般小于 30%，饱和状态的软黏土（如淤泥）可达 60% 或更大。泥炭土含水量可达 300% 甚至更高。土的含水量一般用"烘干法"测定，见《土工试验方法标准》GB/T 50123—2019。

3. 土粒相对密度 G_s

土粒相对密度定义为土颗粒的质量与同体积 4℃纯水的质量之比，用 G_s 表示，无量纲。

$$G_s = \frac{m_s}{V_s \cdot \rho_{w1}} = \frac{\rho_s}{\rho_{w1}} \tag{2.6}$$

式中 ρ_{w1}——4℃时纯水的密度，数值为 1.0g/cm^3；

ρ_s——土粒密度，定义为单位体积土颗粒的质量；

m_s——土粒的质量；

V_s——土粒的体积。

土粒相对密度和土粒密度都是对土颗粒而言的，因为 $\rho_{w1} = 1.0\text{g/cm}^3$，所以两者在数值上相等。但土粒相对密度没有量纲，土粒密度的单位是 g/cm^3。

土粒相对密度是土的固有特性参数，与土的天然状态无关，其大小主要取决于土的矿物成分。无机矿物颗粒相对密度一般为 2.6～2.8。有机质土为 2.4～2.5；泥炭土为 1.5～1.8；而含铁质较多的黏性土可达 2.8～3.0。同一类型的土，其颗粒相对密度的变化幅度很小。常见的砂土颗粒相对密度一般 2.65～2.67；粉土一般为 2.70～2.71；粉质黏土一般为 2.72～2.73；黏土一般为 2.74～2.76。土粒相对密度一般用比重瓶法测定，见《土工试验方法标准》GB/T 50123—2019。

2.4.3 换算指标

1. 土的饱和度 S

土的饱和度是指土中孔隙被水充满的程度，定义为土中水的体积与孔隙体积之比，用百分数或用小数表示，无量纲。

$$S = \frac{V_w}{V_v} \times 100\% \tag{2.7}$$

式中 V_w——土中孔隙水的体积；

V_v——土中孔隙的体积。

显然，干土 $S=0$，完全饱和土 $S=100\%$。砂土根据饱和度可以分为稍湿、很湿和饱和三种状态，划分标准是：

$$S \leqslant 50\% \quad 稍湿$$

$$50\% < S \leqslant 80\% \quad 很湿$$

$$S > 80\% \quad 饱和$$

2. 土的孔隙比 e

土的孔隙比是指土中孔隙体积与土粒体积之比，用小数表示，无量纲。

$$e = \frac{V_v}{V_s} \tag{2.8}$$

孔隙比是一个重要的物理性质指标，可以用来评价天然土层的密实程度。一般来说，$e < 0.6$ 的土是密实的低压缩性土，$e > 1.0$ 的土是疏松的高压缩性土。

3. 土的孔隙率 n

土的孔隙率是指土中孔隙体积与土的总体积之比，或单位体积内孔隙的体积，常以百分数表示，无量纲。

$$n = \frac{V_v}{V} \times 100\% \tag{2.9}$$

土的孔隙率和孔隙比都是表征土的密实程度的重要指标。数值越大，表明土中孔隙体积越大，即土越疏松；反之，越密实。砂类土的孔隙率一般是 $28\% \sim 35\%$；黏性土的孔隙率有时可高达 $60\% \sim 70\%$。

孔隙比与孔隙率之间有如下关系：

$$n = \frac{e}{1+e} \times 100\% \tag{2.10}$$

$$e = \frac{n}{1-n} \tag{2.11}$$

4. 土的干密度和饱和密度

（1）干密度 ρ_d

单位体积土的固体颗粒部分的质量，称为土的干密度，记为 ρ_d，单位是 g/cm^3。

$$\rho_d = \frac{m_s}{V} \tag{2.12}$$

工程上，常把 ρ_d 作为评定土体密实程度的标准，尤其是在控制填土工程的施工质量时。

（2）饱和密度 ρ_{sat}

完全饱和，即孔隙中全部充满水时单位体积土的质量，称为土的饱和密度，记为 ρ_{sat}，单位是 g/cm^3。

$$\rho_{sat} = \frac{m_s + V_v \rho_w}{V} \tag{2.13}$$

式中　ρ_w——水的密度，近似等于 $1.0g/cm^3$。当土体饱和时，天然密度等于饱和密度。

5. 土的干重度、饱和重度和浮重度

土的三相比例指标中质量密度指标有 3 个，即土的天然密度或湿密度 ρ、干密度 ρ_d、饱和密度 ρ_{sat}。土的重度指标有 4 个，分别是土的天然重度或湿重度 γ、干重度 γ_d、饱和重度 γ_{sat} 和浮重度 γ'。

（1）干重度 γ_d

单位体积土中固体颗粒的重量，称为土的干重度，用 γ_d 表示，单位是 kN/m^3。

$$\gamma_d = \frac{W_s}{V} = \frac{m_s \cdot g}{V} = \rho_d \cdot g \tag{2.14}$$

式中 W_s——土中固体颗粒的重量，$W_s = m_s \cdot g$。

（2）饱和重度 γ_{sat}

孔隙中全部充满水时单位体积土的重量称为土的饱和重度，用 γ_{sat} 表示，单位是 kN/m^3。

$$\gamma_{sat} = \frac{W_s + V_v \gamma_w}{V} = \frac{m_s \cdot g + V_v \rho_w \cdot g}{V} = \frac{m_s + V_v \rho_w}{V} \cdot g = \rho_{sat} \cdot g \tag{2.15}$$

（3）浮重度 γ'

受到水的浮力作用，单位体积土的土粒重量与同体积水的重量之差，称为土的浮重度或有效重度，用 γ' 表示，单位是 kN/m^3。

$$\gamma' = \frac{W_s - V_s \gamma_w}{V} = \frac{m_s \cdot g - V_s \rho_w \cdot g}{V} = \frac{m_s - V_s \rho_w}{V} \cdot g \tag{2.16}$$

各重度指标与对应的密度指标之间的关系为：

$$\gamma_d = \rho_d g , \quad \gamma_{sat} = \rho_{sat} g \tag{2.17}$$

在数值上有如下的关系：

$$\gamma_{sat} \geqslant \gamma \geqslant \gamma_d \geqslant \gamma' , \quad \rho_{sat} \geqslant \rho \geqslant \rho_d \tag{2.18}$$

用三相图推导各指标间的相互关系，一般可以忽略气体的质量，即 $m_a = 0$。设 $\rho_{wl} = \rho_w$，并可以令 $V_s = 1$。

由定义 $e = \dfrac{V_v}{V_s}$，可得 $V_v = e$，$V = V_s + V_v = 1 + e$；

由定义 $G_s = \dfrac{m_s}{V_s \cdot \rho_{wl}} = \dfrac{\rho_s}{\rho_{wl}}$，可得 $m_s = V_s G_s \rho_w = G_s \rho_w$；

由定义 $w = \dfrac{m_w}{m_s} \times 100\%$，可得 $m_w = w m_s = w G_s \rho_w$，$m = m_s + m_w = G_s (1 + w) \rho_w$。

具体推导过程如下：

$$\rho = \frac{m}{V} = \frac{G_s (1 + w) \rho_w}{1 + e} \tag{2.19}$$

$$\rho_d = \frac{m_s}{V} = \frac{G_s \rho_w}{1 + e} = \frac{m}{V} \cdot \frac{m_s}{m} = \rho \cdot \frac{G_s \rho_w}{G_s (1 + w) \rho_w} = \frac{\rho}{1 + w} \tag{2.20}$$

由上式得

$$e = \frac{\rho_w \cdot G_s}{\rho_d} - 1 = \frac{\rho_w \cdot G_s (1 + w)}{\rho} - 1 \tag{2.21}$$

$$\rho_{sat} = \frac{m_s + V_v \rho_w}{V} = \frac{(G_s + e) \rho_w}{1 + e} \tag{2.22}$$

$$\gamma' = \frac{m_s - V_s \rho_w}{V} g = \gamma_{sat} - \gamma_w = \frac{(G_s - 1) \gamma_w}{1 + e} \tag{2.23}$$

$$n = \frac{V_v}{V} = \frac{e}{1 + e} \tag{2.24}$$

$$S_r = \frac{V_w}{V_v} = \frac{m_w}{V_v \rho_w} = \frac{w G_s \rho_w}{V_v \rho_w} = \frac{w G_s}{e} \tag{2.25}$$

根据上述定义，应用土的三相图可以导出各物理指标之间的换算公式，汇总于表2.6。

土的三相比例指标及其关系 表 2.6

指标名称	三相指标比例定义	常用换算公式	单位
天然密度 ρ	$\rho = \dfrac{m}{V}$	$\rho = \rho_d(1+w), \rho = \dfrac{\rho_s(1+w)}{1+e}$	g/cm³
土粒密度 ρ_s	$\rho_s = \dfrac{m_s}{V_s}$	$\rho_s = \dfrac{S_r e}{w} \rho_w$	g/cm³
干密度 ρ_d	$\rho_d = \dfrac{m_s}{V}$	$\rho_d = \dfrac{\rho_s}{1+e}, \rho_d = \dfrac{\rho}{1+w}$	g/cm³
饱和密度 ρ_{sat}	$\rho_{sat} = \dfrac{m_s + V_v \rho_w}{V}$	$\rho_{sat} = \rho_d + n\rho_w, \rho_{sat} = \dfrac{\rho_s + e\rho_w}{1+e}$	g/cm³
浮重度 γ'	$\gamma' = \gamma_{sat} - \gamma_w$	$\gamma' = \dfrac{\rho_s - \rho_w}{1+e} \cdot g, \gamma' = \dfrac{(\rho_s - \rho_w) \cdot \rho}{\rho_s(1+w)} \cdot g$	kN/m³
孔隙比 e	$e = \dfrac{V_v}{V_s}$	$e = \dfrac{\rho_s}{\rho_d} - 1, e = \dfrac{\rho(1+w)}{\rho} - 1$	
孔隙率 n	$n = \dfrac{V_v}{V} \times 100\%$	$n = \dfrac{e}{1+e}, n = \left(1 - \dfrac{\rho}{\rho_s(1+w)}\right) \times 100\%$	%
体积含水量 θ	$\theta = \dfrac{V_w}{V} \times 100\%$	$\theta = \dfrac{S \cdot e}{\rho_s} \rho_w \rho, \theta = \left(\dfrac{\rho}{\rho_d} - 1\right)\rho$	%
质量含水量 w	$w = \dfrac{m_w}{m_s} \times 100\%$	$w = \dfrac{\rho}{\rho_d} - 1, w = \dfrac{S_r e}{\rho_s} \rho_w$	%
饱和度 S	$S = \dfrac{V_w}{V_v} \times 100\%$	$S = \dfrac{w\rho_s}{e\rho_w} \times 100\%$	%

表2.6中的三相比例指标没有考虑骨架水作为土骨架的组成部分。是否考虑骨架水的存在，对天然密度、土粒密度、饱和密度和浮密度没有影响；而对含水量、孔隙率、孔隙比、饱和度和干密度有影响。为了显现区别，我们把不考虑土骨架水的三相比例指标称为绝对指标。以含水量为例，不考虑骨架水作为土骨架组成部分时的含水量称为绝对含水量（仍简称为含水量）。同样，在没有特别说明时，孔隙率、孔隙比和饱和度均是指不考虑骨架水时的三相比例指标。

2.4.4 计入骨架水时土的三相比例指标

把骨架水作为土骨架的组成部分，土的孔隙率和孔隙比、含水量和饱和度等都要改变，见表2.7。在分别给出相关的定义和公式前，先讨论残余含水量和骨架含水量。

1. 残余含水量

前面已经提到，当基质吸力的增加不再引起含水量的（显著）改变时，土的含水量称为残余含水量，相应的质量含水量和体积含水量分别用 w_r 和 θ_r 表示。残余含水量是土体中不能为气压势所驱离的孔隙水含量。它可以根据土水特征曲线确定，一般把土水特征曲线高吸力上的拐点对应的含水量作为残余含水量。残余含水量被作为骨架水含量的上限。当土的含水量大于残余含水量时，骨架含水量等于残余含水量；当土的含水量小于残余含水量时，骨架含水量等于绝对含水量。

2. 骨架含水量

作为土骨架组成部分存在的孔隙水称骨架水，对应的含水量称骨架含水量，相应的质量含水量和体积含水量分别用 w_s 和 θ_s 表示。按照我们前面的叙述，骨架含水量的上限取为残余含水量。当土的含水量小于残余含水量时，骨架含水量等于土的绝对含水量，即通常采用烘干法测定的含水量。

3. 有效含水量

不包含骨架水的含水量称为有效含水量，相应的质量含水量和体积含水量分别用 w_e 和 θ_e 表示。有效含水量等于绝对含水量与骨架含水量之差。当土的绝对含水量大于残余含水量时，有效含水量等于绝对含水量减去残余含水量；当绝对含水量小于残余含水量时，有效含水量等于 0，土的骨架含水量等于绝对含水量。用公式表示为：

$$w_e = w - w_r ; \quad \theta_e = \theta - \theta_r \tag{2.26}$$

4. 有效饱和度

在考虑土骨架水时饱和度的定义比较复杂，分别有饱和度、有效饱和度和残余饱和度。饱和度是绝对含水量对应的饱和度，记为 S；有效饱和度是有效含水量对应的饱和度，记为 S_e；相应，残余含水量对应的饱和度称为残余饱和度，记为 S_r。于是，有效饱和度可以表示为：

$$S_e = \frac{S - S_r}{1 - S_r} \tag{2.27}$$

式中 $S_r = n_r / n$ 是残余饱和度（n_r 是残余孔隙率，定义见下面）。同样，当土的含水量小于残余含水量时，有效饱和度等于 0。

5. 孔隙率

在不考虑骨架水的情况下，土的孔隙率为全部的孔隙体积与土的总体积之比（参考 REV 的概念）。当把骨架水作为土骨架的组成部分时，传统上我们作为孔隙的体积（比如用烘干法测得的孔隙体积）会减小。把骨架水对应的孔隙率称为骨架水孔隙率，记为 n_{sw}，那么

$$n_{sw} = \frac{V_{sw}}{V} \tag{2.28}$$

式中 V_{sw}——骨架水所占据的体积；

V——土的总体积。

把骨架水作为土骨架而不是孔隙，此时的孔隙体积与总体积之比称为有效孔隙率，记为 n_e，于是

$$n_e = \frac{V_v - V_{sw}}{V} = n - n_{sw} \tag{2.29}$$

式中 V_{sw}——骨架水所占据的孔隙体积；

V_v——包含骨架水在内的孔隙体积，即前面所说的全部孔隙体积；

V——土的总体积。

把残余含水量占据的孔隙所对应的孔隙率称为残余孔隙率，记为 n_r，则

$$n_r = \frac{V_r}{V} \tag{2.30}$$

式中 V_r——残余含水量所对应的体积;

V——土的总体积。

因为我们认为残余含水量是土骨架含水量的上限,所以有

$$n_{sw} \leqslant n_r \tag{2.31}$$

对于非饱和土,孔隙中既有水又有气。我们把孔隙水对应的孔隙率记为 n_w,孔隙气对应的孔隙率记为 n_a,那么

$$n = n_w + n_a \tag{2.32}$$

在非饱和土的孔隙水中扣除骨架水,剩下的孔隙水对应的孔隙率称为有效孔隙率,记为 n_{ew},于是

$$n_{ew} = n_w - n_r \tag{2.33}$$

当土的含水量小于残余含水量时,孔隙水对应的有效孔隙率为 0。

6. 孔隙比

与孔隙率一样,如果不考虑骨架水,土中全部孔隙的体积与土颗粒的体积之比是孔隙比;而当把骨架水作为土骨架的组成部分时,孔隙体积会减小而土颗粒的体积会增大。把骨架水对应的孔隙比叫做骨架水孔隙比,记为 e_{sw},则

$$e_{sw} = \frac{V_{sw}}{V - V_v + V_{sw}} \tag{2.34}$$

即

$$e_{sw} = \frac{n_{sw}}{1 - n_e} \tag{2.35}$$

将骨架水作为土骨架时土的孔隙比称为有效孔隙比,记为 e_e,那么

$$e_e = \frac{V_v - V_{sw}}{V - V_v + V_{sw}} = \frac{n - n_{sw}}{1 - n_e} \tag{2.36}$$

7. 有效干密度

当把骨架水作为土骨架的组成部分时,土的干密度会增大。单位体积内土颗粒的质量(包含骨架水)称为土的有效干密度,其定义公式为:

$$\rho'_d = \frac{m_s + m_{sw}}{V}, \quad \rho'_d = \rho_d + n_{sw}\rho_w \tag{2.37}$$

式中 ρ'_d——计入土骨架水的土的干密度,即有效干密度;

ρ_d——常规土的干密度;

ρ_w——水的密度;

m_s——土颗粒的质量;

m_{sw}——土骨架水的质量;

V——土体体积。

2.5 无黏性(砂)土的密实度

无黏性土一般是指砂(类)土和碎石(类)土,其黏粒含量甚少,呈单粒结构,不具

有可塑性。无黏性土的密实度对其工程性质影响明显，密实度越大，土的强度越高、压缩性越小，可作为建筑物的良好地基；反之，密实度越小，土的强度越低、压缩性越大，稳定性也越差。密实度较小的饱和粉土和细砂等，在振动荷载作用下还会发生液化现象。

天然条件下砂土可处于从疏松到密实的不同物理状态，与其颗粒大小、形状、沉积条件和存在历史有关。砂土属单粒结构，砂粒一般为粒状，比较接近于球形。大小均匀的圆球状颗粒的两种极端排列形式如图 2.7 所示，其孔隙比将在 0.91（疏松）和 0.35（密实）之间变化，显然孔隙比是描述其密实状态的重要指标。实际上，砂土的颗粒大小混杂，形状也非圆形，故孔隙比的变化必然比圆球还要大。试验表明，一般粗粒砂多处于较密实的状态，而细粒砂特别是含片状的云母颗粒多的砂，则易疏松。从沉积环境来讲，一般静水中沉积的砂土要比流水中的疏松，新近沉积的砂土要比沉积年代久的疏松。

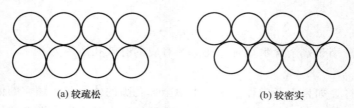

(a) 较疏松   (b) 较密实

图 2.7 固体圆球的松密状态

计入土骨架水的土三相比例指标及其关系   表 2.7

指标名称	三相指标比例定义	常用换算公式	单位
天然密度 ρ	$\rho=\dfrac{m}{V}$	$\rho=\rho_\mathrm{d}(1+w),\ \rho=\dfrac{\rho_\mathrm{s}(1+w)}{1+e}$	g/cm³
土粒密度 ρ_s	$\rho_\mathrm{s}=\dfrac{m_\mathrm{s}}{V_\mathrm{s}}$	$\rho_\mathrm{s}=\dfrac{S_r e}{w}\rho_\mathrm{w}$	g/cm³
干密度 ρ_d'	$\rho_\mathrm{d}'=\dfrac{m_\mathrm{s}+m_\mathrm{sw}}{V}$	$\rho_\mathrm{d}=\dfrac{\rho}{1+w_e},\ \rho_\mathrm{d}=\dfrac{\rho_\mathrm{s}}{1+e_e}$	g/cm³
饱和密度 ρ_sat	$\rho_\mathrm{sat}=\dfrac{m_\mathrm{s}+V_\mathrm{v}\rho_\mathrm{w}}{V}$	$\rho_\mathrm{sat}=\rho_\mathrm{d}+n\rho_\mathrm{w},\ \rho_\mathrm{sat}=\dfrac{\rho_\mathrm{s}+e\rho_\mathrm{w}}{1+e}$	g/cm³
浮密度 γ'	$\gamma'=\gamma_\mathrm{sat}-\gamma_\mathrm{w}$	$\gamma'=\dfrac{\rho_\mathrm{s}-\rho_\mathrm{w}}{1+e}\cdot g,\ \gamma'=\dfrac{(\rho_\mathrm{s}-\rho_\mathrm{w})\rho}{\rho_\mathrm{s}(1+w)}\cdot g$	kN/m³
有效孔隙比 e_e	$e_e=\dfrac{V_\mathrm{v}-V_\mathrm{sw}}{V-V_\mathrm{v}+V_\mathrm{sw}}$	$e=\dfrac{\rho_\mathrm{s}(1+w)}{\rho}-1,\ e=\dfrac{\rho_\mathrm{s}}{\rho_\mathrm{d}'}-1$	—
有效孔隙率 n_e	$n_e=\dfrac{V_\mathrm{v}-V_\mathrm{sw}}{V}\times100\%$	$n_e=\dfrac{e_e}{1+e_e},\ n_e=\left(1-\dfrac{\rho}{\rho_\mathrm{s}(1+w_e)}\right)\times100\%$	%
有效体积含水率 θ_e	$\theta_e=\dfrac{V_\mathrm{v}-V_\mathrm{sw}}{V_\mathrm{s}+V_\mathrm{sw}}\times100\%$	$\theta_e=\dfrac{S_e e_e}{\rho_\mathrm{s}}\rho_\mathrm{w}\rho,\ \theta_e=\left(\dfrac{\rho}{\rho_\mathrm{d}}-1\right)\rho$	%
有效质量含水率 w_e	$w_e=\dfrac{m_\mathrm{w}-m_\mathrm{sw}}{m_\mathrm{s}+m_\mathrm{sw}}\times100\%$	$w_e=\dfrac{S_e e_e}{\rho_\mathrm{s}}\rho_\mathrm{w},\ w_e=\dfrac{\rho}{\rho_e'}-1$	%
有效饱和度 S_e	$S_e=\dfrac{V_\mathrm{v}-V_\mathrm{sw}}{V_\mathrm{s}+V_\mathrm{sw}}\times100\%$	$S_e=\dfrac{w_e\cdot\rho_\mathrm{s}}{e_e\cdot\rho_\mathrm{w}}\times100\%$	%

砂土的密实状态对其工程性质影响很大。砂土越密实，结构就越稳定，压缩变形越小，强度越大，是良好的地基；反之，疏松的砂土，特别是饱和的粉砂、细砂，结构常处于不稳定状态，对工程建筑不利。

砂土的密实度可以分别用孔隙比 e、相对密实度 D_r 和标准贯入击数 N 进行评价。采用天然孔隙比 e 的大小来判定砂土的密实度，是一种较简捷的方法，但是也有明显的不足：它不能反映砂土的级配和颗粒形状的影响。对于同一种砂土，孔隙比可以反映土的密实度；但对于不同的砂土，相同的孔隙比却不能说明其密实度也相同，因为砂土的密实度还与土粒的形状、大小及粒径组成有关。因此，在实际工程中多采用相对密实度作为判定指标，其定义如下：

$$D_r = \frac{e_{max} - e}{e_{max} - e_{min}} \qquad (2.38)$$

式中　e_{max}、e_{min}——土的最大、最小孔隙比，即最疏松、最紧密状态的孔隙比；

e——土的天然状态孔隙比。相对密实度值在 $0\sim1$ 之间。当 $e = e_{max}$ 时，$D_r = 0$；当 $e = e_{min}$ 时，$D_r = 1$。D_r 越大，砂土越密实。

将式（2.38）中的孔隙比用干密度替换，可得到用干密度表示的相对密实度表达式：

$$D_r = \frac{(\rho_d - \rho_{dmin})\rho_{dmax}}{(\rho_{dmax} - \rho_{dmin})\rho_d} \qquad (2.39)$$

式中　ρ_d——砂土的天然状态的干密度，对应天然状态的孔隙比 e；

ρ_{dmax}——砂土最密实状态下的最大干密度，对应最小孔隙为 e_{min}；

ρ_{dmin}——砂土最松散状态下的最小干密度，对应最大孔隙比 e_{max}。

e_{max} 和 e_{min} 可在实验室可以分别用漏斗法、量筒倒转法或振动锤击法测定，试验方法参见相应的土工试验方法标准。

按照一定的阈值可以划定土的密实状态，表2.8给出了一种划分标准。

根据《公路桥涵地基与基础设计规范》JTG 3363—2019 划分砂土的密实状态　表 2.8

D_r	密实状态	D_r	密实状态
$0.67 \leqslant D_r \leqslant 1$	密实	$0.20 \leqslant D_r < 0.33$	稍松
$0.33 \leqslant D_r < 0.67$	中密	$D_r < 0.20$	极松

从理论上讲，相对密实度能反映颗粒级配及形状，是较好的办法。但是，因为天然状态砂土的孔隙比难以测定，尤其是位于地表下一定深度的砂层测定更为困难。此外，在室内测定 e_{max} 和 e_{min} 误差也较大，所以密实度现在工程上不常用。通常，采用标准贯入试验的锤击数 N 来评价砂类土的密实度。

标准贯入试验是用规定锤重和落距把标准贯入器（带有刃口的对开管）打入土中，记录贯入一定深度所需的锤击数 N 值的原位测试方法。标准贯入试验的贯入锤击数反映了土层的松密和软硬程度，是一种简便的现场测试手段。

2.6 黏性土的界限含水量

2.6.1 黏性土的稠度状态

黏性土是指在外力作用下，可塑成任何形状而不发生裂缝。当外力去掉后，仍可保持塑成的形状不变。黏性土最主要的物理状态特征是它的稠度。所谓稠度，是指黏性土在某一含水量下的软硬程度或土体对外力引起的变形或破坏的抵抗能力。当土中含水量很低时，水被土颗粒表面的电荷吸着于颗粒表面，土中水为强结合水。强结合水的性质接近于固体。因此，当土粒之间只有强结合水时，按水膜厚度不同，土呈现固态或半固态。其稠度状态如图 2.8 所示。

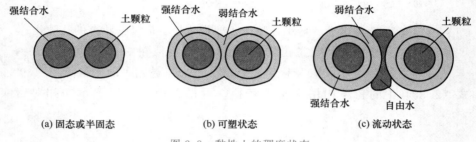

图 2.8　黏性土的稠度状态

当土中含水量增加，吸附在颗粒周围的水膜加厚，土粒周围除强结合水外还有弱结合水，弱结合水不能自由流动，但受力时可以变形。此时，土体受外力作用可以被捏成任意形状，外力取消后仍保持改变后的形状，这种状态称为可塑态。弱结合水的存在是土具有可塑状态的原因。当土中含水量继续增加，土中除结合水外已有相当数量的自由水处于电场引力影响范围之外，而呈现流动状态。实质上，土的稠度反映着土中水的形态。

2.6.2 黏性土的稠度界限（土的界限含水量）

黏性土从一种状态进入另外一种状态的分界含水量，称为土的界限含水量。这种界限含水量也称为稠度界限。常用的稠度界限有：液限 w_L、塑限 w_P 和缩限 w_s。工程上常用的稠度界限有液限 w_L 和塑限 w_P，称为阿太堡界限（Atterberg Limit）。

液限（w_L），也称为流限，相当于黏性土从塑性状态转变到液性状态时的含水量，也就是可塑状态的上限含水量。此时，土中水的形态除结合水外，已有相当数量的自由水。

塑限（w_P）相当于黏性土从半固体状态转变为塑性状态时的含水量，也就是可塑状态的下限含水量。此时，土中水的形态既有强结合水，也有弱结合水，并且强结合水含量达到最大值。

通常情况下，土体体积会随着含水量的减少而发生收缩现象，但是当含水量减小到一定程度时，土体的体积不再变化。缩限（w_s）即表示黏性土从半固态转变为固态时的含水量，也就是黏性土随着含水量的减小体积开始不变时的含水量。图 2.9 显示了这三种概念。其中，V 表示土体的体积，w 表示含水量，V_s 表示不再随 w 而变化的土体的固体颗粒体积。

以上三个界限含水量均可由重塑（即在野外取样后）的黏性土，通过室内试验测得。

2.6.3 黏性土的塑性指数和液性指数

塑性指数 I_p 是指液限 w_L 与塑限 w_p 的差值（省去％符号），表示土处于可塑状态的含水量变化的范围，是衡量土的可塑性大小的指标，用符号 I_p 表示。

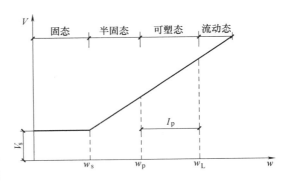

图 2.9 黏性土的体积和稠度状态随含水量的变化示意图

$$I_p = w_L - w_p \tag{2.40}$$

塑性指数的数值与土中结合水的可能含量有关，即与土的颗粒组成、土粒的矿物成分以及土中水的离子成分和浓度等因素有关。土粒越细，其比表面积和可能的结合水含量越高，I_p 越大。在一定程度上，塑性指数综合反映了黏性土及其组成的基本特性。因此，在工程上常按塑性指数对黏性土进行分类和评价。

液性指数 I_L 是指黏性土的天然含水量 w 与塑限 w_p 的差值与塑性指数 I_p 的比值，表征土的天然含水量与界限含水量之间的相对关系。

$$I_L = \frac{w - w_p}{w_L - w_p} = \frac{w - w_p}{I_p} \tag{2.41}$$

显然，当 $I_L = 0$ 时 $w = w_p$，土从半固态进入可塑状态；当 $I_L = 1$ 时 $w = w_L$，土从可塑状态进入流动状态。因此，根据 I_L 值可以判定黏土的稠度（软硬）状态，液性指数 I_L 越大，越接近流动状态。按 I_L 可以把黏性土分成坚硬、硬塑、可塑、软塑和流塑五种状态，表2.9给出了一种划分标准。表2.10是另外一种划分标准。

一种黏性土的软硬状态分类　　　　　　　　　　　　表 2.9

软硬状态	坚硬	硬塑	可塑	软塑	流塑
液性指数	$I_L \leqslant 0$	$0 < I_L \leqslant 0.25$	$0.25 < I_L \leqslant 0.75$	$0.75 < I_L \leqslant 1.0$	$I_L > 1.0$

另外一种黏性土的软硬状态分类　　　　　　　　　　表 2.10

软硬状态	坚硬	硬塑	软塑	流塑
液性指数	$I_L \leqslant 0$	$0 < I_L \leqslant 0.5$	$0.5 < I_L \leqslant 1.0$	$I_L > 1.0$

2.7 土的结构和构造

试验和工程实践都表明，同一种土，在地层中的原始状态（称为原状）和重新成样（称为重塑）的力学性质差异很大，表明土的组成成分并不是决定土的性质的全部因素，土的结构和构造对土的性质也有影响。对自然界存在的各种类型的土在物理力学性质方面表现出来的巨大差异，除了从成分（粒度、矿物和化学）、成因（风成、水成、冰成等）、形成年代和物理化学影响等方面进行研究外，也需要从结构和构造上探索其根源。

2.7.1 土的结构

土的结构表示土粒大小、形状、互相排列及连结的特征，它包含微观结构和宏观结构两重意义。微观意义上土的结构是指土粒的原位集合体特征，也称为土的组构（fabric）。宏观意义上土的结构是指肉眼可见的土体的结构特征，如层理、裂隙和大孔隙等，也称为土的构造（structure）。土的结构是在成土过程中逐渐形成的，反映了土的成分、成因和年代对土的影响。例如，中国西北黄土的大孔隙结构是在干旱气候条件下形成的，而西南的红黏土是在湿热的气候条件下形成的。虽然这两种土都具有大孔隙，但成因不同，土粒间的胶结物质不同，工程性质也截然不同。土的结构对土的工程性质有很重要的影响，但是到目前为止还未能提出有效的定量方法来描述土的结构。

1. 土粒间的连结关系

土中颗粒与颗粒间的连结主要有如下几种类型：

（1）接触连结

接触连结是指颗粒之间的直接接触，接触点上的连结强度主要来源于外加压力所带来的有效接触应力。这种连结方式在碎石土、砂土、粉土或近代沉积土中普遍存在。

（2）胶结连结

胶结连结是指颗粒之间存在着许多胶结物质，将颗粒胶连在一起，一般比较牢固。胶结物质包括黏土质、可溶盐和无定形铁、铝、硅质等。其中，无定形物的连接强度比较稳定；而可溶盐的胶结强度呈暂时性，被水溶解后，连结将大大减弱，强度也随之降低。

（3）结合水连结

结合水连结是指通过结合水膜而将相邻土粒连结起来的连结形式，又称水胶连结。当相邻两土粒靠得很近时，各自的水化膜部分重叠，形成公共水化膜。这种连结对处于坚硬和硬塑状态的粘性土是普遍存在的，其强度取决于吸附结合水膜的厚度变化。土越干燥，则结合水膜越薄，强度越高；水量增加，结合水膜增厚，粒间距离增大，则强度降低。

（4）冰连结

冰连结是指在冻土中由于水结冰而存在的暂时性连结，融化后即失去这种连结。

2. 土的结构类型

土的结构按其颗粒的排列和连接方式，可分为以下三种类型：单粒结构、蜂窝结构和絮状结构。

（1）单粒结构

粗颗粒土（如卵石和砂土等）在沉积过程中，每一个颗粒在自重作用下单独下沉并达到稳定状态，如图 2.10（a）所示。单粒结构的特点是土粒间存在点与点的接触。因沉积条件不同，可形成密实的或疏松的状态。疏松状态的单粒结构在荷载作用下，特别是在振动荷载作用下会使土粒移向更稳定的位置，产生较大的变形。密实状态的单粒结构则比较稳定，力学性能较好。

（2）蜂窝结构

当土颗粒较细（粒径在 0.02mm 以下）时，在水中单个下沉，碰到已沉积的土粒，因土粒之间的分子引力大于土粒自重，则下沉的土粒被吸引不再下沉。依次一粒粒被吸引，形成具有很大孔隙的蜂窝状结构，如图 2.10（b）所示。

（3）絮状结构（二级蜂窝结构）

那些粒径极细的黏土颗粒（粒径小于 0.005mm）在水中长期悬浮，这种土粒在水中运动，相互碰撞而吸引逐渐形成小链环状的集粒，质量增大而下沉，当一个小链环碰到另一小链环时相互吸引，不断扩大形成大链环状，称为絮状结构。因小链环中已有孔隙，大链环中又有更大孔隙，形象地称为二级蜂窝结构。此种絮状结构在海相沉积黏土中常见，如图 2.10（c）所示。

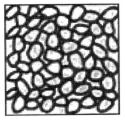 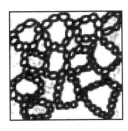 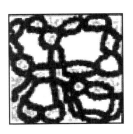

(a) 单粒结构　　　　　　　　(b) 蜂窝结构　　　　　　　　(c) 絮状结构

图 2.10　土的结构的基本类型

一般来说，上述三种结构中，呈现密实单粒结构的土，由于其土粒排列紧密，在动、静荷载作用下都不会产生较大的沉降，所以强度较大，压缩性较小，是良好的天然地基。而疏松状态的单粒结构、蜂窝结构以及絮状结构的土，其骨架是不稳定的，当受到震动或其他外力作用时，天然结构易遭到破坏，其强度降低，会引起很大的变形。因此，这种土层如未经处理，一般不宜作为建筑物的地基或路基。

3. 土的微观结构模型

早期关于土结构的研究以悬液中黏粒的相互作用为基础，提出了上述单粒、蜂窝和絮状等结构模式。到了 20 世纪 50～60 年代，人们认识到细小黏粒与孔隙溶液的相互作用，加之透射电镜的使用，能够观察到黏土颗粒是片状体，可以在不同电解质条件下形成"面-面""边-面""边-边"等结构模式。20 世纪 70 年代后期开始，扫描电镜的使用，使上述实验室研究转向对天然土结构的研究。目前，所提出土的微观结构模型是指表征土结构形态特征的典型图像，这种图像反映了黏粒及碎屑物质在结构中的相互关系，基本单元体在空间上的排列情况和孔隙特征，单元体之间的接触连结特点等。如软土中常见的蜂窝状结构，结构疏松，孔隙率较大，含水量高。具有这种结构的土，灵敏度高，压缩性高，强度低，工程性质无各向异性。胀缩性土中常见的叠片状结构，决定了这种土吸水膨胀、失水收缩的特点。湖相、海相黏土中常见层流状结构，反映了土的沉积特点，其工程性质各向异性明显。

2.7.2　土的构造

土的构造是指在一定土体中，结构相对均一的单元体的形态和组合特征，包括单元体的形状、大小、排列和相互关系等方面。按各结构单元之间的关系，可分为下列四种类型：层状构造、分散构造、结核状构造和裂隙状构造，如图 2.11 所示。

（1）层状构造

不同颜色或不同粒径的土组成层理，一层层互相平行，反映不同年代不同搬运条件形成的土层。层状构造如图 2.11（a）所示。

（2）分散构造

分散构造是指颗粒在其搬运和沉积过程中，经过分选的卵石、砾石、砂等因沉积厚度较大而不显层理的一种构造，如图 2.11（b）所示。分散构造的土接近理想的各向同性体，土层中各部分的土粒无明显差别，分布均匀，各部分性质比较接近。

（3）结核状构造

在细粒土中混有粗颗粒或各种结核，如含礓石的粉质黏土、含砾石的黏土等，均属结核状构造，如图 2.11（c）所示。

（4）裂隙状构造

裂隙状构造是土体被各种成因的不连续小裂隙切割而形成的。在裂隙中常充填有各种盐粒的沉淀物。不少坚硬和硬塑状态的黏性土具有此种构造，如图 2.11（d）所示。裂隙将破坏土的整体性，增大透水性，对工程不利。

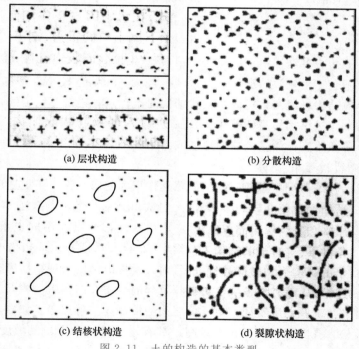

(a) 层状构造　　(b) 分散构造　　(c) 结核状构造　　(d) 裂隙状构造

图 2.11　土的构造的基本类型

土的构造反映了土的成因、土在形成时的地质环境、气候特征以及土层形成后的演变结果等，直接显示土的不均匀性、各向异性等特点。它影响土的强度和变形特征、稳定性、密实度、渗透性、对扰动的灵敏度等物理力学性能。

2.8　土的物理量的定义及其连续性

连续介质假设是固体力学和流体力学的基本假设之一。在这一假设下，固体或流体的质点被认为在空间上连续分布，描述其性质的宏观物理量，如质量、速度、压强、温度等都是空间坐标的连续函数。土是由土骨架和孔隙流体组成的多相体，无论是土骨架还是孔隙流体，它们在空间上的分布都是不连续的，因此土并不是连续介质。为了应用现有的数学方法处理土力学问题，需要建立土的连续介质模型。

2.8.1　连续介质的概念

物质是在空间中存在的。在数学中，物质存在的空间可以用实数集合表示的坐标系来度量。正如数学中的实数系是一个连续集一样，三维空间和时间也是一个连续集，可以用实数系 x、y、z、t 来表示。为了研究物质的状态和运动，在连续介质力学中将连续集的概念推广到物质，即认为物质在空间上是连续分布的。

可是事实上，作为连续介质的物质在微观尺度上是不连续的。如果我们把考察的尺寸缩小到原子大小，那么原子核和电子在不停地运动，原子核和电子的分布并不连续。因此，为了在数学的连续空间上定义物质的物理量，必须对物理量的定义附加限制条件。

以质量密度的定义为例。假设物质所在的空间为 V_0，如图 2.12 所示，考察 V_0 中的一点 P 以及收敛于 P 点的子空间序列 V_0，V_1，V_2，$\cdots$，令 $V_n \subset V_{n-1}$，$P \in V_0$（$n=1$，2，$\cdots$），设 V_n 中所含物质的质量是 M_n，V_n 代表子空间的体积，那么 P 点的物质质量密度 $\rho(p)$ 定义为

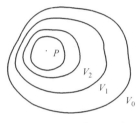

图 2.12　收敛于 P 点的空间域序列

$$\rho(p) = \lim_{V_0 \to 0} \frac{M_n}{V_n} \tag{2.42}$$

这样的定义实际上是一种数学上的抽象。对于自然界中实际存在的物质，当 V_n 的尺度接近原子半径的量级时，上述定义会遇到困难。随着物质原子基本粒子不停的运动，式（2.42）的极限要么不存在，要么随时间和空间波动。

为了解决这个问题，需要对极限表达式（2.42）附加一个限制条件：当考察 M_n/V_n 的比值的极限时，对于无限的子空间序列 V_1，$V_2 \cdots$，V_n，$\cdots$，若令 V_n 越来越小，直至趋近于零时，要求 V_n 总是保持足够大，使得在 V_n 中包含足够多数目的粒子。这个足够小又足够大的空间及其中的物质，称为物质在该点的代表体元，英文缩写为 REV（$Representative\ Elementary\ Volume$），记为 V^*。如果 M_n/V_n 的比值在这个附加的限制条件下仍趋于一个确定的极限值 $\rho(p)$，则定义 $\rho(p)$ 为物质在该点的质量密度。

因此，在连续介质力学中，质量密度的定义实质上并不是 P 点子空间无限序列的极限，而是在包含 P 点的有限的微小空间上物质宏观质量与宏观体积比值的平均值。这在本质上是一种修匀，即附加了限制条件的质量密度定义并不是 P 点子空间无限序列的极限，而是在包含 P 点的有限的微小空间上物质宏观质量与宏观体积比值的平均值。换句话说，当设想在微小空间上将物质质量均布于其中时，对于真实物质，我们便给出了一个连续介质的数学模型，它具有式（2.42）所严格定义的质量密度，又可以克服对物质进行力学分析时在数学处理上可能带来的困难。

当所研究的问题不涉及物质的微观结构时，应用上述修匀过程没有任何问题。与质量密度一样，在这样修匀的意义上我们可以定义其他任何物理量。

2.8.2 土的物理量的定义及其连续性

描述土的物理性质和力学状态的变量统称为土的物理量。因为土的骨架和孔隙在空间上分布不连续，所以即使在宏观条件下土的物理量的定义也会遇到与连续介质在微观条件下相似的困难。比如，当我们用式（2.42）定义土的质量密度时，会发现一旦 V_n 趋近到小于骨架颗粒或微团的体积时，$\rho(p)$ 将失去原有的物理意义。此时，$\rho(p)$ 不再代表宏观土体的质量密度，而是变成骨架颗粒（质点）或者孔隙中的流体的质量密度，这意味着此时式（2.42）的极限不存在。

因此，如果要用式（2.42）定义土的质量密度，我们必须在更大的空间尺度上附加限制条件，即在绕 P 点包含足够数目的骨架颗粒（质点）的更大尺寸空间上修匀。

假设土体所占据的空间域为 V_0，对于其中任意一点 P，考察收敛于 P 点的子空间序列 V_0、V_1、V_2、$\cdots$、V_n、$\cdots$，令 $V_n \subset V_{n-1}$，$P \in V_0$（$n=1, 2, \cdots$），而 V^* 是包含 P 点的这样一个有限空间：它足够小直至趋近于零，同时又保持足够大使得其中包含足够数目的土骨架颗粒（质点），称 V^* 为 P 点的代表性微元体积，简称代表体元（REV）。

设 V_n 中所包含的土骨架的质量是 M_{sn}，孔隙液体的质量是 M_{wn}。忽略孔隙气体的质量，那么，若极限

$$\rho(p) = \lim_{\substack{V_n \to V^* \\ V^* \to 0}} \frac{M_{sn} + M_{wn}}{V_n} \tag{2.43}$$

和

$$\rho_d(p) = \lim_{\substack{V_n \to V^* \\ V^* \to 0}} \frac{M_{sn}}{V_n} \tag{2.44}$$

存在，则分别称为 P 点土体的质量密度和质量干密度。

同样地，称极限

$$\rho_s(p) = \lim_{\substack{V_n \to V^* \\ V^* \to 0}} \frac{M_{sn}}{V_{sn}} \tag{2.45}$$

为 P 点颗粒的质量密度。

上式的定义包含两方面的意义：一是 P 点的质量密度是围绕 P 点代表体元质量密度的平均值；二是在代表体元之内"无限"均化，以致逼近到 P 点仍然有意义，保证密度定义的连续性。

如果当子空间序列无限逼近于 P 点的代表体元时，土的其他物理力学量的极限存在，我们就把该极限定义为相应的物理力学量。

如图 2.13 所示，如果在土体所占据的空间 V 内任意一点的物理力学状态变量都表征 P 点的代表体元的平均值，P 点可以连续移动，则该物理量在空间 V 上严格满足数学上的连续条件。在这样的意义下，土骨架或孔隙流体空间分布的连续性不再成为物理力学量空间连续性

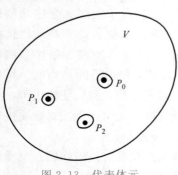

图 2.13 代表体元

的必要条件。

2.8.3 代表体元

代表体元对于土的物理力学量的定义及其连续性的研究具有重要的意义。但一般情况下，并无必要准确地给出代表体元的尺寸。对于不同的土体，或在同一土体中的不同点，代表体元的大小都可能不同。实际上，代表体元 V^* 不能取得太大，否则平均的结果不能代表 P 点的值；同时，也不能太小，必须包含有足够数目的孔隙或土骨架颗粒，这样才能得出有意义的统计平均值。因此，代表体元应满足以下条件：

（1）物理力学量的平均值不依赖于它的大小和形状；

（2）物理力学量的平均值在空间和时间上连续可微；

（3）如果 l 是代表体元的特征长度，d 是固体骨架颗粒的特征长度，则

$$l \gg d \tag{2.46}$$

（4）如果 L 是物理力学量发生变化的土的区域的特征长度，则

$$l \ll L \tag{2.47}$$

实际上，式（2.46）和式（2.47）保证了代表体元（REV）的选取能够消除土体在微（细）观上的不连续性，又不影响其宏观上的均质性或非均质性。

2.8.4 土的连续介质物质模型

在土力学中，任意一点的物理量都是以该点为质心的一定区域内的平均值，这个区域就是该点的代表体元。如果没有代表体元的概念，那么我们说土中一点，要么落在土骨架上，要么落在孔隙中。此时，不仅不能保证土的物理力学量的连续性，甚至没有办法定义土的物理力学量。而在引入代表体元的概念后，土体中一点的物理力学量就是该点代表体元内相应物理力学量的平均值。比如，一点的土体密度是该点代表体元内单位体积土体（土骨架和孔隙流体）质量的平均值；土骨架的密度是该点的代表体元内单位体积土体土骨架质量的平均值。再比如，一点代表体元内单位面积上土体的内力称为土体应力，一点的土骨架应力则是该点代表体元内单位面积上土骨架的内力。

土中一点均是指该点对应的代表体元。当考察的点连续移动时，点所对应的代表体元也连续移动。因此，土的物理力学量在土体所占据的连续空间上严格满足数学上的连续条件，连续介质力学分析方法可以直接应用于土力学。

代表体元内的土的物理力学量的无限均化，从物质模型的角度也可以理解为以保持物理量不发生变化为前提的土体结构的无限均化。换句话说，均化后土的物质结构形态可以在无限小的体积内保有代表体元下的物理量值。保有所有物理量值的想象中无限均化的土体物质结构，称为土的连续介质物质模型。实际上，应用连续介质力学方法处理土力学问题，只需要符合连续介质条件土的物理力学量的定义，并不一定需要土的连续介质物质模型。但是，借助于土的连续介质物质模型，有助于理解土体微元体或隔离体的力学分析。

2.8.5 土体断面的孔隙面积和土骨架面积

我们都知道，在渗流问题中水在土体断面孔隙中的流速等于断面流速除以孔隙率。这实际上是用到了无限均化的思想，否则我们无法想象在土体断面上的孔隙率等于其体积孔

隙率。因为在后面的章节中要用到，所以在这里给出土体断面的孔隙面积和土骨架面积的定义。

在代表体元的意义下，我们所说的土体内任意断面，均是指该断面所对应的具有代表体元厚度的柱体。简单地说，所谓断面就是以该断面为底的具有有限厚度的土柱。这个有限厚度就是代表体元的特征长度。

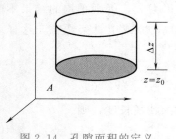

图 2.14　孔隙面积的定义

以孔隙面积为例，在土体内任取一个平面 xoy，如图 2.14 所示。在垂直于该平面方向上取一个微元长度 δ，当 δ 越来越小，但始终保持足够大，以保证在以 xoy 平面和 δ 形成的体积内含有合理数量的骨架颗粒（质点）时，取极限

$$A_V = \lim_{\substack{\Delta z \to \delta \\ \delta \to 0}} \frac{\int_{z_0}^{z_0+\Delta z} \left[\iint An\,\mathrm{d}x\,\mathrm{d}y \right] \mathrm{d}z}{\Delta z} \tag{2.48}$$

为 $z=z_0$ 处 xoy 平面上的孔隙面积。

式中　A_V——xoy 平面的孔隙面积；

　　　n——孔隙率；

　　　A——xoy 平面的面积。

当 Δz 很小时，认为孔隙率的变化与 z 无关，则式（2.48）可变为

$$A_V = \iint_A n\,\mathrm{d}x\,\mathrm{d}y \tag{2.49}$$

式（2.49）就是土体任意一平面上孔隙面积的表达式。当 n 为常量时有

$$A_V = nA \tag{2.50}$$

同样，可以给出土骨架面积的定义，这里不再写出。在均质条件下，有

$$A_s = (1-n)A \tag{2.51}$$

式中　A_s——骨架面积；

　　　A——土体面积；

　　　n——孔隙率。

2.9　土水势及其分势

土中一点的土水势是指该点的代表体元（REV）内单位数量的水所具有的势能，用单位数量的孔隙水从标准参考状态移动或改变到当前状态所做的功来衡量。在移动或改变过程中，如果环境对孔隙水做了功，则该状态下的土水势为正；若孔隙水对环境做了功，则该状态下的土水势为负。在数值上，土水势与所做功相等。也可以从另一角度，即移动孔隙水所做功的角度来定义土水势：将单位数量的孔隙水从某一状态移动到标准参考状态，如果环境对孔隙水做功，则该状态下土水势为负值；若孔隙水对环境做功，该状态下土水势为正值。

土水势是对土中孔隙水能量状态的描述。孔隙水的状态是相对的，因此这种描述也是相对的，即土水势的数值由该点的水的状态与标准参考状态下的势能差来确定。一般，取

一定高度、一定温度、承受标准大气压的纯自由水（不含任何溶质，不受固相介质作用）作为标准参考状态。

总土水势（简称总水势）包含重力势、压力势、基质势、溶质势和温度势，分述如下：

1. 重力势 ψ_g

重力势是由于重力场的存在而引起的，它决定于所论土中水的高度或垂直位置。将单位数量的土中水从某一高度移动到标准参考状态平面高度处，而其他各项均维持不变时，土中水所做的功即为该点土中水的重力势。

参考平面可任意选定，一般选在地表或地下水水面处。垂直坐标 z 的原点设在参考平面上，其方向根据需要或取向上为正，或取向下为正。当垂直坐标选定后，土中坐标为 z 质量为 M 的水所具有的重力势 E_g 为

$$E_g = \pm Mgz \tag{2.52}$$

式中，g 为重力加速度。当 z 坐标向上为正时，上式取"＋"号；当 z 坐标向下为正时，上式取"－"号。显然，位于参考平面以上的各点、重力势为正值，而参考平面以下各点的重力势为负值。由上式，可知单位质量水的重力势为

$$\psi_g = \pm gz \tag{2.53}$$

单位容积水的重力势为

$$\psi_g = \pm \rho_w gz \tag{2.54}$$

单位重量水的重力势为

$$\psi_g = \pm z \tag{2.55}$$

2. 压力势 ψ_p

压力势是由于压力场中压力差的存在而引起的。标准参考状态的压力通常取为标准大气压或当地大气压。若土中任一点的水所受压力不同于参考状态下的大气压，则说该点存在一个附加压强 Δp。单位数量的水由该点移至标准参考状态，其他各项维持不变，仅由于附加压强的存在致使水所做的功称为该点的压力势。当水的体积为 V，压力差或附加压强为 Δp 的水的压力势 E_p 为

$$E_p = V\Delta p \tag{2.56}$$

对于饱和土，地下水面以下深度 h 处的附加压强为 $\rho_w gh$。因此，该点单位质量水的压力势为

$$\psi_p = gh \tag{2.57}$$

单位容积水的压力势为

$$\psi_p = \rho_w gh \tag{2.58}$$

单位重量水的压力势为

$$\psi_p = h \tag{2.59}$$

所以，对于饱和土，其压力势 $\psi_p \geqslant 0$。

对于非饱和土，考虑到通气孔隙的连通性，各点所承受的压力均为大气压，故各点附加压强 $\Delta p = 0$，因而，各点压力势 $\psi_p = 0$。但当非饱和土中存在有闭塞的未充水孔隙时，其中与水相平衡的气压可能不同于大气压，由此产生的压力势称为气压势。闭塞气泡及相应气压势的存在，对土中水分状况有一定的影响，值得进一步研究。不过，目前研究一般

都没有考虑此项。另外，在实验室的条件下，将非饱和土样置于气压高于大气压的密闭容器（压力室）中时，水具有正的压力势。

3. 基质势 ψ_m

土中水的基质势是由于土中固体颗粒基质对土中水的吸持作用引起的。固体颗粒基质对水分吸持的机理十分复杂，但可概括为吸附作用和毛管作用，参考状态是以自由水为标准的，自由水不含有固体颗粒基质的作用。单位数量的水由非饱和土中的一点移至标准参考状态，除了固体颗粒基质作用外其他各项维持不变，则水所做的功即为该点的基质势。

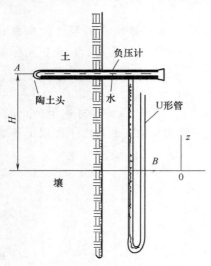

图 2.15　水柱型负压计示意图

所做的功实际是负值，因为实现上述移动时，为了反抗固体颗粒基质的吸持作用必须对土中水做功。由此可知非饱和土中水的基质势永远为负值，即 $\psi_m < 0$；饱和土中水的基质势 $\psi_m = 0$。固体颗粒基质对水分吸持作用的大小与土中所含水量的多少有关，因此，非饱和土中水的基质势 ψ_m 是土含水率 θ 的函数。

由于固体颗粒基质对水分吸持作用的复杂性，目前还不能从理论上导出基质势的定量关系，只能在野外或在实验室内进行测定，测定方法可查询相关参考文献。现仅以水柱型负压计为例说明其原理。图 2.15 所示的水柱型负压计由多孔陶土头和 U 形管组成。负压计管中充水，陶土头置于土中被测点处。当 U 形管水面稳定时，表明负压计中的水势和陶土头周围土中的水势处于平衡状态，亦即 A 点的土水势 ψ_A 与 B 点的水势 ψ_B 相等。由于无溶质浓度和温度的差别，A、B 两点的溶质势和温度势分别相等。取过 B 点的水平面为参考平面，分别写出两点的重力势、压力势、基质势和总水势为

$$\psi_{Ag} = H, \ \psi_{Ap} = 0, \ \psi_{Am} = \psi_{Am}, \ \psi_A = H + \psi_{Am}; \ \psi_{Bp} = 0, \ \psi_{Bp} = 0, \ \psi_{Bm} = 0, \ \psi_B = 0$$

$$\tag{2.60}$$

由于 $\psi_A = \psi_B$，便可得出 A 点的基质势为 $\psi_m = -H$。

正的压力势 ψ_p 和负的基质势 ψ_m 在机理上有着本质的区别，但有时为了分析问题的方便，又常将两者统一起来，并称基质势为负压势。此时，若压力势 ψ_p 以压力水头 h（>0）表示，基质势 ψ_m 则用负压水头 h_m（<0）或用 h（<0）表示，这种统一对于分析饱和—非饱和土中的渗流有利。

4. 溶质势 ψ_s

溶质势表示土的孔隙溶液中所有溶质对水作用引起的势能改变的结果，由于参考状态是以不含溶质的纯水为标准，当土中任一点的水含有溶质时，该点的水分便具有一定的溶质势，单位数量的水分从土中一点移动到标准参考状态，其他各项维持不变，仅由于水中溶质的作用，土壤水所做的功即为该点土中水分的溶质势。土壤水溶液中的溶质对水分子有吸引力，实施上述移动时必须克服这种吸持作用对土壤水做功，因此，溶质势也为负值，即 $\psi_s < 0$。

溶质势的存在可以用渗透作用实验来证明。
图 2.16 所示的容器左端为纯水，右端为糖水（或
其他溶质）溶液，中间为理想半透膜（能容许水
分子通过而不允许溶质分子通过），膜两侧的水分
子都可透过半透膜运动到另一侧。由于溶质分子
对水的吸持作用，总的效果是左侧管中的水分子
不断通过半透膜进入右侧管中，致使右管中的液
面不断上升，直到管两侧液面形成某一高差 h 为
止。两管的液位差可视为要阻止水的渗透必须施
加的压力，此压力就是在渗透作用发生前半透膜
两侧所存在的压力差，称为原溶液的渗透压，即

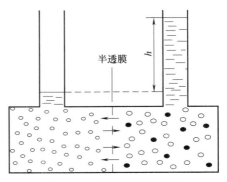

图 2.16　渗透试验示意图

溶质势。水分子通过半透膜从纯水移入溶液表明溶质的存在降低了水的势能，这种单方向
的扩散现象在化学上称为渗透作用。渗透压 P_s 可表示为：

$$P_s = \frac{c}{\mu}RT \qquad (2.61)$$

式中　c——单位体积溶液中含有的溶质质量（g/cm^3），通常称作溶液的浓度。

若体积为 V（cm^3）的溶液中，溶质的质量为 M_s（g），则 $c = M_s/V$。μ 为溶质的摩
尔质量（g/mol），数值上等于溶质的分子量，因此 c/μ 是以摩尔表示的溶液浓度（mol/
cm^3）。T 为热力学温度（K），R 为摩尔气体常数，也称通用气体常数。当渗透压 P_s 以
Pa 为单位时，$R = 8.31 \times 10^6 Pa \cdot cm^3/(mol \cdot K)$。

由上所述，含有一定溶质的单位体积的土中水的溶质势 ψ_s 为

$$\psi_s = -\frac{c}{\mu}RT \qquad (2.62)$$

土中一般不存在半透膜。当溶质浓度相同时，各处的溶质势相等，对水分运动没有影
响；而当土中的孔隙水存在离子浓度差，即存在溶质浓度变化时，则需要考虑溶质势的
影响。

5. 温度势 ψ_T

温度势是由于温度场的温差引起的。土中任一点水的温度势由该点的温度与标准参考
状态的温度之差所决定。温度势可表示为 $\psi_T = -S_e \Delta T$，S_e 为单位数量水的熵值。通常
认为，由于温差存在而造成的水分运动通量相对而言是很小的，所以，在分析土中水分的
运动时，温度势的作用也常被忽略。

土中温度的分布和变化对土中水分运动的影响是多方面的，有些大大超过了温度势本
身的作用，例如，温度对水的物理化学性质（如黏滞性、表面张力及渗透压等）产生影
响，进而影响基质势、溶质势以及土的水分运动参数。温度状况还决定着水的相变，另一
方面，土中的水分状况在很大程度上决定着土的热特性参数，水的相变如果发生，则成为
能量平衡中的一个重要因素。因此，在实际问题中，更为重要的是土中水热迁移的交互和
耦合作用的影响。

土水势的 5 个分势在实际问题中并不同等重要。上面已经提到，在分析土中水分运动
时，溶质势和温度势的影响通常可以忽略。对于饱和土，由于基质势 $\psi_m = 0$，因此总水势

ϕ 由压力势 ϕ_p 和重力势 ϕ_g 组成。若用单位重量的水所具有的势能表示，水势即通常所说的水头。此时，饱和土的总水势或总水头为：

$$\phi = h \pm z \tag{2.63}$$

式中，h 为压力水头，即地下水面以下的深度；z 为位置水头，正负号视 z 轴的方向而定。

对于大气压强下的非饱和土，不必考虑气压势，于是压力势 $\phi_p = 0$，总水势 ϕ 由基质势 ϕ_m 和重力势 ϕ_g 组成，即

$$\phi = \phi_m \pm z \tag{2.64}$$

同样，若以水头表示，上式中的总水头则由负压水头 $h = \phi_m$ 和位置水头组成。

为了表述方便，把不包含重力势的土水势称为水势，记为 ϕ_w；把非饱和土中单位容积孔隙水的水势取正值，称为土吸力，也称总吸力，记为 s_w，相应于基质势和溶质势的土吸力分别称为基质吸力和溶质吸力，记为 s_m 和 s_s。也就是说，基质吸力就是负的基质势；溶质吸力就是负的溶质势；总吸力就是负的水势，它等于基质吸力与溶质吸力之和。

$$s_w = s_m + s_s = -\phi_w = -(\phi_m + \phi_s) \tag{2.65}$$

2.10　土水特征曲线

土中水的数量用含水量或者饱和度表示、能量用土水势表示，在静止平衡条件下土中水的能量与数量之间的关系就是土水特征曲线。土水特征曲线一般需要通过试验得到，它显示的是土的持水能力，是土的固有性质。

2.10.1　土水特征曲线的物理意义和基本特征

土水特性曲线（SWRC）的概念最早出现于土壤学和土壤物理学中，用来描述土中基质吸力随含水量的变化关系，也称为持水特征曲线（简写为 SWRC 或者 WRC）。由它的测量方法我们可以知道，土水特征曲线反映的是确定状态的土体中单位数量的孔隙水在静止情况下其势能和含水量之间的关系。这里所说的确定状态是指，土颗粒的矿物成分是确定的、颗粒组成是确定的、密度或者孔隙比是确定的、土骨架的结构是确定的、应力状态和应力历史是确定的。土水特征曲线的实验结果显示，含水量越高，水势越高；含水量越低，水势越低。这实际上也就是说，含水量越低，要将土中的相同数量的水排出所需要做的功就越多；而含水量越高，排出相同数量的水所需要做的功就越少。

从土对水的吸持作用的角度来看，当土处于饱和状态时，含水量为饱和含水量，吸力为零。若对土施加一个微小的吸力，土中不会有水排出，土体仍然保持饱和状态。只有当吸力增加到某一临界值时，由于土中最大的孔隙不能抵抗所施加的吸力而继续保持水分，土开始排水。当吸力进一步提高，次大的孔隙接着排水，土的含水量进一步减小。如此，随着吸力不断增加，土中的孔隙由大到小依次不断排水，含水量越来越低，土中保持水分的孔隙越来越小。当吸力很高时，只有微小孔隙中才能保持极为有限的水分。此后，随着吸力的增加，几乎观测不到有水排出，含水量也基本上不再随着吸力的增加而变化。

上述现象表明，土中大孔隙对水的吸持作用力较小，小孔隙对水的吸持力较大。土从

饱和状态开始排水意味着空气开始进入到土体的最大孔隙中，此时的吸力值被称为进气值。进气值在石油工业中也称为置换压力，在陶瓷工业中则称为冒泡压力。一般来说，粗质地的砂土或结构良好的土进气值较小，而细质地的黏土进气值相对较大，如图 2.17 所示。此外，由于砂土孔隙大小比较均匀，所以进气值的出现往往较细粒土明显。当基质吸力的增加不再引起土的含水量显著变化时的含水量被称为残余含水量。其实，残余含水量就是无论怎么增加基质吸力都不能够排出土中水的含水量。也可以认为，是土水特征曲线两个拐点处的土水势和含水量，进气值和残余含水量都需要通过试验测定。

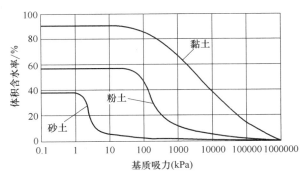

图 2.17　砂土、粉砂土和黏土的土水特征曲线

进气值的存在缘于毛细作用，即土孔隙中存在的表面张力膜。当施加的气压强不足以突破表面张力膜时，土中便不会有水排出。突破土中最大孔隙的表面张力膜的气压强所对应的吸力值就是进气值。而残余含水量的存在则缘于土颗粒对水的强烈吸附作用，这一部分内容在前面"土中的水"一节已经谈到。

如图 2.18 所示，典型的土水特征曲线有两个明显的拐点，一个对应进气值，另一个则对应残余含水量。根据土水特征曲线确定进气值和残余含水量通常的做法是：在高含水量区段的土水特征曲线处做切线与饱和含水量处所做的垂线，即平行于吸力坐标轴的直线相交，把交点对应的吸力值作为进气值。同样，在高吸力段的土水特征曲线上对应的拐点处对低吸力范围内的曲线做切线，并将高吸力部分的曲线近似为一条直线，把两条直线的交点所对应含水量作为残余含水量。一般认为，零含水量时的土的总吸力对于所有的土都相等。Croney 通过对多种类型的土进行试验，得到了一个略低于 10^6 kPa 的吸力值。

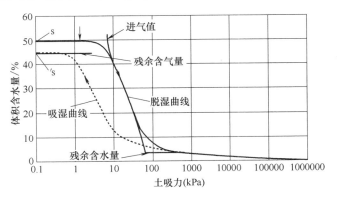

图 2.18　粉砂的典型的土水特征曲线

41

Fredlund、Vanapalli 和 Russam 采用压力板仪测定土的土水特征曲线，进一步证实了此吸力的存在，Richard 则通过热动力学分析对这一吸力值的选取表示支持。

在进气值和残余含水量处具有拐点，是土水特征曲线的一个特征。进气值和残余含水量是两个重要的特征点。在此两点之间，曲线呈现平滑变化，规律保持不变。

土水特征曲线的另一个特征是曲线的形状与脱湿路径或吸湿路径有关。在恒温条件下，让土样从饱和状态逐渐失水至残余含水量的状态的过程是脱湿路径，所测得的土水特征曲线叫脱湿曲线（desorption curve）；而从残余含水量状态吸水到饱和状态的过程是吸湿路径，所测得的土水特征曲线叫吸湿曲线（absorption curve）。吸湿曲线在脱湿曲线的下方，也就是说，在同一吸力水平下脱湿土的饱和度比吸湿土的饱和度要高。当土的吸力降为 0 的时候，土中仍然有一部分孔隙气以气泡的形式存在于孔隙水中，此时土的饱和度小于 1，这一现象称为土水特征曲线的滞后（hysteresis），如图2.19 所示。产生滞后现象的原因很复杂，目前有三种解释这一现象——瓶颈（墨水瓶）理论、接触角理论和弯月面延迟形成理论。

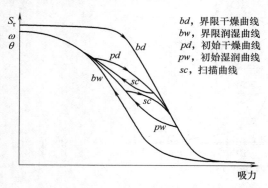

图 2.19　土水特征曲线的滞后现象

在图 2.19 中，在脱湿曲线和吸湿曲线的中间，土从部分湿润状态开始排水或从部分湿润状态再开始吸水时，吸力与含水率的关系曲线沿着吸湿曲线和脱湿曲线中间的曲线变化，这些中间曲线称为扫描曲线。由此可知，土中水的吸力和含水率的关系，不仅不是单值函数，而且依其脱水和吸水的历史不同呈现复杂的变化。

2.10.2　影响土水特征曲线的因素

影响土水特征曲线的因素很多，主要有土颗粒的矿物成分和颗粒组成、土的孔隙大小和孔隙分布、温度以及土的应力状态和应力历史等。

1）土的矿物成分和颗粒组成对土水特征曲线的影响。一般来说，组成土颗粒的矿物的吸水性越强，同一含水量对应的吸力越大。而土中的细粒含量越高，同一吸力条件下土的含水量越大，如图 2.17 所示。

2）土的密度和孔隙比对土水特征曲线的影响。对于同一种土，其密度和孔隙比决定了它的孔隙大小和分布，而孔隙的大小和分布对土水特性有决定性的影响。图 2.20 表示一种砂土不同干重度时的水分特征曲线。土越密实，则大孔隙数量减少越多，而小孔径的孔隙增加越多。因此，在同一吸力值下，干重度越大的土，相应的含水率一般也要大些。土的密度和孔隙比对土水特征曲线的影响在低吸力范

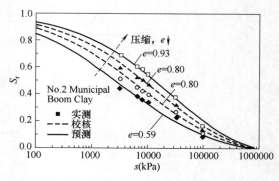

图 2.20　同一种土不同孔隙比下的土水特征曲线

围内尤为明显。

3) 温度对土水特征曲线亦有影响。温度升高时，水的黏滞性和表面张力下降，基质势相应地增大，或者说土中吸力减小。在低含水率时，这种影响表现得更加明显。

除了矿物成分和颗粒组成、孔隙大小和孔隙分布，以及温度之外，土的应力状态和应力历史对土水特征曲线也有影响，图 2.21 给出了不同应力状态时对应的土水特征曲线。需要指出的是：最新研究表明，应力状态和应力历史通过改变密度而影响土水特征曲线。

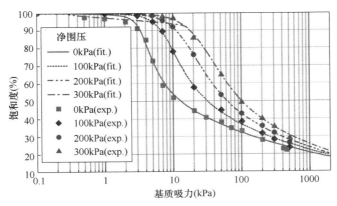

图 2.21   不同应力状态的土水特征曲线（引自 Lee，2005）

2.10.3   土水特征曲线与水平地层的含水量分布

土水特征曲线通过试验测定，因吸水过程或排水过程而有所不同。它反映的是含水量（饱和度）与基质势之间的对应关系。对于确定的吸水过程或者排水过程，只要知道含水量，根据土水特征曲线就可以知道在静力平衡条件下相应的基质势；反之，知道基质势，也可以知道对应的稳态含水量。土水特征曲线反映着土体固有的持水性质，是土的另一种本构关系。

现在以图 2.22 所示的均质土层为例，在恒温和孔隙水静止的条件下讨论孔隙水压强（饱和土孔隙水的压力势及非饱和土的基质势）分布和含水量分布之间的关系。

恒温，表明无热量和交换，可以不考虑温度势变化；孔隙水静止，表明其处于静力平衡状态，土层中任意两点孔隙水的土水势相等，没有势能差。取土层中的自由水面为标准参考平面，该平面上纯净自由水的状态为标准参考状态，则 O 点的土水势等于零。在地下水面以下的饱和土中任取一点 A，A 点的垂直坐标为 z，因为 A 点和 O 点的土水势相等，没有势能差，所以 A 点的土水势：

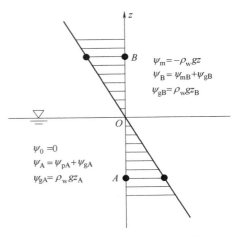

图 2.22   恒温且孔隙水静止时
均质土层孔隙水压强分布

$$\psi_p + \psi_g = 0 \qquad (2.66)$$

于是，

$$\psi_p = -\psi_g = -\rho_w g z \qquad (2.67)$$

当用单位容积水的势能表示时，

$$u_w = \psi_p = -\rho_w g z \qquad (2.68)$$

在地下水面以上的非饱和土层中任取一点 B，B 点的垂直坐标为 z，在大气开敞条件下，压力势（气压势）ψ_p 等于零，不计溶质势，由 B 点和 O 的土水势相等，有：

$$\psi_m + \psi_g = 0 \qquad (2.69)$$

于是

$$\psi_m = -\psi_g = -\rho_w g z \qquad (2.70)$$

当用单位容积水的势能表示时，

$$u_w = \psi_m = -\rho_w g z \qquad (2.71)$$

表明对于非饱和土层，在孔隙水静止的情况下，基质势沿高程 z 呈线性分布。

土层中两点的土水势相等作为孔隙水静止（处于静力平衡状态）的条件，只有在孔隙水连通的状态，即孔隙水能够传递压强时才有意义。在前面已经说过，对于非饱和土在含水量大于残余含水量时，孔隙水就可以传递压强，亦即可以认为是连通的。当孔隙水连通时，孔隙水的静止平衡要求土层中任意两点的土水势相等。如果两点之间存在土水势差，则必然会导致孔隙水的运动。孔隙水静止不动，就说明两点之间不存在土水势差。由前面的讨论可知，在均质土层中，当孔隙水处于静止平衡状态时，基质势等于负的重力势。因此，在地下水位以上，土层含水量沿高程 z 的分布，即含水量与高程 z 的关系反映着含水量与基质势的关系。而我们已经知道，在静力平衡条件下土的含水量（饱和度）与基质势（基质吸力）之间的关系称为土水特征曲线。因此，对于孔隙水处于静止平衡状态的土层，含水量沿高程的分布符合土水特征曲线，如图 2.23 所示。换句话说，测得了土水特性曲线，就可以预知在孔隙水静力平衡条件下，含水量沿高程的分布。这种分布可能因土层历经排水或吸水过程的不同而不同，但它是确定的。这意味着可以通过测取静水位以上恒温土柱的稳态含水量分布得到土水特征曲线。

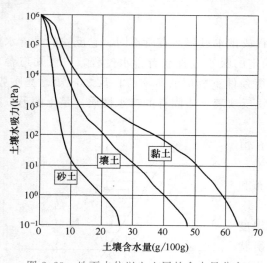

图 2.23　地下水位以上土层的含水量分布

由此可以了解，在恒温和孔隙水静止平衡的条件下，已知土（比如土样）的含水量，可以知道其基质势，也可以推想其在实际土层中的位置，即地下水面以上的高度。无论土样当前所处的位置如何，其所对应的实际土层中的高度都是一样的；反之，在恒温和孔隙水静止平衡的条件下，一定的高度（指地下水面以上）土层对应着确定的基质势，也对应着确定的含水量。

思考题

1. 土如何生成和演变？按照《土的分类标准》GB/T 50145—2007，土被分为几大类？分类的依据是什么？

2. 在土的三相组成中，决定土的物理、力学性质的主要因素是什么？

3. 土中水有哪几种存在形态？各有何特性？对土的工程性质有何影响？

4. 何谓不均匀系数和曲率系数？如何由颗粒级配曲线的形态以及不均匀系数和曲率系数的数值评价土体的工程性质？

5. 土中一点是什么含义？代表体积有什么作用和意义？

6. 土的三相比例指标有哪些？哪些可以直接测定？其余指标如何导出？

7. 无黏性土的最重要的物理指标是什么？用孔隙比、相对密实度和标准贯入试验击数 N 来划分密实度各有什么优缺点？

8. 黏性土的物理状态指标是什么？何谓液限？何谓塑限？

9. 液性指数会出现 $I_L > 0$ 和 $I_L < 0$ 的情况吗？相对密实度是否会出现 $D_r > 1.0$ 和 $D_r < 1.0$ 的情况？

10. 土的压实性与哪些因素有关？何谓土的最大干密度和最优含水量？

11. 阐述土骨架水的概念、意义、确定方法，在考虑土骨架水的条件下推导孔隙比、干密度和饱和度的表达式。写出非饱和土体积分数的表达式。

12. 天然地层中一定含水率的土，如何确定其基质势？在什么条件下溶质势会对土的内力和孔隙水的运动产生影响？

13. 简述土水特征曲线的物理意义、确定方法及其影响因素。

习题

1. 根据表 2.11 颗粒分析试验结果，做出级配曲线，算出 C_u 及 C_c 值，并判断其级配情况是否良好。

颗粒分析试验结果 表 2.11

粒径/mm	粒组含量/%	粒径/mm	粒组含量/%
20～10	1	0.25～0.075	22
10～5	3	0.075～0.05	5
5～2	5	0.05～0.01	4
2～1	7	0.01～0.005	3
1～0.5	20	0.005～0.002	2
0.5～0.25	28		

2. 如图 2.24 所示，A、B、C 为三种不同粒径组成的土。试求各种土中的砾石、砂粒、粉粒及黏粒的含量各为多少？它们的不均匀系数及曲率系数又各为多少？并对各曲线所反映的土的级配特性加以分析。

3. 已知某土样土粒相对密度 G_s 为 2.69，天然重度 γ 为 18.62kN/m³，含水量 w 为 29.0%，求该土样的孔隙比 e、孔隙率 n、饱和度 S_r 和干重度 γ_d。

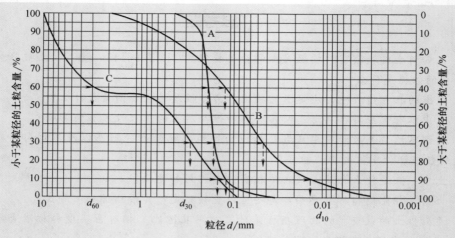

图 2.24　A、B、C 三种土的颗粒级配曲线

4. 已知某土样，土粒相对密度 G_s 为 2.70，含水量 w 为 35%，饱和度 S_r 为 85%。求在 $100m^3$ 的天然土中，干土和水的重量各为多少？并求土的三相体积。

5. 有一块体积为 $60cm^3$ 的原状土样，重 1.05N，烘干后为 0.85N。已知土粒相对密度 G_s 为 2.67。求该土的天然重度 γ、天然含水量 w、干重度 γ_d、饱和重度 γ_{sat}、浮重度 γ'、孔隙比 e 及饱和度 S_r。

6. 有一 $60cm^3$ 的原状土样，质量为 114.3g，烘干后质量是 90.0g，已知土粒相对密度 G_s 为 2.67，求该土样的天然重度 γ、干重度 γ_d、饱和重度 γ_{sat}、浮重度 γ'、天然含水量 w、孔隙比 e、孔隙率 n、饱和度 S_r，并比较天然重度 γ、干重度 γ_d、饱和重度 γ_{sat}、浮重度 γ' 的数值大小。

7. 某砂土密度为 $1.77g/cm^3$，含水量 w 为 9.8%，土粒相对密度为 2.67，烘干后测定最小孔隙比为 0.461，最大孔隙比为 0.943，试求该砂土的相对密实度 D_r，并评定其密实程度。

8. 已知某土样含水量 $w_1 = 20\%$，天然重度 $\gamma = 18.0kN/m^3$。若孔隙比保持不变，含水量增加为 $w_2 = 30\%$，问 $1m^3$ 的土需加多少水？

9. 某土样的天然含水量 $w = 36.4\%$，液限 $w_L = 46.2\%$，塑限 $w_p = 34.5\%$。

（1）计算该土样的塑性指数 I_p 及液性指数 I_L，确定土的状态；

（2）试分别用《土的分类标准》GB/T 50145—2007 和《建筑地基基础设计规范》GB 50007—2011 确定该土的名称。

10. 某地基土试样，经初步判别属粗颗粒土，经筛分试验，得到各颗粒组含量百分比如表 2.12 所示。采用《建筑地基基础设计规范》GB 50007—2011 分类法确定该土的名称。

颗粒组含量　　　　　　　　　　　　　　　　　　　　　表 2.12

粒组/mm	<0.075	0.075~0.1	0.1~0.25	0.25~0.5	0.5~1.0	>1.0
含量/%	8.0	15.0	42.0	24.0	9.0	2.0

3
平衡微分方程
与有效应力

　　土力学主要研究土在荷载作用下的内力、变形（应变）、强度和稳定。荷载包括力和其他因素，比如重力、孔隙水压力、其他外力和温度变化等。荷载的作用会在土中产生内力，同时使土体发生变形，在进行力学分析时常用应力衡量内力的强度，用应变衡量变形的强度。

　　本章首先介绍土体应力和应变的定义。因为土体是三相体，所以土体的应力可以是对三相体整体而言，称为总应力；也可以分别对土骨架、孔隙水和孔隙气而言，分别称为土骨架应力、孔隙水压强和孔隙气压强。由应变的定义，可以得到应变和变形之间的关系，称为变形协调方程或位移方程。由应力的定义和土体微元体的内力分析，可以得到土的平衡微分方程，简称平衡方程，包括总应力平衡方程和土骨架应力平衡方程。根据平衡微分方程，可以得到土体总应力、土骨架应力和孔隙水（气）压强之间的关系，称为土骨架应力方程，在饱和条件下就是 Terzaghi 的有效应力方程，因此也称为有效应力方程。

　　应力和应变是力学的最基本概念之一，要熟练掌握并理解其含义。无论是对土体微元体进行内力分析还是变形分析，都要求应力在土体所占据的空间上是连续的。换一句话说，如果没有土的物理力学量在代表体元内无限平均化的假设，就没有办法使用连续的数学工具对土体进行力学分析。由此可见，上一章对土体物理力学量的定义及其连续性的讨论是很必要的，需要认真理解和体会。

　　土的平衡方程和变形协调方程是求解土体应力的基础，是土力学的基本方程。需要掌握其推导方法、推导过程和物理意义，最好能熟记平面问题的平衡微分方程。有效应力方程虽然表达式简单，但是非常重要且实用，需要熟记、理解并掌握其应用。

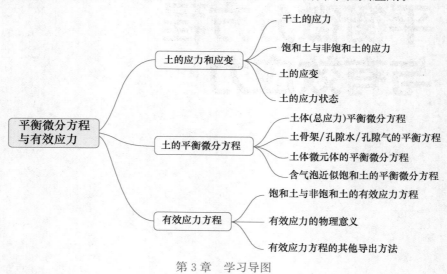

第 3 章　学习导图

3.1 土的应力和应变

在材料力学中，应力被简单地定义为单位截面积上的内力集度。在弹性力学和连续介质力学中，一点的应力被更准确地定义为该点对应的微元面积 Δs 上的内力平均值的极限。因为内力是矢量，所以应力可以分解成与截面垂直的正应力和与截面相切的剪应力。由定义可知，应力是内力集度的一种度量，与物体的性质、结构以及内部的相互作用形式无关。比如，我们讨论金属材料的应力时，并不关注其内部晶格的组成以及晶格间的物理化学作用；同样地，宏观上土的应力定义也与土颗粒之间的接触及相互作用无关。

土颗粒构成土的结构，称为土骨架。如在第一章中的定义——土骨架是由土中固相组成的承受和传递荷载的结构。在分析土体应力时，可以把土骨架、孔隙水和孔隙气的混合体作为分析对象，也可以把土骨架、孔隙水和孔隙气各自分别作为分析对象。我们把土体三相混合体（土体整体）的应力称为总应力，把土体骨架作为独立分析对象的应力称为土骨架应力。需要说明的是，土骨架应力通常是在包括骨架和孔隙的整体面积上平均，而不是在骨架所占据的实有面积上平均。骨架应力可以定义为单位面积上的全部内力，也可以定义成单位面积上不包含孔隙流体压强的所有其他外力产生的内力。传统的骨架应力是按照前者定义的，包括孔隙流体压强作用产生的内力和其他外力作用产生的内力。在后面的讲述中我们会注意到，这样定义骨架应力得不到 Terzaghi 的有效应力表达式，而如果把骨架应力定义成单位面积上不包含孔隙流体压强的所有其他外力产生的内力，则可以得到有效应力表达式。

3.1.1 干土的应力

先以干土为例来说明土体应力的定义。在土中任意一点 P 取包含 P 点的微小平面 ΔA（ΔA 同时指代面积），如图 3.1 所示。在剖面 ΔA 上暴露的内力为 $\overrightarrow{\Delta F}$，将 $\overrightarrow{\Delta F}$ 分解成沿 ΔA 的法线方向和平行于 ΔA 面的分力 $\overrightarrow{\Delta N}$ 和 $\overrightarrow{\Delta T}$。用 S_s 表示 P 点的代表体元对应的面积，如果极限式（3.1）存在，

$$\begin{cases} \sigma = \lim\limits_{\substack{\Delta A \to S_s \\ S_s \to 0}} \dfrac{\Delta N}{\Delta A} \\[2em] \tau = \lim\limits_{\substack{\Delta A \to S_s \\ S_s \to 0}} \dfrac{\Delta T}{\Delta A} \end{cases} \tag{3.1}$$

则称 σ 和 τ 为 P 点土体的正应力和剪应力。简单地说，土体应力就是单位面积上的内力，对应法向内力的是正应力，对应切向内力的是剪应力。式中 $\Delta A \to S_s$ 表示先趋近于代表体元尺度的面积；$S_s \to 0$ 表示在面积 S_s 上平均后，ΔA 趋近于 0，即无限小的几何点。

3.1.2 饱和土与非饱和土的应力

土中应力的定义包括总应力和土骨架应力两种。总应力是将包含土骨架和孔隙流体（孔隙水和孔隙气）的整体作为分析对象。图 3.1 所示是土体整体微元体，在剖开平面 ΔA 上暴露的整体内力记为 $\overrightarrow{\Delta F}$，将 $\overrightarrow{\Delta F}$ 分解成为沿 ΔA 的法线方向和平行于 ΔA 平面的

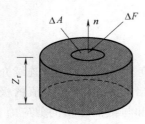

图 3.1 作用在面
积 ΔA 上的内力

分力，记为 $\overrightarrow{\Delta N}$ 和 $\overrightarrow{\Delta T}$（其中，$\overrightarrow{\Delta N}$ 中包含了孔隙水承受的内力；因为孔隙水不承受剪应力，所以孔隙水的内力对 $\overrightarrow{\Delta T}$ 没有影响）。如果式（3.1）的极限存在，则称 σ 为 P 点土体的总应力（正应力）。为了区别于一般的应力，如前面干土的应力，将其记为 σ_{t}；而 τ 为 P 点的剪应力。

单独将土骨架作为分析对象，其单位面积上的内力称为土骨架应力。土骨架的内力可以分成孔隙流体压强作用产生的内力和其他外力作用产生的内力两部分。在传统的骨架应力定义中，包含孔隙流体压强作用产生的内力。但是因为孔隙流体压强的作用只会产生骨架颗粒的体积变形而不会产生剪切变形，并且只在颗粒接触面上产生的内力才对土骨架的抗剪强度有贡献（详见 3.3 节），所以我们特别定义了不包含孔隙流体压强作用的土骨架应力。在 3.3 节和 3.4 节中将会看到，这一土骨架应力就是对土力学具有奠基意义的有效应力。

对于饱和土，单独将土骨架作为分析对象时，要将土体中的孔隙水移除。此时，在土骨架隔离体中要显示孔隙水对土骨架的作用，包括均匀的孔隙水压强和孔隙水压强梯度（准确地说是水势梯度）的作用，前者产生骨架应力，后者引起渗流和渗流力。

首先考察均匀孔隙水压强的作用，其效果是在土骨架上产生各向均等、大小等于孔隙水压强的应力。图 3.2（a）所示两个相互接触的颗粒，由孔隙水压强引起的接触点（面）上的内力强度一定与该点的静水压强相等。这样，如果单纯考察孔隙水压强的作用效果，那么无论骨架颗粒接触面的性质如何，对于每一个骨架颗粒都如同置于水中的孤立质点一样承受静水压强的作用，于是在土骨架颗粒的任意截面上，孔隙流体压强引起的平均应力都等于 u_{w}，如图 3.2（b）所示。由此，将土骨架作为隔离体，孔隙水压力引起的任一横截面上的平均应力都等于该点的孔隙水压强，如图 3.2（c）所示。

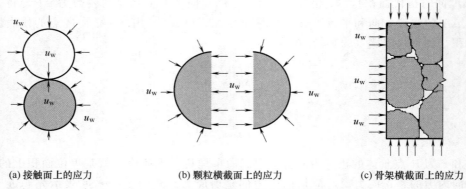

(a) 接触面上的应力　　　　　(b) 颗粒横截面上的应力　　　　　(c) 骨架横截面上的应力

图 3.2　由孔隙水压强作用引起的骨架应力

如同置于深海中的物质颗粒受到水压强作用产生的效果一样，孔隙水压强及其引起的土骨架应力的作用使得土骨架受到各向均等的垂直压强作用，土骨架处于平衡状态，除了产生颗粒本身的体积变形外，不产生土骨架体系的变形，也不会对土骨架的剪应力产生影响。鉴于此，我们定义不包含孔隙水压强作用的土骨架应力，并且称其为有效应力（更深入的讨论见 3.3 节和 3.4 节）。具体定义如下：

设在土骨架隔离体表面 ΔA 上暴露的内力为 $\vec{\Delta F}$，将 $\vec{\Delta F}$ 分解成为沿 ΔA 的法线方向和平行于 ΔA 平面的分力 ΔN_t^s 和 $\vec{\Delta T}$，用 ΔN_w^s 表示孔隙水压强作用引起的骨架面力的合力，ΔN^s 表示不包含孔隙水压强作用的其他外荷载作用产生的法向内力，若 S_s 为 P 点代表体元对应的面积，如果极限式（3.2）存在，

$$
\begin{cases}
\sigma = \lim_{\substack{\Delta A \to S_s \\ S_s \to 0}} \dfrac{\Delta N^s}{\Delta A} = \lim_{\substack{\Delta A \to S_s \\ S_s \to 0}} \dfrac{\Delta N_t^s - \Delta N_w^s}{\Delta A} \\[4mm]
\tau = \lim_{\substack{\Delta A \to S_s \\ S_s \to 0}} \dfrac{\Delta T}{\Delta A}
\end{cases}
\tag{3.2}
$$

则称 σ 和 τ 为 P 点土体的土骨架应力，其中 σ 也称为 P 点土的有效应力，τ 也是 P 点土体的剪应力。土的有效应力就是不包含孔隙水压强作用的土骨架应力。在本书中，有效应力和土骨架应力的含义相同。

在非饱和土中，既有孔隙水压强的作用又有孔隙气压强的作用。如第 1 章中所述，在本教材中孔隙水压强被定义为单位容积的孔隙水的土水势，它既可以是正值也可以是负值。由此一点，土骨架的正应力和剪应力可以定义为：

$$
\begin{cases}
\sigma = \lim_{\substack{\Delta A \to S_s \\ S_s \to 0}} \dfrac{\Delta N^s}{\Delta A} = \lim_{\substack{\Delta A \to S_s \\ S_s \to 0}} \dfrac{\Delta N_t^s - \Delta N_w^s - \Delta N_a^s}{\Delta A} \\[4mm]
\tau = \lim_{\substack{\Delta A \to S_s \\ S_s \to 0}} \dfrac{\Delta T}{\Delta A}
\end{cases}
\tag{3.3}
$$

式中　ΔN_w^s、ΔN_a^s——分别表示孔隙水压强和孔隙气压强作用引起的骨架内力。

从式（3.2）和式（3.3）可知，骨架正应力的定义与现有孔隙介质力学中骨架应力的定义的不同在于，去除了孔隙流体压强作用产生的骨架内力。

3.1.3　土的应变

物体受外力作用会产生变形，应变是用来衡量物体变形程度的物理量。对于宏观连续介质，可以用正应变、剪应变和体应变分别表示长度、角度和体积的相对变化量。当土内部不存在颗粒和质量交换时，土体变形符合平面假设。即受荷变形过程中，土体层面之间没有嵌入，也没有张开，土颗粒组成的平面在变形过程中保持为平面。此时，土体变形满足连续性条件。从质量守恒的角度，变形连续性要求微元土柱 AB 变形到 $A'B'$ 过程中，包含并且仅仅包含原来微元中的全部土骨架质点，如图 3.3 所示。一般认为，在小变形条件下，土体变形满足平面假设。此时，可以同连续介质一样用位移函数给出土的应变的定义。

设 $\vec{u} = \{u, v, w\}^T$ 是空间域上的连续函数，它可以将空间上具有微元长度的线段 AB 变换到 $A'B'$，并且 $A'B'$ 保持为直线（AB 为变形前，$A'B'$ 为变形后），如图 3.4 所示。如果 $\vec{u}$ 对于物体所在空间上的任意一个微元线段都具有上述性

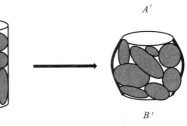

图 3.3　微元土柱变形连续性示意图

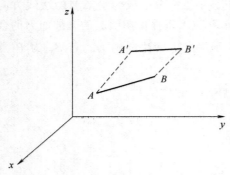

图 3.4　线段变形连续性示意图

质，则称 $\vec{u}$ 为 AB 的位移函数。

土中以 A、B 两点的代表面积为底，以 A、B 两点间的长度为高的柱体称为土体线元。在笛卡尔坐标系中，考察土体所在空间上 $A（x，y，z）$ 和 $B（x+\Delta x，y+\Delta y，z+\Delta z）$ 两点构成的线元（即代表面积的土柱）AB。若 AB 的长度为 r，其方向余弦为 $l，m，n$，则线元 AB 在坐标轴上的投影长度为：

$$\Delta x=r \cdot l，\Delta y=r \cdot m，\Delta z=r \cdot n \tag{3.4}$$

假设位移向量 $\vec{u}$ 是空间位置坐标的连续函数，而线元上的 A 点和 B 点分别变形到 $A'（x+u，y+v，z+w）$ 和 $B'（x+\Delta x+u'，y+\Delta y+v'，z+\Delta z+w'）$，其中 $u，v，w$ 和 $u'，v'，w'$ 分别是 A 点和 B 点位移向量的分量。在数学上，线元 AB 到 $A'B'$ 的变形相当于以 $\vec{u}$ 为变换函数的一个交换或映射。

变形后线元的长度 $r'=A'B'$，按照应变的定义，

$$\varepsilon_r=\frac{r-r'}{r} \tag{3.5}$$

式中　ε_r——线元 AB 的应变（以压为正）。

令　　　　　$\Delta u=u'-u，\Delta v=v'-v，\Delta w=w'-w \tag{3.6}$

因为 $\vec{u}$ 在空间上连续，故在 $A'B'$ 上有

$$\begin{cases} \Delta u=\dfrac{\partial u}{\partial x} \cdot \Delta x+\dfrac{\partial u}{\partial y} \cdot \Delta y+\dfrac{\partial u}{\partial z} \cdot \Delta z \\[2mm] \Delta v=\dfrac{\partial v}{\partial x} \cdot \Delta x+\dfrac{\partial v}{\partial y} \cdot \Delta y+\dfrac{\partial v}{\partial z} \cdot \Delta z \\[2mm] \Delta w=\dfrac{\partial w}{\partial x} \cdot \Delta x+\dfrac{\partial w}{\partial y} \cdot \Delta y+\dfrac{\partial w}{\partial z} \cdot \Delta z \end{cases} \tag{3.7}$$

由此，可以写出压缩变形后长度 r' 在坐标轴方向上的分量为：

$$\begin{cases} \Delta x'=\Delta x-\Delta u=\Delta x-\dfrac{\partial u}{\partial x} \cdot \Delta x-\dfrac{\partial u}{\partial y} \cdot \Delta y-\dfrac{\partial u}{\partial z} \cdot \Delta z \\[2mm] \Delta y'=\Delta y-\Delta v=\Delta y-\dfrac{\partial v}{\partial x} \cdot \Delta x-\dfrac{\partial v}{\partial y} \cdot \Delta y-\dfrac{\partial v}{\partial z} \cdot \Delta z \\[2mm] \Delta z'=\Delta z-\Delta w=\Delta z-\dfrac{\partial w}{\partial x} \cdot \Delta x-\dfrac{\partial w}{\partial y} \cdot \Delta y-\dfrac{\partial w}{\partial z} \cdot \Delta z \end{cases} \tag{3.8}$$

由上述坐标分量表达式，可以推导土柱长度的坐标分量表达式。因为

$$r'^2=\Delta x'^2+\Delta y'^2+\Delta z'^2 \tag{3.9}$$

将式（3.8）代入式（3.9），可以得到

$$r'^2=\left[\left(1-\frac{\partial u}{\partial x}\right)\Delta x-\frac{\partial u}{\partial y}\Delta y-\frac{\partial u}{\partial z}\Delta z\right]^2+\left[-\frac{\partial v}{\partial x}\Delta x+\left(1-\frac{\partial v}{\partial y}\right)\Delta y-\frac{\partial v}{\partial z}\Delta z\right]^2+$$

$$\left[-\frac{\partial w}{\partial x}\Delta x-\frac{\partial w}{\partial y}\Delta y-\left(1-\frac{\partial w}{\partial z}\right)\Delta z\right]^2$$

$$\tag{3.10}$$

由有 $r'=r-\varepsilon_r \cdot r$，将其代入上式，并且两边同除 r^2，得

$$\varepsilon_r^2 = \left[\left(1-\frac{\partial u}{\partial x}\right)l-\frac{\partial u}{\partial y}m-\frac{\partial u}{\partial z}n\right]^2 + \left[-\frac{\partial v}{\partial x}l+\left(1-\frac{\partial v}{\partial y}\right)m-\frac{\partial v}{\partial z}n\right]^2 + \qquad (3.11)$$
$$\left[-\frac{\partial w}{\partial x}l-\frac{\partial w}{\partial y}m+\left(1-\frac{\partial w}{\partial z}\right)n\right]^2$$

因为 ε_r，$\dfrac{\partial u}{\partial x}$，$\cdots$，$\dfrac{\partial w}{\partial z}$ 均是小量，其平方或者乘积均可以忽略，并且 $l^2+m^2+n^2=1$，于是由上式可得：

$$\varepsilon_r = \frac{\partial u}{\partial x}l^2+\frac{\partial v}{\partial y}m^2+\frac{\partial w}{\partial z}n^2+\left(\frac{\partial u}{\partial y}+\frac{\partial v}{\partial x}\right)lm+\left(\frac{\partial u}{\partial z}+\frac{\partial w}{\partial x}\right)nl+\left(\frac{\partial v}{\partial z}+\frac{\partial w}{\partial y}\right)mn$$

令

$$\begin{cases} \varepsilon_x=\dfrac{\partial u}{\partial x} \\[2mm] \varepsilon_y=\dfrac{\partial v}{\partial y} \\[2mm] \varepsilon_z=\dfrac{\partial w}{\partial z} \end{cases} \qquad (3.12)$$

为土体骨架在 x，y，z 方向的线应变，而

$$\begin{cases} \gamma_{xy}=\dfrac{\partial v}{\partial x}+\dfrac{\partial u}{\partial y} \\[2mm] \gamma_{yz}=\dfrac{\partial w}{\partial y}+\dfrac{\partial v}{\partial z} \\[2mm] \gamma_{xz}=\dfrac{\partial w}{\partial x}+\dfrac{\partial u}{\partial z} \end{cases} \qquad (3.13)$$

为土体骨架与 x，y，z 方向有关的工程剪应变。

用应变增量和位移增量表达时，

$$\begin{cases} \Delta\varepsilon_x=\dfrac{\partial \Delta u}{\partial x} \\[2mm] \Delta\varepsilon_y=\dfrac{\partial \Delta v}{\partial y} \\[2mm] \Delta\varepsilon_z=\dfrac{\partial \Delta w}{\partial z} \\[2mm] \Delta\gamma_{xy}=\dfrac{\partial \Delta v}{\partial x}+\dfrac{\partial \Delta u}{\partial y} \\[2mm] \Delta\gamma_{yz}=\dfrac{\partial \Delta w}{\partial y}+\dfrac{\partial \Delta v}{\partial z} \\[2mm] \Delta\gamma_{xz}=\dfrac{\partial \Delta w}{\partial x}+\dfrac{\partial \Delta u}{\partial z} \end{cases} \qquad (3.14)$$

上面得到的应变与位移之间的关系方程称为位移协调或变形协调方程，即弹性力学中的几何方程，亦即变形连续性条件或称变形连续方程。

土体一点的应变分量表征该点的应变状态，如果用微元六面体表示更清晰。当正六面体微元转动方向时，6 个应变分量也随之改变。因此总可以找到 3 个互相垂直的面，其上只有正应变，而剪应变为 0，这样的平面称为主应变（应力）平面。

3.1.4 土的应力状态

土体内部的应力在每点都会有不同，在每一点不同方向的截面上，应力的方向和大小不同。为了研究一点的应力状态，通常所用的方法是在这个点取一个以该点为中心的微元六面体（称为隔离体），六面体的三对平面分别与坐标轴 X，Y，Z 相垂直。六面体上的应力可以用 9 个应力分量表示，即 σ_{xx}，σ_{yy}，σ_{zz}，τ_{xy}，τ_{yx}，τ_{yz}，τ_{zy}，τ_{xz}，τ_{zx}，写成矩阵形式为：

$$\sigma_{ij} = \begin{bmatrix} \sigma_{xx} & \tau_{xy} & \tau_{xz} \\ \tau_{yx} & \sigma_{yy} & \tau_{yz} \\ \tau_{zx} & \tau_{zy} & \sigma_{zz} \end{bmatrix} \tag{3.15}$$

由剪应力互等原理可知，$\tau_{xy} = \tau_{yx}$，$\tau_{yz} = \tau_{zy}$，$\tau_{xz} = \tau_{zx}$，因此，该单元体只有 6 个独立的应力分量，即 σ_{xx}，σ_{yy}，σ_{zz}，τ_{xy}，τ_{yz}，τ_{xz}。可以用矩阵表示成：

$$\sigma_{ij} = \begin{bmatrix} \sigma_{xx} & \tau_{xy} & \tau_{xz} \\ \tau_{xy} & \sigma_{yy} & \tau_{yz} \\ \tau_{xz} & \tau_{yz} & \sigma_{zz} \end{bmatrix} \tag{3.16}$$

在材料力学和弹性力学中，法向应力以拉为正、压为负；而土体一般不能受拉，土力学中讨论的地基应力、土压力等，都是以压为正、拉为负。因此，土力学中，应力分量的正负规定就与弹性力学相反，即正面上的负向应力为正，负面上的正向应力为正。不仅正应力如此，剪应力也如此，以便于应用弹性力学的有关公式。

同应变一样，当正六面体微元转动方向时，6 个应力分量也会改变。而总有一个位置使得正六面体的面上只有正应力，而剪应力为 0。只作用有正应力的面叫主应力面，该面上的正应力叫主应力。3 个面上的主应力按大小顺序排列，分别为大主应力 σ_1、中主应力 σ_2 和小主应力 σ_3。

土体的应力状态可以用正应力和剪应力分量表达，也可以用主应力表达。土最普遍的应力状态是三维应力状态。在土力学和岩土工程中，也常常遇到平面应变、侧限压缩和三轴应力状态。

1. 三维应力状态

一般情况的土体均为三维应力状态，每一点有 6 个应力分量，如图 3.5 所示。

$$\{\sigma\} = [\sigma_x \quad \sigma_y \quad \sigma_z \quad \tau_{xy} \quad \tau_{yz} \quad \tau_{zx}]^T \tag{3.17}$$

2. 平面应变状态（二维应变状态）

平面应变状态是指土在某一方向上没有应变，并且在垂直于该方向的平面上也没有剪应力的一种受力状态，此时土体中每一点的应力分量只是两个坐标的函数。当建筑物基础的长度远远大于宽度，并且在每一个横断面上应力的大小和分布都相同时，就可以简化成平面应变状态。图 3.6 所示一长堤坝，水平地面可看作一个平面，沿 y 方向的应变 $\varepsilon_y = 0$。由于对称性，$\tau_{yx} = \tau_{yz} = 0$。地基中的每一点应力分量只是 (x, z) 的函数。这时，每

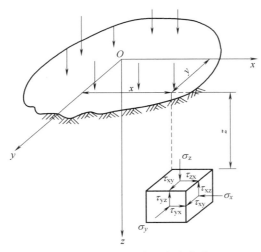

图 3.5 土中一点的应力状态

一点的应力状态只有 5 个分量 σ_x，σ_y，σ_z，τ_{xz}，τ_{zx}。应力矩阵可表示为：

$$\sigma_{ij}=\begin{bmatrix} \sigma_x & 0 & \tau_{xz} \\ 0 & \sigma_y & 0 \\ \tau_{zx} & 0 & \sigma_z \end{bmatrix} \tag{3.18}$$

其中，$\tau_{xz}=\tau_{zx}$，$\sigma_y=\mu(\sigma_x+\sigma_z)$，$\mu$ 是泊松比。

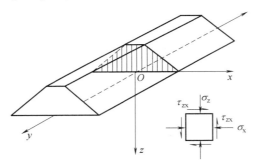

图 3.6 堤坝下的平面应变状态

3. 侧限应力状态

侧限应力状态（图 3.7）是指侧向应变均为零的一种应力-应变状态。此时，土体只

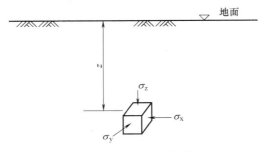

图 3.7 侧限应力状态

有竖向变形。

由于任何竖直面都是对称面，故在任何竖直面和水平面上都不会有剪应力存在，即 $\tau_{xy} = \tau_{yz} = \tau_{xz} = 0$，应力矩阵为：

$$\sigma_{ij} = \begin{bmatrix} \sigma_x & 0 & 0 \\ 0 & \sigma_y & 0 \\ 0 & 0 & \sigma_z \end{bmatrix} \tag{3.19}$$

且由 $\varepsilon_x = \varepsilon_y = 0$ 可推导出 $\sigma_x = \sigma_y$，并与 σ_z 成正比。

4. 三轴应力状态

三轴应力状态是指 $\varepsilon_x = \varepsilon_y$，$\sigma_x = \sigma_y = \sigma_3$ 的一种轴对称应力状态，如图 3.8 所示。其中 σ_3 称为周围应力，简称围压。与侧限应力状态一样，三轴应力状态下在水平和垂直的各个面上都不会有剪应力，即 $\tau_{xy} = \tau_{yz} = \tau_{xz} = 0$；与侧限应力状态不同的是水平向应变不为零。对应的应力矩阵为：

$$\sigma_{ij} = \begin{bmatrix} \sigma_3 & 0 & 0 \\ 0 & \sigma_3 & 0 \\ 0 & 0 & \sigma_z \end{bmatrix} \tag{3.20}$$

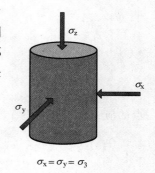

图 3.8　三轴压缩应力状态

3.2　土的平衡微分方程

土的平衡微分方程（简称平衡方程）是分析土的应力、变形和强度的基础，也是建立土力学理论体系的基础。它包括土体的平衡方程和土体各分相（土骨架、孔隙水和孔隙气）的平衡方程，通常也专指土体的平衡方程或者土骨架的平衡方程。土体的平衡方程是用总应力表示的土体混合体（土骨架和孔隙流体一起）隔离体的力（动量，下同）的平衡条件；土骨架的平衡方程是用土骨架应力表示的骨架隔离体力的平衡条件；孔隙水和孔隙气的平衡方程则是用孔隙水压强和孔隙气压强表示各自隔离体的平衡条件。在孔隙介质力学和混合物理论中，土骨架应力一般被定义为单位土体面积上的土骨架内力，即总的土骨架上的内力在单位面积的土体上的平均值；或者被定义为单位土骨架面积上的土骨架内力，即总的土骨架上的内力在单位面积的土骨架上的平均值，两者都是作用在土骨架上所有外力的平均值，但作用面积不同：一个是土体面积，另一个是土骨架面积。由 3.3 节可以看到，有效应力也是土骨架应力。它是不包含孔隙流体压强作用的土骨架应力，即去除孔隙流体压强作用力之外所有其他外力产生的土骨架内力在单位土体面积上的平均值。

3.2.1　土体（总应力）平衡微分方程

当我们说土体时，一般指的是包含土骨架和孔隙流体的土体混合体。土体的应力称为总应力。对土体取隔离体进行内力分析，可以得到土体总应力的平衡方程。取土体（混合体）隔离体进行受力分析时在隔离体表面暴露出来的内力（应力）是总应力，如图 3.9 所示。为简单计，图中只显示了隔离体在 XOZ 平面上的受力。

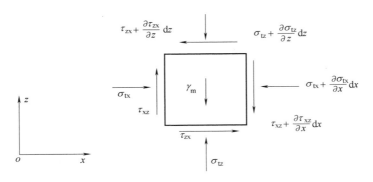

图 3.9 土体混合体及其受力分析图示

为计算简便，以二维平面问题为例进行分析。图 3.9 是在代表体元的尺度上取出的一个微小正六面体的 XOZ 平面，在 x 和 z 方向的尺寸分别是 $\mathrm{d}x$ 和 $\mathrm{d}z$，在 y 方向取一个长度单位。

一般地，应力分量是位置坐标 x 和 z 的函数，因此，作用于左右两对面或上下两对面的应力分量不完全相同，有微小的差。设作用于左面的平均正应力是 σ_{tx}（下标 t 表示总应力），则作用于右面的平均正应力，由于坐标的改变，可用泰勒级数表示为

$$\sigma_{tx}+\frac{\partial \sigma_{tx}}{\partial x}\mathrm{d}x+\frac{1}{2!}\frac{\partial^2 \sigma_{tx}}{\partial x^2}\mathrm{d}x^2+\cdots$$

在略去二阶及更高阶的微量后简化为

$$\sigma_{tx}+\frac{\partial \sigma_{tx}}{\partial x}\mathrm{d}x$$

同样，设左面的平均剪应力是 τ_{xz}，则右面的平均剪应力将是 $\tau_{xz}+\frac{\partial \tau_{xz}}{\partial x}\mathrm{d}x$；设隔离体上面的平均正应力和平均剪应力分别是 σ_{tz} 和 τ_{zx}，则下面的平均正应力和平均剪应力分别是 $\sigma_{tz}+\frac{\partial \sigma_{tz}}{\partial z}\mathrm{d}z$ 和 $\tau_{zx}+\frac{\partial \tau_{zx}}{\partial z}\mathrm{d}z$。

首先，以通过隔离体中心点且平行于 y 轴的直线为轴，列出力矩的平衡方程 $\sum M=0$：

$$\left(\tau_{xz}+\frac{\partial \tau_{xz}}{\partial x}\mathrm{d}x\right)\mathrm{d}z\times 1\times\frac{\mathrm{d}x}{2}+\tau_{xz}\mathrm{d}z\times 1\times\frac{\mathrm{d}x}{2}-\left(\tau_{zx}+\frac{\partial \tau_{zx}}{\partial z}\mathrm{d}z\right)\mathrm{d}x\times 1\times\frac{\mathrm{d}z}{2}-\tau_{zx}\mathrm{d}x\times 1\times\frac{\mathrm{d}x}{2}=0$$

$$(3.21)$$

将上式两边约去 $\mathrm{d}x\mathrm{d}z$，合并相同的项，得到

$$\tau_{xz}+\frac{1}{2}\frac{\partial \tau_{xz}}{\partial x}\mathrm{d}x=\tau_{zx}+\frac{1}{2}\frac{\partial \tau_{zx}}{\partial z}\mathrm{d}z \qquad (3.22)$$

令 $\mathrm{d}x$ 和 $\mathrm{d}y$ 趋于零，则该微元体趋近于一个质点，各面上的平均剪应力都趋于在这点的剪应力，从而有关系式

$$\tau_{xz}=\tau_{zx} \qquad (3.23)$$

这一结果称为剪应力互等原理，以下我们将直接引用这一结论。

其次，以 X 轴为投影轴，写出 X 方向上受力平衡方程 $\sum F_x=0$：

$$\sigma_{tx} \cdot dz - \left(\sigma_{tx} + \frac{\partial \sigma_{tx}}{\partial x} \cdot dx\right) \cdot dz + \tau_{zx} \cdot dx - \left(\tau_{zx} + \frac{\partial \tau_{zx}}{\partial z} \cdot dz\right) \cdot dx = 0 \tag{3.24}$$

整理得到 X 方向上内力的平衡微分方程:

$$\frac{\partial \sigma_{tx}}{\partial x} + \frac{\partial \tau_{zx}}{\partial z} = 0 \tag{3.25}$$

同理,以 Z 轴为投影轴,写出 Z 方向上受力平衡方程 $\sum F_z = 0$:

$$\sigma_{tz} \cdot dx - \left(\sigma_{tz} + \frac{\partial \sigma_{tz}}{\partial z} \cdot dz\right) \cdot dx + \tau_{xz} \cdot dz - \left(\tau_{xz} + \frac{\partial \tau_{xz}}{\partial x} \cdot dx\right) \cdot dz - \gamma_{sat} \cdot dx \cdot dz = 0$$
$$\tag{3.26}$$

整理得到 Z 方向上内力的平衡微分方程:

$$\frac{\partial \sigma_{tz}}{\partial z} + \frac{\partial \tau_{xz}}{\partial x} + \gamma_{sat} = 0 \tag{3.27}$$

于是得到平面问题中表明应力分量与体力分量之间的关系式,即平衡微分方程在平面问题中的简化形式:

$$\begin{cases} \dfrac{\partial \sigma_{tx}}{\partial x} + \dfrac{\partial \tau_{zx}}{\partial z} = 0 \\ \dfrac{\partial \sigma_{tz}}{\partial z} + \dfrac{\partial \tau_{xz}}{\partial x} + \gamma_{sat} = 0 \end{cases} \tag{3.28}$$

推广到三维问题,总应力平衡微分方程为:

$$\begin{cases} \dfrac{\partial \sigma_{tx}}{\partial x} + \dfrac{\partial \tau_{xy}}{\partial y} + \dfrac{\partial \tau_{xz}}{\partial z} + X_{swx} = 0 \\ \dfrac{\partial \tau_{xy}}{\partial x} + \dfrac{\partial \sigma_{ty}}{\partial y} + \dfrac{\partial \tau_{yz}}{\partial z} + X_{swy} = 0 \\ \dfrac{\partial \tau_{xz}}{\partial x} + \dfrac{\partial \tau_{yz}}{\partial y} + \dfrac{\partial \sigma_{tz}}{\partial z} + X_{swz} = 0 \end{cases} \tag{3.29}$$

式中 σ_{tx},σ_{ty},σ_{tz},τ_{xy},τ_{yz},τ_{zx}——分别是土体总正应力和剪应力;

X_{swx}、X_{swy} 和 X_{swz}——土体混合体的体积力项,在只有重力作用时,$X_{swx} = X_{swy} = 0$。对于饱和土,$X_{swz} = \rho_{sat} g$(ρ_{sat} 是土的饱和密度,g 是重力加速度);对于非饱和土,$X_{swz} = \rho g$(ρ 是土的天然密度)。

3.2.2　土骨架的平衡方程

依据总应力平衡方程并不能求解土的应力-应变,原因是土的总应力和应变之间没有确定的对应关系,土的变形和强度也并不取决于土体的总应力。要想研究土体的变形和强度,即土骨架的变形和强度,必须对土骨架进行受力分析。为此,邵龙潭(1996 年)提出相间力相互作用原理,主要包括 3 点:①土体作为多相介质,在进行受力和变形分析时,可以把土骨架、孔隙水和孔隙气的每一相作为独立的分析对象;②在对每一相介质进行受力分析时,相间的力相互作用可以用一组作用力和反作用力来描述;③土骨架、孔隙水和孔隙气的变形和运动只由自身的状态变量以及边界条件和初始条件决定。相间的相互作用机制很复杂，可能会影响和改变各相的力学性质。但是，无论相间的作用机制如何，都不影响应力的定义和相间力的平衡关系。

3.2.2.1 土骨架隔离体的受力分析

首先，分析饱和土土骨架隔离体的受力。图 3.10（a）和图 3.10（b）是从土体混合体中取出土骨架隔离体进行内力平衡分析的示意图。当对土骨架单独进行受力分析时，孔隙水要从土骨架内移出，此时它们对土骨架的作用力就会暴露出来。首先是孔隙水压强的作用，其次是孔隙水流动对土骨架产生的作用力，即渗流力。前者的作用产生面力，作用在土骨架颗粒的表面；后者是体积力，即隔离体内土骨架和孔隙水之间的相互作用力，见本节土骨架和孔隙水隔离体的受力分析图。在这里只考虑均匀孔隙水压强作用产生的土骨架应力。

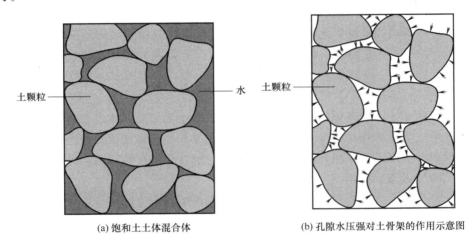

|土颗粒 —— | —— 水   土颗粒 ——|

(a) 饱和土土体混合体　　　　　(b) 孔隙水压强对土骨架的作用示意图

图 3.10　由土体混合体取土骨架隔离体时孔隙水压强对土骨架颗粒的作用

图 3.2 显示了作用于土骨架上的均衡的孔隙水压强在土骨架隔离体表面产生的内力。可以看到，均匀的水压强作用于土颗粒时，在颗粒接触面上产生的作用力的平均强度等于孔隙水压强，在颗粒任意断面上产生的内力的平均强度也等于水压强。于是，在土骨架隔离体表面上，由于孔隙水压强作用产生的土骨架内力等于孔隙水压强乘以土骨架的面积，即 $u_w(1-n)A$。其中，u_w 是孔隙水压强，n 是孔隙率，A 是土体的断面面积。

上述分析表明：当把土骨架和孔隙水分开，分别取隔离体进行受力分析时，孔隙水压强对土骨架颗粒的作用会在土骨架隔离体表面产生大小等于孔隙水压强的应力。当然，土骨架颗粒与孔隙水接触的表面也会产生抵抗孔隙水压强的反作用力。不过，因为孔隙水是连通的流体，所以这种反作用力不会在孔隙水中产生额外的应力，孔隙水的压强不会因此发生变化。

在土骨架隔离体表面，除了由于孔隙水压强作用产生的土骨架内力之外，还有由其他外力作用产生的应力，称为外力土骨架应力。如果除了孔隙水压强外所有其他外力在土骨架隔离体表面产生的法向和切向内力的数值分别为 N 和 T，那么外力土骨架应力 $\sigma = N/A$，$\tau = T/A$。其中，A 是土骨架隔离体表面的总面积，即土体面积。这里所谓的外力土骨架应力，是去除孔隙水压强之外所有其他作用于土骨架上的外力产生的土骨架内力在土体面积上的平均值。注意，取土体面积而不是土骨架面积主要是为了内力平衡分析的方便。

于是，我们可以绘出土骨架隔离体表面的受力，如图3.11所示。为了简单和清晰，图中只显示了土骨架隔离体一侧表面的受力。根据定义，外力土骨架应力的作用面积为隔离体的总面积。而孔隙水压强的作用面积为土骨架所占据的面积。

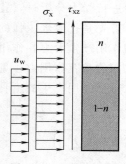

图3.11 土骨架隔离体表面的受力图示

通过前面的分析可知，作用于土骨架上的力可以分成两组力系：孔隙水压强及其产生的土骨架内力，其他外力及其产生的土骨架内力。两组力系均分别使土骨架保持平衡，可是作用效果不同。前者具有静水压强的性质，只引起土骨架颗粒（质点）的体积变形，并且也只有其在颗粒间产生的接触面力对土体的抗剪强度有贡献。因为土颗粒的体积变形模量很大（体积压缩系数很小），所以在孔隙水压强不是特别大的情况下，孔隙水压强作用所引起的土体体积变化可以忽略。又因为土颗粒间的接触面积一般很小，所以在孔隙水压强不是特别大的情况下，它所引起的颗粒间接触应力对土体强度的影响也可以忽略。于是，土体的强度和变形就完全由外力土骨架应力所决定。

再分析非饱和土土骨架隔离体的受力。当单独取土骨架隔离体进行内力分析时，孔隙水和孔隙气对土骨架的作用就会显露出来。包括孔隙水和孔隙气压强的作用，水、气和土颗粒界面形成的表面张力作用，孔隙水和孔隙气与土骨架存在相对运动时的渗流力（孔隙水渗流和孔隙气渗流）作用。

首先，考察在均匀的孔隙水压强和孔隙气压强作用下产生的土骨架应力。隔离体内均匀的孔隙水和孔隙气压强的作用会在土骨架隔离体表面产生正应力，不会产生剪应力。如果设定孔隙水压强和孔隙气压强的作用在土骨架隔离体表面所产生的应力大小分别为孔隙水压强 u_w 和孔隙气压强 u_a，并且分别用 A_{sw} 和 A_{sa} 代表它们的作用面积，那么

$$A_{sw} = \frac{n_w}{n} A_s \tag{3.30}$$

$$A_{sa} = \frac{n_a}{n} A_s \tag{3.31}$$

而
$$A_s = (1-n) A \tag{3.32}$$

且
$$A_{sw} + A_{sa} = A_s \tag{3.33}$$

其中 A 为隔离体剖面的总面积，A_s 是土骨架的面积，n 是土的孔隙率，n_w 和 n_a 分别是孔隙水和孔隙气对应的孔隙率。$\frac{n_w}{n}$ 和 $\frac{n_a}{n}$ 分别表示孔隙水压强和孔隙气压强所产生的土骨架应力的作用面积所占的比例，也称为体积分数，两者的作用面积之和为土骨架的面积。

为了应用基质吸力的概念，土骨架隔离体表面作用的孔隙气压强和孔隙水压强也可以看成是孔隙气压强 u_a 作用在全部土骨架的面积 A_s 上；而负的基质吸力 $-(u_a - u_w)$ 作用在孔隙水所占据的土骨架面积 A_{sw} 上，如图3.12所示。为了便于理解这一点，我们用 P 表示土骨架隔离体表面由孔隙水和孔隙气压强作用产生的内力的合力，参见图3.13和图3.14。则通过等式变换关系，可以有

$$\left.\begin{aligned} P &= u_a A_{sa} + u_w A_{sw} \\ P &= u_a(A_s - A_{sw}) + u_w A_{sw} \\ P &= u_a A_s - (u_a - u_w) A_{sw} \end{aligned}\right\} \tag{3.34}$$

同理，也可以看成是孔隙水压强 u_w 作用在全部土骨架的面积 A_s 上；而基质吸力 $(u_a - u_w)$ 作用在孔隙气所占据的土骨架面积 A_{sa} 上。恒等变换过程如下：

$$\left.\begin{aligned} P &= u_w A_{sw} + u_a A_{sa} \\ P &= u_w(A_s - A_{sa}) + u_a A_{sa} \\ P &= u_w A_s + (u_a - u_w) A_{sa} \end{aligned}\right\} \tag{3.35}$$

再分析表面张力的作用。表面张力与孔隙流体压强的性质不同，前者具有静水压强的性质，是面力，作用的方向垂直于骨架颗粒表面，在一点各方向上大小相等；而后者则属于一般的土骨架和孔隙水之间的相互作用力，是集中力，如重力一样可以被视为体积力。如图 3.12 所示，当含水量均衡时，土骨架隔离体内部的表面张力的合力等于 0，即没有附加的体积力。而当含水量不均衡时，在土骨架隔离体上会作用有不平衡的表面张力，可以作为体积力与孔隙水的渗流力合成在一起考虑。

最后，是渗流力。除了孔隙流体（水和气）压强和表面张力的作用之外，当孔隙流体运动时，土骨架隔离体上还作用有由于孔隙流体和土骨架相对运动产生的作用力，即渗流

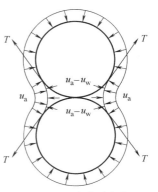

图 3.12　基质吸力和表面张力作用

力，在土骨架隔离体中，我们将其与不平衡的表面张力合在一起用 $\vec{f}_{sw}$ 表示，其坐标分量分别为 f_{swx}、f_{swy} 和 f_{swz}。

综合上述分析，图 3.13 和图 3.14 显示了非饱和土土骨架隔离体在水平方向的一个表面上的应力。与饱和土一样，其中的土骨架正应力 σ_x 也定义为单位土体面积上去除孔隙流体压强以外的所有其他外力作用产生的土骨架内力，即外力土骨架应力。如前面已经说

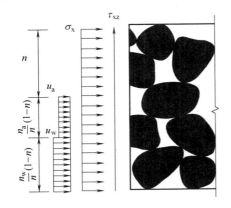

图 3.13　土骨架隔离体水平方向受力示意图
（孔隙水压强和孔隙气压强产生的应力作用在各自所占据的面积上）

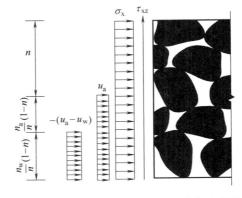

图 3.14　土骨架隔离体水平方向受力示意图
（孔隙气压强产生的应力作用在土骨架面积上，基质吸力产生的应力作用在孔隙水占据的面积上）

明的，图 3.14 中显示的是作用于土骨架全部面积上的孔隙气压强产生的应力和作用于孔隙水所占据的面积上的基质吸力作用产生的应力。它们的合力与图 3.13 中孔隙水压强和孔隙气压强作用产生的应力的合力是相等的。

3.2.2.2 土骨架的平衡微分方程

为了便于理解，我们首先推导饱和土的平衡微分方程。根据前面的隔离体的受力分析可知饱和土土骨架隔离体的受力包括：

（1）孔隙水压强产生的土骨架应力（只有正应力），作用面积是土骨架的面积；

（2）外力土骨架应力（包括正应力和剪应力），按照定义，作用面积是土体的面积；

（3）土骨架自重，等于土的干重度乘以土体的体积；

（4）由于水势变化或者说水分运动引起的孔隙水和土骨架之间的相互作用力。由此，可以绘出饱和土土骨架隔离体的受力图，如图 3.15 所示。为简单计，我们在这里只图示隔离体在 XOZ 平面上的受力。

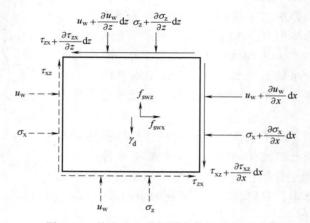

图 3.15　饱和土土骨架隔离体的受力图示

由图 3.15 的受力图示，根据隔离体的平衡条件，可以得到土骨架和孔隙水的平衡微分方程：

$$\begin{cases} \dfrac{\partial \sigma_x}{\partial x} + \dfrac{\partial \tau_{zx}}{\partial z} + \dfrac{\partial \left[(1-n) u_w \right]}{\partial x} - f_{swx} = 0 \\ \dfrac{\partial \sigma_z}{\partial z} + \dfrac{\partial \tau_{xz}}{\partial x} + \dfrac{\partial \left[(1-n) u_w \right]}{\partial z} - f_{swz} + \rho_d g = 0 \end{cases} \tag{3.36}$$

在图 3.15 和式（3.36）中，n 是土的孔隙率；u_w 是孔隙水压强；σ_x、σ_z、τ_{xz}、τ_{zx} 分别是外力土骨架应力的正应力和剪应力；f_{swx}、f_{swz} 分别是在 x 轴和 z 轴方向上土骨架受到的渗流力；ρ_d 是土的干密度；g 是重力加速度。

接下来推导非饱和土土骨架的平衡微分方程。根据前面的隔离体的受力分析可知，非饱和土土骨架隔离体的受力包括：

（1）孔压土骨架应力（只有正应力，方向垂直于隔离体表面，大小分别为孔隙水压强和孔隙气压强，两者的作用面积之和为土骨架的面积）；

（2）外力土骨架应力（包括正应力和剪应力，按照定义，其作用面积是土体的面积）；

（3）土骨架自重（等于土的干重度乘以土体的体积）；

（4）由于表面张力变化和孔隙水渗流引起的孔隙水和土骨架之间的相互作用力，以及孔隙气的渗流力。

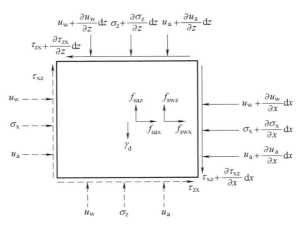

图 3.16 非饱和土土骨架隔离体的受力图示

由图 3.16 所示的非饱和土土骨架隔离体的受力和平衡条件，可以得到土骨架的平衡微分方程：

$$\begin{cases} \dfrac{\partial \sigma_x}{\partial x} + \dfrac{\partial \tau_{zx}}{\partial z} + \dfrac{1-n}{n} \dfrac{\partial (n_w u_w)}{\partial x} + \dfrac{1-n}{n} \dfrac{\partial (n_a u_a)}{\partial x} - f_{swx} - f_{sax} = 0 \\ \dfrac{\partial \tau_{xz}}{\partial x} + \dfrac{\partial \sigma_z}{\partial z} + \dfrac{1-n}{n} \dfrac{\partial (n_w u_w)}{\partial z} + \dfrac{1-n}{n} \dfrac{\partial (n_a u_a)}{\partial z} - f_{swz} - f_{saz} + \rho_d g = 0 \end{cases} \quad (3.37)$$

在图 3.16 和式（3.37）中，u_w 是孔隙水压强；u_a 是孔隙气压强；f_{swx}，f_{sax}，f_{swz}，f_{saz} 分别是在 x 轴和 z 轴方向上孔隙水对土骨架的作用力（包括表面张力和渗流力）和孔隙气对土骨架的渗流作用力；n 是土体的孔隙率，n_w 和 n_a 分别是孔隙水和孔隙气对应的孔隙率，两者之和等于 n；σ_x，σ_z，τ_{xz}，τ_{zx} 分别是外力土骨架应力的正应力和剪应力；与饱和土的应力定义一样，它们表示由不含孔隙流体压强的外力作用产生的土骨架应力；ρ_d 是土的干密度。

3.2.2.3 孔隙水和孔隙气的平衡微分方程

首先，推导饱和土的孔隙水的平衡微分方程。图 3.17 是饱和土孔隙水隔离体的受力示意图。隔离体的内力包括：

（1）隔离体表面的孔隙水压强，方向垂直于表面，作用面积是孔隙水所占据的面积；

（2）在隔离体内孔隙水和土骨架之间的相互作用力；

（3）孔隙水的自重，等于水的重度乘以孔隙水的体积。

由图 3.17 的受力图示，根据隔离体的平衡条件，可以得到孔隙水的平衡微分方程：

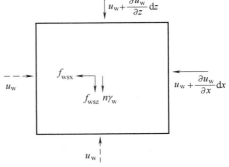

图 3.17 饱和土孔隙水隔离体的受力图示

$$\begin{cases} \dfrac{\partial(nu_w)}{\partial x}+f_{wsx}=0 \\[3mm] \dfrac{\partial(nu_w)}{\partial z}+f_{wsz}+n\rho_w g=0 \end{cases} \tag{3.38}$$

在图 3.17 和式（3.38）中，n 是土的孔隙率；u_w 是孔隙水压强；f_{wsx}、f_{wsz} 分别是在 x 轴和 z 轴方向上孔隙水受到的渗流力的反作用力，即相间相互作用力；ρ_d 是土的干密度；ρ_w 是水的密度；g 是重力加速度。

接下来，推导非饱和土孔隙水和孔隙气的平衡微分方程。图 3.18 是非饱和土孔隙水和孔隙气隔离体的受力示意图。图 3.18（a）所示孔隙水的受力包括：

（1）隔离体表面的孔隙水压强，作用面积是孔隙水所占据的面积；

（2）孔隙水和土骨架之间的相互作用力；

（3）孔隙水的自重，等于水的重度乘以孔隙水的体积。

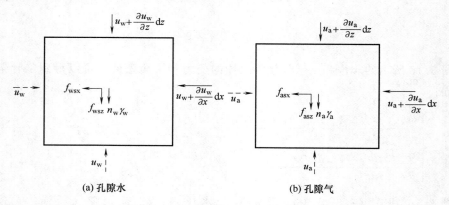

图 3.18　非饱和土孔隙水和孔隙气隔离体的受力图示

图 3.18（b）所示孔隙气的受力包括：

（1）隔离体表面的孔隙气压强，作用面积是孔隙气所占据的面积；

（2）孔隙气和土骨架之间的相互作用力；

（3）孔隙气的自重，等于气体的重度乘以孔隙气的体积。

由图 3.18 所示的非饱和土的孔隙水和孔隙气隔离体的受力和平衡条件，可以得到孔隙水和孔隙气的平衡微分方程：

$$\begin{cases} \dfrac{\partial(n_w u_w)}{\partial x}+f_{swx}=0 \\[3mm] \dfrac{\partial(n_w u_w)}{\partial z}+f_{swz}+n_w\rho_w g=0 \end{cases} \tag{3.39}$$

$$\begin{cases} \dfrac{\partial(n_a u_a)}{\partial x}+f_{sax}=0 \\[3mm] \dfrac{\partial(n_a u_a)}{\partial z}+f_{saz}+n_a\rho_a g=0 \end{cases} \tag{3.40}$$

式中，n_w 和 n_a 分别是孔隙水和孔隙气对应的孔隙率；u_w 是孔隙水压强；u_a 是孔隙气压强；f_{swx}、f_{swz} 分别表示在 x 轴和 z 轴方向上土骨架受到的渗流力和不平衡的表面张力；f_{sax}、f_{saz} 分别表示在 x 轴和 z 轴方向上孔隙水受到的土骨架的作用力，与 f_{swx} 和 f_{swz} 大小相等，方向相反；ρ_w 是孔隙水的密度；ρ_a 是孔隙气的密度。

3.2.2.4　土体微元体的平衡微分方程

将土骨架的平衡微分方程和孔隙流体的平衡微分方程相加，可以得到外力土骨架应力表示的土微元体的平衡微分方程。

首先，把式（3.36）和式（3.38）相加，可以得到消除相间作用力的饱和土的平衡微分方程：

$$\begin{cases} \dfrac{\partial \sigma_x}{\partial x} + \dfrac{\partial \tau_{zx}}{\partial z} + \dfrac{\partial u_w}{\partial x} = 0 \\[2mm] \dfrac{\partial \sigma_z}{\partial z} + \dfrac{\partial \tau_{xz}}{\partial x} + \dfrac{\partial u_w}{\partial z} + \rho_{sat} g = 0 \end{cases} \tag{3.41}$$

其中，$\rho_{sat} = \rho_d + n\rho_w$ 是土的饱和密度。

推广到三维情况，饱和土的平衡微分方程为：

$$\begin{cases} \dfrac{\partial \sigma_x}{\partial x} + \dfrac{\partial \tau_{yx}}{\partial y} + \dfrac{\partial \tau_{zx}}{\partial z} + \dfrac{\partial u_w}{\partial x} = 0 \\[2mm] \dfrac{\partial \tau_{xy}}{\partial x} + \dfrac{\partial \sigma_y}{\partial y} + \dfrac{\partial \tau_{zy}}{\partial z} + \dfrac{\partial u_w}{\partial y} = 0 \\[2mm] \dfrac{\partial \tau_{xz}}{\partial x} + \dfrac{\partial \tau_{yz}}{\partial y} + \dfrac{\partial \sigma_z}{\partial z} + \dfrac{\partial u_w}{\partial z} + \rho_{sat} g = 0 \end{cases} \tag{3.42}$$

式（3.42）是用外力土骨架应力表示的饱和土的平衡方程。它与比奥固结方程完全相同，而比奥固结方程是由土体的总应力平衡方程引入太沙基的有效应力方程得到的。

再把式（3.37）的土骨架的平衡微分方程和式（3.39）与式（3.40）的孔隙水以及孔隙气的平衡微分方程相加，可以得到消除相间相互作用力的非饱和土的平衡微分方程：

$$\begin{cases} \dfrac{\partial \sigma_x}{\partial x} + \dfrac{\partial \tau_{zx}}{\partial z} + \dfrac{1}{n}\dfrac{\partial(n_w u_w)}{\partial x} + \dfrac{1}{n}\dfrac{\partial(n_a u_a)}{\partial x} = 0 \\[2mm] \dfrac{\partial \tau_{xz}}{\partial x} + \dfrac{\partial \sigma_z}{\partial z} + \dfrac{1}{n}\dfrac{\partial(n_w u_w)}{\partial z} + \dfrac{1}{n}\dfrac{\partial(n_a u_a)}{\partial z} + \rho g = 0 \end{cases} \tag{3.43}$$

其中，ρ 是土的天然密度。

因为 $S = \dfrac{n_w}{n}$ 是饱和度，所以方程（3.43）可改写为：

$$\begin{cases} \dfrac{\partial \sigma_x}{\partial x} + \dfrac{\partial \tau_{zx}}{\partial z} + \dfrac{\partial(S u_w)}{\partial x} + \dfrac{\partial[(1-S)u_a]}{\partial x} = 0 \\[2mm] \dfrac{\partial \tau_{xz}}{\partial x} + \dfrac{\partial \sigma_z}{\partial z} + \dfrac{\partial(S u_w)}{\partial z} + \dfrac{\partial[(1-S)u_a]}{\partial z} + \rho g = 0 \end{cases} \tag{3.44}$$

或者

$$\begin{cases} \dfrac{\partial \sigma_x}{\partial x} + \dfrac{\partial \tau_{zx}}{\partial z} + \dfrac{\partial u_a}{\partial x} - \dfrac{\partial[S(u_a - u_w)]}{\partial x} = 0 \\[2mm] \dfrac{\partial \tau_{xz}}{\partial x} + \dfrac{\partial \sigma_z}{\partial z} + \dfrac{\partial u_a}{\partial z} - \dfrac{\partial[S(u_a - u_w)]}{\partial z} + \rho g = 0 \end{cases} \tag{3.45}$$

推广到三维情况，用外力土骨架应力表示的非饱和土的平衡微分方程为：

$$
\begin{cases}
\dfrac{\partial \sigma_x}{\partial x} + \dfrac{\partial \tau_{yx}}{\partial y} + \dfrac{\partial \tau_{zx}}{\partial z} + \dfrac{\partial (S u_w)}{\partial x} + \dfrac{\partial [(1-S) u_a]}{\partial x} = 0 \\[2mm]
\dfrac{\partial \tau_{xy}}{\partial x} + \dfrac{\partial \sigma_y}{\partial y} + \dfrac{\partial \tau_{zy}}{\partial z} + \dfrac{\partial (S u_w)}{\partial y} + \dfrac{\partial [(1-S) u_a]}{\partial y} = 0 \\[2mm]
\dfrac{\partial \tau_{xz}}{\partial x} + \dfrac{\partial \tau_{yz}}{\partial y} + \dfrac{\partial \sigma_z}{\partial z} + \dfrac{\partial (S u_w)}{\partial z} + \dfrac{\partial [(1-S) u_a]}{\partial z} + \rho g = 0
\end{cases}
\tag{3.46}
$$

或者

$$
\begin{cases}
\dfrac{\partial \sigma_x}{\partial x} + \dfrac{\partial \tau_{yx}}{\partial y} + \dfrac{\partial \tau_{zx}}{\partial z} + \dfrac{\partial u_a}{\partial x} - \dfrac{\partial [S(u_a - u_w)]}{\partial x} = 0 \\[2mm]
\dfrac{\partial \tau_{xy}}{\partial x} + \dfrac{\partial \sigma_y}{\partial y} + \dfrac{\partial \tau_{zy}}{\partial z} + \dfrac{\partial u_a}{\partial y} - \dfrac{\partial [S(u_a - u_w)]}{\partial y} = 0 \\[2mm]
\dfrac{\partial \tau_{xz}}{\partial x} + \dfrac{\partial \tau_{yz}}{\partial y} + \dfrac{\partial \sigma_z}{\partial z} + \dfrac{\partial u_a}{\partial z} - \dfrac{\partial [S(u_a - u_w)]}{\partial z} + \rho g = 0
\end{cases}
\tag{3.47}
$$

令 $S=1$，即可以得到饱和土土骨架的平衡微分方程。

在第 2 章中已经提到，土中有一部分孔隙水与土骨架颗粒一起承受和传递荷载，这部分孔隙水要作为土骨架的组成部分。考虑作为土骨架的孔隙水时，土的含水量是有效含水量，相应的饱和度是有效饱和度，用公式表示为：

$$
S_e = \frac{S - S_r}{1 - S_r}
\tag{3.48}
$$

此时，方程（3.46）和方程（3.47）应写成为：

$$
\begin{cases}
\dfrac{\partial \sigma_x}{\partial x} + \dfrac{\partial \tau_{yx}}{\partial y} + \dfrac{\partial \tau_{zx}}{\partial z} + \dfrac{\partial (S_e u_w)}{\partial x} + \dfrac{\partial [(1-S_e) u_a]}{\partial x} = 0 \\[2mm]
\dfrac{\partial \tau_{yx}}{\partial x} + \dfrac{\partial \sigma_y}{\partial y} + \dfrac{\partial \tau_{zy}}{\partial z} + \dfrac{\partial (S_e u_w)}{\partial y} + \dfrac{\partial [(1-S_e) u_a]}{\partial y} = 0 \\[2mm]
\dfrac{\partial \tau_{xz}}{\partial x} + \dfrac{\partial \tau_{yz}}{\partial y} + \dfrac{\partial \sigma_z}{\partial z} + \dfrac{\partial (S_e u_w)}{\partial z} + \dfrac{\partial [(1-S_e) u_a]}{\partial z} + \rho g = 0
\end{cases}
\tag{3.49}
$$

或者

$$
\begin{cases}
\dfrac{\partial \sigma_x}{\partial x} + \dfrac{\partial \tau_{yx}}{\partial y} + \dfrac{\partial \tau_{zx}}{\partial z} + \dfrac{\partial u_a}{\partial x} - \dfrac{\partial [S_e(u_a - u_w)]}{\partial x} = 0 \\[2mm]
\dfrac{\partial \tau_{xy}}{\partial x} + \dfrac{\partial \sigma_y}{\partial y} + \dfrac{\partial \tau_{zy}}{\partial z} + \dfrac{\partial u_a}{\partial y} - \dfrac{\partial [S_e(u_a - u_w)]}{\partial y} = 0 \\[2mm]
\dfrac{\partial \tau_{xz}}{\partial x} + \dfrac{\partial \tau_{yz}}{\partial y} + \dfrac{\partial \sigma_z}{\partial z} + \dfrac{\partial u_a}{\partial z} - \dfrac{\partial [S_e(u_a - u_w)]}{\partial z} + \rho g = 0
\end{cases}
\tag{3.50}
$$

令 $S_e=1$，即可以得到饱和土土骨架的平衡微分方程。

3.2.2.5　含气泡近似饱和土的平衡微分方程

现场的饱和土通常含有以气泡形式存在的气体。如果气泡的尺寸超过代表体元（REV）的尺度，它实际上成为土体中的一个封闭边界，此时不能视它为土体的一部分。一般情况下，这些气泡都比较小，可以称为土体中的微气泡。当气泡的最大直径远小于代表体元的尺度且均匀分布时，土体仍可被视为均匀介质。

在含气泡的近似饱和土中，气泡一般是部分地吸附在土颗粒周围的水膜上，部分被孔隙水完全包围。我们称前者为吸附微气泡，后者为水中微气泡。水中微气泡会影响孔隙水的密度和压缩性，但是不会影响土骨架应力；而吸附微气泡则会对土骨架的应力和变形产生影响。现在我们仍然用分相取隔离体进行内力分析的方法得到含吸附微气泡的土的平衡微分方程。

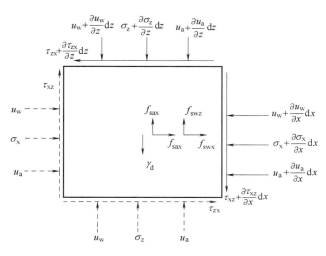

图 3.19   含吸附气泡的近似饱和土土骨架隔离体的受力图示

含吸附气泡的近似饱和土土骨架隔离体的受力分析如图 3.19 所示。与饱和土土骨架隔离体相比，它的受力除了孔隙水压强之外还有吸附气泡的压强作用，而其他外力与前者完全相同；与非饱和土土骨架隔离体相比，它有孔隙水压强和孔隙气压强的作用，没有孔隙气与土骨架之间的渗流力作用，并且可以认为没有不平衡表面张力的作用。孔隙水压强的作用面积和孔隙气压强的作用面积之和为土骨架的面积，两者各自的作用面积分别为孔隙水所占据的面积和孔隙气所占据的面积。由土骨架隔离体的受力和平衡条件，可以得到土骨架的平衡微分方程：

$$
\begin{cases}
\dfrac{\partial \sigma_x}{\partial x} + \dfrac{\partial \tau_{xy}}{\partial y} + \dfrac{\partial \tau_{xz}}{\partial z} + \dfrac{1-n_e}{n_e}\dfrac{\partial(n_{ew}u_w)}{\partial x} + \dfrac{1-n_e}{n_e}\dfrac{\partial(n_{ea}u_a)}{\partial x} - f_{swax} + X_{sx} = 0 \\[3mm]
\dfrac{\partial \tau_{yx}}{\partial x} + \dfrac{\partial \sigma_y}{\partial y} + \dfrac{\partial \tau_{yz}}{\partial z} + \dfrac{1-n_e}{n_e}\dfrac{\partial(n_{ew}u_w)}{\partial y} + \dfrac{1-n_e}{n_e}\dfrac{\partial(n_{ea}u_a)}{\partial y} - f_{sway} + X_{sy} = 0 \quad (3.51)\\[3mm]
\dfrac{\partial \tau_{zx}}{\partial x} + \dfrac{\partial \tau_{zy}}{\partial y} + \dfrac{\partial \sigma_z}{\partial z} + \dfrac{1-n_e}{n_e}\dfrac{\partial(n_{ew}u_w)}{\partial z} + \dfrac{1-n_e}{n_e}\dfrac{\partial(n_{ea}u_a)}{\partial z} - f_{swaz} + X_{sz} = 0
\end{cases}
$$

吸附在土骨架颗粒或者微团表面的微气泡不会发生运动，我们可以将其与孔隙水一起取隔离体进行内力和平衡分析。假设吸附微气泡均匀分布，通过对含有吸附气泡的孔隙水的隔离体内力平衡分析（图 3.20）可以得到：

$$\begin{cases} \dfrac{\partial(n_{ea}u_a)}{\partial x} + \dfrac{\partial(n_{ew}u_w)}{\partial x} + f_{swax} + X_{wax} = 0 \\[3mm] \dfrac{\partial(n_{ea}u_a)}{\partial y} + \dfrac{\partial(n_{ew}u_w)}{\partial y} + f_{sway} + X_{way} = 0 \\[3mm] \dfrac{\partial(n_{ea}u_a)}{\partial z} + \dfrac{\partial(n_{ew}u_w)}{\partial z} + f_{swaz} + X_{waz} = 0 \end{cases} \qquad (3.52)$$

式中　　f_{swai}——土骨架与含气泡的孔隙水间的相互作用力；

　　　　X_{wai}——单位体积含气泡的孔隙水的体积力。

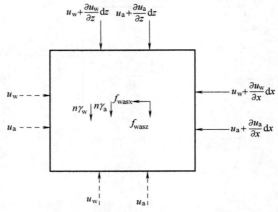

图 3.20　含吸附气泡的近似饱和土孔隙水隔离体的受力图示

当含气量对孔隙水的质量密度的影响可以忽略时，方程（3.52）可以写成：

$$\begin{cases} \dfrac{\partial(n_{ea}u_a)}{\partial x} + \dfrac{\partial(n_{ew}u_w)}{\partial x} + f_{swax} + X_{wx} = 0 \\[3mm] \dfrac{\partial(n_{ea}u_a)}{\partial y} + \dfrac{\partial(n_{ew}u_w)}{\partial y} + f_{sway} + X_{wy} = 0 \\[3mm] \dfrac{\partial(n_{ea}u_a)}{\partial z} + \dfrac{\partial(n_{ew}u_w)}{\partial z} + f_{swaz} + X_{wz} = 0 \end{cases} \qquad (3.53)$$

把方程（3.51）与孔隙水的平衡方程（3.53）相加得到：

$$\begin{cases} \dfrac{\partial\sigma_x}{\partial x} + \dfrac{\partial\tau_{xy}}{\partial y} + \dfrac{\partial\tau_{xz}}{\partial z} + \dfrac{\partial(S_e u_w)}{\partial x} + \dfrac{\partial[(1-S_e)u_a]}{\partial x} + X_{sfx} = 0 \\[3mm] \dfrac{\partial\tau_{yx}}{\partial x} + \dfrac{\partial\sigma_y}{\partial y} + \dfrac{\partial\tau_{yz}}{\partial z} + \dfrac{\partial(S_e u_w)}{\partial y} + \dfrac{\partial[(1-S_e)u_a]}{\partial y} + X_{sfy} = 0 \\[3mm] \dfrac{\partial\tau_{zx}}{\partial x} + \dfrac{\partial\tau_{zy}}{\partial y} + \dfrac{\partial\sigma_z}{\partial z} + \dfrac{\partial(S_e u_w)}{\partial z} + \dfrac{\partial[(1-S_e)u_a]}{\partial z} + X_{sfz} = 0 \end{cases} \qquad (3.54)$$

或者

$$\begin{cases} \dfrac{\partial \sigma_x}{\partial x} + \dfrac{\partial \tau_{xy}}{\partial y} + \dfrac{\partial \tau_{xz}}{\partial z} + \dfrac{\partial u_a}{\partial x} - \dfrac{\partial [S_e(u_a - u_w)]}{\partial x} + X_{sfx} = 0 \\ \dfrac{\partial \tau_{yx}}{\partial x} + \dfrac{\partial \sigma_y}{\partial y} + \dfrac{\partial \tau_{yz}}{\partial z} + \dfrac{\partial u_a}{\partial y} - \dfrac{\partial [S_e(u_a - u_w)]}{\partial y} + X_{sfy} = 0 \\ \dfrac{\partial \tau_{zx}}{\partial x} + \dfrac{\partial \tau_{zy}}{\partial y} + \dfrac{\partial \sigma_z}{\partial z} + \dfrac{\partial u_a}{\partial z} - \dfrac{\partial [S_e(u_a - u_w)]}{\partial z} + X_{sfz} = 0 \end{cases} \tag{3.55}$$

式中　　S_e——有效饱和度；

X_{swi}——土体作为混合体的整体重度。该方程与非饱和土的平衡方程形式相同。

微课—有效应力原理

3.3　有效应力方程

有效应力的概念由 Terzaghi 在 1936 年提出。1961 年 Jennings 把太沙基关于有效应力的论述归纳为两点：一是有效应力等于总应力与孔隙水压强之差；二是土的抗剪强度和体积变形由有效应力决定。后人将其称为有效应力原理。

在 Terzaghi 之前，人们说土体的应力一般都是指总应力，即土总体（土骨架和孔隙流体之混合体）的应力。虽然以总体为分析对象计算土的应力比较简单，也比较符合人们的思维习惯，但是却难以反映土体强度和变形的物理本质。原因是：形成土体结构的是固体骨架，土的强度和变形其实是土骨架的强度和变形；而总应力不是土骨架应力，决定土体强度和变形的不是总应力，总应力与土的强度和变形之间不存在本质上的对应关系。有效应力概念的提出和确立才使得我们有可能把握土的强度和变形的本质，建立土的强度和变形与应力之间的关系，即本构关系，进而建立和完善土力学的知识体系。因此，有效应力原理被认为是土力学中最重要的原理，是土力学能够成为一门独立的学科的标志性理论，是土力学的"拱心石"。经典土力学中的太沙基一维渗流固结理论、比奥固结理论、土的排水与不排水强度及其指标、Skempton（1961）的孔隙水压力系数、水下土体的自重应力与附加应力计算、渗透变形、土中水的压力（扬压力与侧压力）、地基的预压渗透固结、有水情况下的极限平衡法的边坡稳定分析等课题，都建立在有效应力原理基础上。

虽然有效应力原理非常重要，也为大家普遍接受，但是它作为土力学的基础却并非圆满无缺。首先，尽管对于饱和土，室内试验和岩土工程实践反复证明了有效应力原理的适用性和正确性，可是对于非饱和土，到目前为止尚没有大家都接受的有效应力表达式；其次，太沙基关于有效应力的论述基于经验和试验观察，没有给出理论依据，他只告诉我们有效应力等于总应力减去孔隙水压强以及有效应力决定土的变形和强度，却并没有告诉我们为什么有效应力等于总应力减去孔隙水压强以及为什么有效应力决定土的变形和强度。因此，自有效应力原理提出以来一直存有争议，焦点是有效应力到底是虚拟的还是真实的物理量，太沙基的有效应力方程是否需要修正。

3.3.1　饱和土与非饱和土的有效应力方程

在土的平衡微分方程的推导过程中，我们用到了土的总应力、土骨架应力、孔隙水压强和孔隙气压强。需要说明的是，这里的土骨架应力与孔隙介质力学或者混合物理论中已有的骨架应力的定义不同，在法向内力中排除了孔隙流体压强的作用，准确地说是分开考虑孔隙流体压强和其他外力对土骨架的作用。另外需要说明一点的是，我们扩展了孔隙水压强的涵义和使用范围，令其表示单位容积的孔隙水所具有的总势能，即单位容积水的土水势，它表征不同含水量下土中孔隙水的能量状态。

式（3.29）是总应力表示的土的平衡微分方程，式（3.42）是外力土骨架应力表示的饱和土的平衡微分方程，将两个方程式相互对比或者相减有：

$$\sigma = \sigma_t - u_w \tag{3.56}$$

式（3.56）表示在饱和状态下，土的总应力、外力土骨架应力与孔隙水压强之间的关系。它与太沙基的有效应力方程完全相同，说明太沙基的有效应力就是外力土骨架应力。

式（3.49）和式（3.50）是由外力土骨架应力、孔隙水压强和孔隙气压强表示的非饱和土的平衡微分方程，将它们与总应力平衡方程式（3.29）相比较或者相减，可以得到外力土骨架应力、总应力、孔隙水压强和孔隙气压强之间的关系：

$$\sigma = \sigma_t - S_e u_w - (1 - S_e) u_a \tag{3.57}$$

或者写成：

$$\sigma = \sigma_t - u_a + S_e (u_a - u_w) \tag{3.58}$$

式中　σ——外力土骨架应力；

　　　σ_t——总应力；

u_a 和 u_w——分别是孔隙气和孔隙水压强；

$(u_a - u_w)$——基质吸力；

　　　S_e——有效饱和度。

我们把式（3.57）和式（3.58）称为土的有效应力方程，它对饱和土和非饱和土都适用。当土饱和时 $S_e = 1$，式（3.57）和式（3.58）退化为式（3.56），即饱和土的有效应力方程。有效应力方程反映的是外力土骨架应力与总应力以及孔隙流体压强之间的关系。这种关系是由土的内力（动量）平衡条件决定的。它仅仅与含水量或者饱和度相关，而与土颗粒间的接触性质以及土颗粒和孔隙水之间的相互作用性质无关。

需要指出的是，式（3.58）的有效应力方程与用热力学方法导出的方程相同。并且，如果土骨架含水量对应的饱和度与 Alonso（2010）定义的微观饱和度相同，则式（3.58）的有效应力方程也与 Alonso 等人给出的分段表示的有效应力方程相同。

由式（3.57）和式（3.58），借用 Bishop 等人提出的等效孔隙水压强的概念，可以定义等效孔隙压强：

$$u^* = (1 - S_e) u_a + S_e u_w = u_a - S_e (u_a - u_w) \tag{3.59}$$

式中，u^* 表示等效孔隙压强。由此，土的有效应力方程可以写成：

$$\sigma = \sigma_t - u^* \tag{3.60}$$

从有效应力方程的导出过程可知：方程（3.60）可以扩展到多相流体，如油、气、水或其他不溶混流体填充的孔隙介质，此时等效孔隙压强为：

$$u^* = \sum_{i=1}^{m} S_{ei} u_i \tag{3.61}$$

式中　u^*——等效孔隙压强；

　　　m——孔隙流体相的总数；

S_{ei}——相应于第 i 相孔隙流体的有效饱和度；

u_i——第 i 相孔隙流体的压强，张量符号表示对流体压强及其相应的有效饱和度求和。

对于含吸附气泡的近似饱和土，将平衡微分方程（3.54）或者方程（3.55）与总应力的平衡微分方程比较，可以得到与式（3.57）和式（3.58）完全相同的有效应力方程。此时，对于每一个微小气泡，根据 Kelvin 方程可以得到气泡表面收缩膜的压差为：

$$u_a - u_w = \frac{2T_s}{R} \tag{3.62}$$

式中　T_s——水的表面张力；

R——微小气泡的半径。由此可以假设在代表体积微元中，不同直径气泡的压差均值为：

$$u_a - u_w = \frac{2T_s}{\overline{R}} \tag{3.63}$$

式中　$\overline{R}$——微元内气泡半径的均值。

将式（3.62）代入式（3.57）有：

$$\sigma = \sigma_t - u_w - (1 - S_e)\frac{2T_s}{\overline{R}} \tag{3.64}$$

用上式可以估算含气泡近似饱和土的有效应力。气泡的存在会导致有效应力降低。

3.3.2　有效应力的物理意义

在土骨架隔离体的受力分析中，我们分开考虑了孔隙流体压强和其他外力对土骨架的作用，并且把其他外力作用产生的土骨架应力称为外力土骨架应力。它对应真实的土体内力，具有明确的物理意义。

如前所述，孔隙流体压强对土骨架的作用只会引起土骨架颗粒体的体积变形，并且只有在颗粒接触面上产生的接触应力对土的抗剪强度有贡献。大多数条件下，它对土骨架的强度和变形的贡献都可以忽略。此时，土体体积和抗剪强度的变化取决于有效应力的变化。

从有效应力方程的导出过程可以发现有效应力就是外力土骨架应力。认为外力土骨架应力就是太沙基的有效应力基于以下两点理由：

1）对于饱和土，外力土骨架应力等于总应力与孔隙水压强之差，而饱和土的有效应力也定义为总应力与孔隙水压强之差，两者数值相等；

2）当孔隙流体压强的作用对土骨架的强度和变形的影响可以忽略时，土骨架的强度和变形取决于外荷载作用产生的土骨架应力。而有效应力原理说的就是"土的体积和剪切强度的变化完全取决于有效应力的变化"。对于非饱和土，孔隙流体压强的作用对强度和变形的贡献一般也可以忽略。外力土骨架应力仍然是决定其强度和变形的应力，它也是有效应力。

有效应力方程表达了土的总应力、有效应力和孔隙流体压强之间的恒定关系。应用这一关系，可以直接由总应力的平衡微分方程得到有效应力的平衡微分方程；也可以在已知土体一点的总应力、孔隙水压强和孔隙气压强的情况下，得到该点土的有效应力。

3.3.3 有效应力方程的其他导出方法

为了更容易理解有效应力方程的物理意义，我们分别给出其不同的导出方法。

1. 基于土体剖面的内力分析

分开考虑孔隙流体压强和其他外力的作用，也可以直接由土体剖面的内力分析得到总应力、外力土骨架应力以及孔隙流体压强之间的关系表达式，即有效应力方程。虽然对于土骨架而言，作用在它上面的孔隙流体压强和其他外力都是外力，但是为了推导出有效应力方程，我们需要分离考虑孔隙流体压强和其他外力的作用。对于土体内任意一点的任意一个剖面（以垂直剖面为例），见图 3.21。假设总的法向内力为 N_t，$N_t = \sigma_t A$，其中 σ_t 是总应力，A 是剖面面积。从图中可见，N_t 等于外力产生的土骨架内力和孔隙流体压强作用在土骨架上产生的内力以及孔隙面积上的孔隙流体压强产生的内力之和，即

$$N_t = N^s + N_f^s + N_f^v \tag{3.65}$$

式中　N_t——土体剖面上总的法向内力；

N^s——作用在骨架上的不包含孔隙流体压强的外力产生的法向内力；

N_f^s——作用在骨架上的孔隙流体（孔隙水和孔隙气）压强产生的法向内力；

N_f^v——作用在孔隙面积上的孔隙流体压强产生的法向内力。如果土体剖面的总面积为 A，则土骨架的面积为 $(1-n_e)A$；孔隙面积为 $n_e A$，在骨架和孔隙面积上，孔隙气和孔隙水压强的作用面积所占的比例分别为 n_a/n_e 和 n_{ew}/n_e。根据外力土骨架应力的定义并且由图 3.21 有：

$$N^s = \sigma A \tag{3.66}$$

$$N_f^s = u_w \frac{n_{ew}}{n_e}(1-n_e)A + u_a \frac{n_a}{n_e}(1-n_e)A \tag{3.67}$$

$$N_f^v = u_w \frac{n_{ew}}{n_e}n_e A + u_a \frac{n_a}{n_e}n_e A \tag{3.68}$$

将 N_t 的表达式（3.66）、式（3.67）及式（3.68）代入到式（3.65），有：

$$\sigma_t A = \sigma A + u_w \frac{n_{ew}}{n_e}(1-n_e)A + u_w n_{ew}A + u_a \frac{n_a}{n_e}(1-n_e)A + u_a n_a A \tag{3.69}$$

整理得到：

$$\sigma_t = \sigma + \frac{n_{ew}}{n_e}u_w + \frac{n_a}{n_e}u_a \tag{3.70}$$

即

$$\sigma = \sigma_t - S_e u_w - (1-S_e)u_a \tag{3.71}$$

或者写成：

$$\sigma = \sigma_t - u_a + S_e(u_a - u_w) \tag{3.72}$$

式（3.71）和式（3.72）就是非饱和土的有效应力表达式，它也适用于饱和土。

2. 基于外力土骨架应力的定义

如果我们将不包含孔隙流体压强作用的外力产生的土骨架应力作为有效应力，那么有效应力的定义式为：

$$\sigma = \frac{N_t^s - N_f^s}{A} \qquad (3.73)$$

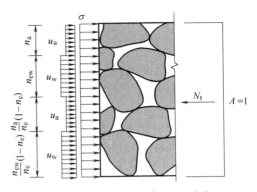

图 3.21 土体任意剖面（以垂直剖面为例）的内力

式中，N_t^s 表示土体内一点的土骨架剖面上的全部法向内力，N_f^s 与前面一样表示表示作用在骨架上的孔隙流体压强产生的法向内力，A 是剖面面积，显然 $N_t^s - N_f^s = N^s$，即不包含孔隙流体压强的外力产生的土骨架内力。

剖面上总的法向内力 N_t 等于土骨架的全部法向内力与流体压强在孔隙面积上产生的内力之和，即

$$N_t = N_t^s + N_f^v \qquad (3.74)$$

由此

$$N_t^s = N_t - N_f^v \qquad (3.75)$$

将式（3.75）代入式（3.73）有：

$$\sigma = \frac{N_t - N_f^v - N_f^s}{A} \qquad (3.76)$$

再将式（3.67）和式（3.68）的 N_f^s 和 N_f^v 表达式代入式（3.76），整理后可以得到式（3.71）或者式（3.72）的有效应力表达式。

3. 基于颗粒间作用力的平衡分析

在 Terzaghi 提出有效应力的概念和有效应力方程后，有研究者用粒间力来解释有效应力，在已有的许多土力学教科书中也用这一方法来说明有效应力方程需要修正。但是，通过分析可以发现，之所以得到有效应力方程需要修正的结论，是因为在颗粒间的法向内力中包含了孔隙水压强的作用。如果不包含孔隙水压强的作用，则得到的方程与 Terzaghi 的有效应力方程完全一样。如前文所述，认为有效应力方程需要修正的很重要的一个原因是由颗粒间的内力分析会得到与太沙基的有效应力方程式略有不同的结果。图 3.22 是 Skempton 等人和目前许多土力学教材中给出的两个接触颗粒垂直方向的内力分析图示，

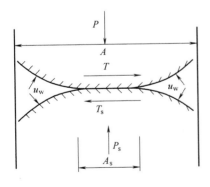

图 3.22 孔隙水压强和颗粒间的接触力

（引自 Skempton，1961）

由此得到颗粒间力的平衡方程是：

$$P = P_s + u_w(A - A_s) \qquad (3.77)$$

如果用 $\sigma_t = P/A$ 代表总应力，$\sigma' = P_s/A$ 表示有效应力，$a_c = A_s/A$ 表示颗粒接触面积系数，则有

$$\sigma_t = \sigma' + (1 - a_c)u_w \qquad (3.78)$$

由此得到有效应力方程需要修正的结论。

现在，我们把式（3.77）中的各项重新组合，写成：

$$P = (P_s - u_w A_s) + u_w A = P_s' + u_w A \qquad (3.79)$$

令 $\sigma = \dfrac{P_s - u_w A}{A} = \dfrac{P_s'}{A}$ 表示不包含孔隙水压强作用的土骨架应力，则有：

$$\sigma_t = \sigma + u_w \tag{3.80}$$

可以看到式（3.80）与式（3.56）相同，也与 Terzaghi 的有效应力方程相同，说明有效应力是不包含孔隙水压强的其他外力作用产生的颗粒间应力。基于这样的有效应力的定义，颗粒间力的平衡分析并不能得到太沙基的有效应力方程需要修正的结论。

应用土的连续介质物质模型，在无限均化的意义下也可以用粒间力分析推导出非饱和土的有效应力方程。另外，分开考虑孔隙流体压强和其他外力的作用，也可以由已有的孔隙介质力学的平衡微分方程推导出多相多孔介质的有效应力方程；Lu Ning（2010）也曾采用热力学方法推导出非饱和土的有效应力方程。

4. 有效应力原理的发展

Jennings（1961）总结太沙基的饱和土的有效应力原理包括两方面：

（1）有效应力等于总应力减去孔隙水压强；

（2）有效应力决定土的强度和变形。

太沙基的有效应力原理对于饱和土土力学十分重要而且应用得非常成功。为此，人们也一直希望能够有适合非饱和土的有效应力原理。从前面有效应力方程的导出我们可以了解：只要土的强度和变形是土骨架的强度和变形，而土骨架的强度和变形由土骨架应力控制，那么对于非饱和土，当孔隙流体压强作用对土的强度和变形的影响可以忽略时，其强度和变形就由有效应力控制。归纳前面关于有效应力的概念、有效应力方程和有效应力与土的抗剪强度和体积应变之间的关系，我们可以总结出既适用于饱和土又适用于非饱和土的统一有效应力原理：

（1）有效应力是不包含孔隙流体压强的所有其他外力作用产生的土骨架应力；

（2）有效应力与总应力和孔隙流体压强之间的关系满足 $\sigma' = \sigma_t - u_a + S_e(u_a - u_w)$，这一恒定关系称为有效应力方程；

（3）当孔隙流体压强的作用对土的抗剪强度和变形的影响可以忽略时，土的抗剪强度和变形由有效应力决定。

有效应力原理的（1）说明有效应力是什么；（2）说明是有效应力的表达式；（3）说明在什么条件下，有效应力决定土的变形和强度。它也很容易扩展到多相多孔介质。

岩土工程中，许多时候比较容易知道土的总应力。此时，如果能够比较容易地得到孔隙水压强和孔隙气压强，则应用有效应力方程可以很容易地得到土的有效应力。

思考题

1. 简单解释土的应力的定义。

2. 说明土的应变的定义及其适用条件。

3. 说明土的应力状态的含义，简述典型土的应力状态。

4. 分析均匀水压强作用下孤立和接触颗粒的受力以及任一断面的应力。

5. 在总应力和孔隙水压强相同的条件下，含气近饱和土与完全饱和土的有效应力哪一个更大？为什么？

6. 请分析非饱和土中一点剖面上孔隙流体压强的作用面积，给出体积分数的表达式。

7. 请按照有效应力的定义导出有效应力方程。

8. 阐述有效应力方程不同推导方式之间的区别与联系。

9. 简述统一的有效应力原理的内容，并说明有效应力及有效应力方程的物理本质。

🔍 习题

1. 分析非饱和土隔离体的受力，推导出非饱和状态土的平衡微分方程。

2. 请在传统土力学教科书中查阅有效应力方程的修正表达式，并用粒间力分析说明其错误。

3. 推导含吸附气泡近饱和土的有效应力表达式，并试着估算含气泡近似饱和土的有效应力。

4
渗 流

　　流体在孔隙介质中的流动称为渗流，水、气、油等在土孔隙中的流动称为土的渗流。求解渗流问题的微分方程称为渗流控制方程，简称渗流方程。本章以土中孔隙水的流动为例给出渗流方程，包括饱和土与非饱和土的渗流方程的推导过程，同时讨论渗流力的表达式。在此基础上，给出求解渗流问题的边界条件和初始条件以及数值求解思路。

　　传统上，渗流方程的推导需要用到达西定律和孔隙水的质量守恒条件。达西定律公式表示水势梯度与渗透流速之间的关系，一般也称为孔隙水的运动方程。对于饱和土，这一关系是通过试验得到的；对于非饱和土，这一关系从饱和土可直接推广得到。在这一章中，我们由平衡方程在渗流阻力与渗透流速成正比的假定下直接推导出达西定律公式；再结合孔隙水的质量守恒条件得到渗流方程。为了便于理解，我们先推导饱和土的渗流方程。

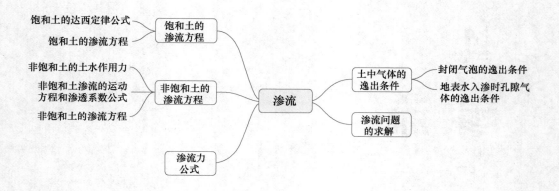

第 4 章　学习导图

4.1 饱和土的渗流方程

4.1.1 饱和土的达西定律公式

一般情况下，孔隙水的流动速度都比较小，其动能可以忽略，所以我们只考虑势能，即推动孔隙水运动的土水势。对于饱和土，土水势只有重力势和压力势。在水力学中，土水势也称为水头，重力势称为重力水头或位置水头，压力势称为压力水头，两者之和为总水头，也称为测压管水头。孔隙水从水头高处向水头低处运动，在流动过程中克服阻力（土水作用力）做功。此时，孔隙水压强不再符合静水压强分布。

通过试验得到的达西定律公式是求解渗流问题的基础，可以从孔隙水的平衡微分方程导出。为简单计，这里仅就静力问题显示导出过程。首先，讨论饱和土渗流时的土水作用力。

1. 饱和土的土水作用力

土骨架和孔隙水之间存在力的相互作用。孔隙水在土骨架中流动会受到阻力，同时它也给土骨架以作用力。对于饱和土，水在渗流时受到的阻力就是饱和土的土水作用力，即渗流力。在水力学中，水的流动状态分为层流和紊流。层流状态下水所受到的运动阻力与水的流速成正比。土中孔隙水的流动，绝大多数都属于层流，因此，渗透阻力与流速成正比。

由于土体孔隙的断面大小和形状不规则，水在土孔隙中的流动非常复杂。即使对于粒状的砂土，也不能像管道层流一样给出流速分布规律以及真实的流速大小。因此仍然需要应用一点有限空间（代表体元 REV）上物理量平均的思想，即用土的代表体元内单位时间通过单位面积的水量来描述渗透流速，用 v 来表示。

土中一点全断面的平均流速 v 和孔隙面积上的流速 v' 的关系由下式确定：

$$v = nv' \tag{4.1}$$

或

$$v' = \frac{v}{n} \tag{4.2}$$

式中　n——土的孔隙率。

对于饱和土，当孔隙水层流流动时，根据水力学有关层流阻力的研究和达西渗透试验的结果，可以假定由于孔隙水运动产生的土水作用力与流速成正比，单位土体中的孔隙水所受到的渗流阻力：

$$f = \frac{a}{n} v \tag{4.3}$$

式中　f——土水作用力；

　　　v——孔隙水在 i 方向全断面上的流速；

　　　a——单位体积的土中孔隙水与土骨架的作用力系数。

为了方便非饱和土渗流方程的推导，我们用 a_w 表示单位体积的孔隙水而不是单位体积的土体的土水作用力系数。对于饱和土，$a_w = a/n$，即 $a = na_w$；对于非饱和土 $a_w =$

a/n_w，即 $a=n_w a_w$，其中 n 是孔隙率，n_w 是孔隙水对应的体积分数。

由 a 和 a_w 之间的关系，式（4.3）可以写成：

$$f=a_w v \tag{4.4}$$

2. 达西定律公式的导出

以均质饱和土中的二维渗流问题为例。在忽略惯性力且假设孔隙率不变的条件下，引用孔隙水的平衡微分方程：

$$n\frac{\partial u_w}{\partial x}+f_x+X_x=0 \tag{4.5}$$

$$n\frac{\partial u_w}{\partial z}+f_z+X_z=0 \tag{4.6}$$

式中，体积力 $X_x=X_y=0$，$X_z=n\rho_w g$。

将土水作用力表达式（4.4）代入上式，并令

$$H=\frac{u_w}{\rho_w g}+z \tag{4.7}$$

式中　u_w——孔隙水压强；

z——位置水头；

H——总水头，也称渗透水头。

整理后可以得到：

$$n\rho_w g\frac{\partial H}{\partial x}+a_{wx}v_x=0;\quad n\rho_w g\frac{\partial H}{\partial z}+a_{wz}v_z=0 \tag{4.8}$$

再令

$$k_x=\frac{n\rho_w g}{a_{wx}};\quad k_z=\frac{n\rho_w g}{a_{wz}} \tag{4.9}$$

式中　a_{wx} 和 a_{wz}——分别为单位体积的孔隙水在 x 和 z 方向的土水作用力系数；

k_x 和 k_z——分别为 x 和 z 方向的渗透系数。令

$$i_x=\frac{\partial H}{\partial x};\quad i_z=\frac{\partial H}{\partial z} \tag{4.10}$$

分别为孔隙水在 x 和 z 方向的渗透坡降。则公式（4.8）可以写成：

$$v_x=-k_x i_x,\quad v_z=-k_z i_z \tag{4.11}$$

对于各向同性的土，$k_x=k_z=k$，式（4.11）变为：

$$v=-ki \tag{4.12}$$

式（4.12）是饱和土中孔隙水渗流的运动方程，即达西定律公式。它表明孔隙水的渗透流速与坡降（也称水势梯度或水力梯度）成正比。达西在 1852 年通过试验得到相同的表达式，提出了著名的达西定律。

法国工程师达西（Darcy）在 1852～1855 年用图 4.1 所示的垂直圆管试验装置对砂土进行渗透试验，结果表明通过管中砂土水的渗透流量 q 除与管的断面面积 A 成正比外，还与水头损失成正比，与渗透路径长度 L 成反比。引入比例常数 k，试验结果可以表示为：

$$q=kA\frac{h_2-h_1}{L} \tag{4.13}$$

或者

$$v = \frac{q}{A} = -ki \qquad (4.14)$$

式中 v——断面的平均流速；

i——渗透坡降，$i = \frac{(h_2 - h_1)}{L}$，也称为水力

梯度；

k——渗透系数或饱和导水率，决定于砂土的
性质。k 的意义是单位渗透坡降下的渗
透流速，其单位与速度单位相同。

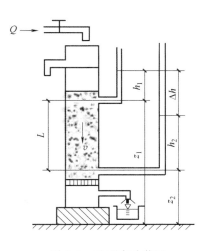

图 4.1 达西实验装置

此后大量试验证明，对于粉土和黏性土等其他
土类，渗透流速和水力梯度之间也都符合式（4.14）
的关系。式（4.14）称为达西定律，是一个试验定
律。它反映了土中孔隙水运动流速与水力梯度之间
的物理关系。

式（4.14）是对均质砂土在水恒定流动状态下得到的。对于非均质土或非恒定流动状
态，因为渗透水头（测压管水头）沿渗透路径呈非线性变化，达西定律应以微分形式
表示：

$$v = -k \frac{\mathrm{d}H}{\mathrm{d}L} \qquad (4.15)$$

式中，负号表示水流方向和水力梯度方向相反。对于二维或三维空间的流动，达西定律可
写成：

$$\vec{v} = -k\vec{i} \qquad (4.16)$$

其坐标分量形式是

$$v_x = -k_x i_x; \quad v_y = -k_y i_y; \quad v_z = -k_z i_z \qquad (4.17)$$

可以看到，式（4.16）就是式（4.12），式（4.17）就是式（4.11）。说明达西定律可
以在渗透阻力与流速成正比的条件下由孔隙水的平衡微分方程推得。换一句话说，达西渗
透实验证明了渗流阻力与渗透流速成正比。

4.1.2 饱和土的渗流方程

1. 孔隙水的质量守恒条件

前一节由孔隙水的平衡微分方程导出了孔隙水流动应满足的运动方程，即渗透流速与
土水势之间的关系，也称为运动方程或动量方程。仅仅有运动方程还不能求解饱和土的渗
流问题，还需要应用孔隙水的质量守恒条件，即孔隙水运动的连续方程。运动方程（平衡
微分方程）结合连续方程，可以导出孔隙水的渗流方程。

质量守恒是物质运动和变化普遍遵循的规律。对于孔隙水的渗流而言，质量守恒是指
在渗流过程中，流入和流出土体微元体的水量之差等于微元体内水的质量变化。下面在忽
略水的压缩性和密度变化的条件下，由质量守恒条件推导孔隙水渗流的连续方程。

在土体内任取一点（x、y、z），并以该点为中心取无限小的一个正六面体。六面体

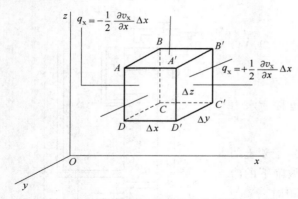

图 4.2 直角坐标系中的单元体

的边长分别为 Δx、Δy、Δz，且和相应的坐标轴平行，如图 4.2 所示。考察从 t 到 $t+\Delta t$ 时间段内单元体内的孔隙水质量守恒。设单元体中心孔隙水流动速度在三个方向上的分量分别为 v_x、v_y、v_z，水的密度为 ρ_w。取平行于坐标平面 yOz 的二个侧面 $ABCD$ 和 $A'B'C'D'$，其面积为 $\Delta y\Delta z$。自左边界面 $ABCD$ 流入的单位面积的水流量为 $v_x-\dfrac{1}{2}\dfrac{\partial v_x}{\partial x}\Delta x$，在 Δt 时间内由此界面流入单元体内的孔隙水质量为：

$$\rho_w v_x \Delta y\Delta z\Delta t-\frac{1}{2}\frac{\partial(\rho_w v_x)}{\partial x}\Delta x\Delta y\Delta z\Delta t \tag{4.18}$$

自右边界 $A'B'C'D'$ 流出的土壤水分通量为 $v_x+\dfrac{1}{2}\dfrac{\partial v_x}{\partial x}\Delta x$，在 Δt 时间内由此界面流出单元体的孔隙水质量为：

$$\rho_w v_x \Delta y\Delta z\Delta t+\frac{1}{2}\frac{\partial(\rho_w v_x)}{\partial x}\Delta x\Delta y\Delta z\Delta t \tag{4.19}$$

因此，沿 x 轴方向流入单元体和流出单元体的孔隙水质量差为：

$$-\frac{\partial(\rho_w v_x)}{\partial x}\Delta x\Delta y\Delta z\Delta t \tag{4.20}$$

同理，可以写出沿 y 轴方向和沿 z 轴方向流入单元体与流出单元体的土壤水分质量之差为 $-\dfrac{\partial(\rho_w v_y)}{\partial y}\Delta y\Delta z\Delta x\Delta t$ 和 $-\dfrac{\partial(\rho_w v_z)}{\partial z}\Delta z\Delta x\Delta y\Delta t$。

这样，在 Δt 时间内，流入和流出单元体的孔隙水质量差总计为：

$$-\left[\frac{\partial(\rho_w v_x)}{\partial x}+\frac{\partial(\rho_w v_y)}{\partial y}+\frac{\partial(\rho_w v_z)}{\partial z}\right]\Delta x\Delta y\Delta z\Delta t \tag{4.21}$$

对于饱和土，单元体内孔隙水的质量为 $\rho_w n\Delta x\Delta y\Delta z$，亦即 $\rho_w nV$，其中 n 为孔隙率，对应体积含水率，V 为单元体积。在孔隙水的质量密度 ρ_w 为常量条件下，对上式取全增量，可以得到孔隙水的质量变化 ΔW_w。

$$\Delta W_w=\rho_w(\Delta nV+n\Delta V) \tag{4.22}$$

而在忽略骨架颗粒本身的体积变形时，$\Delta n=(1-n)\Delta\varepsilon_v$，其中 $\Delta\varepsilon_v=\dfrac{\Delta V_v}{V}=\dfrac{\Delta V}{V}$ 是土的体积应变。于是，Δt 时间内单位体积的单元体内孔隙水质量改变量为 $\dfrac{\partial\varepsilon_v}{\partial t}$。

微元体内孔隙水的质量变化是由流入和流出单元体的孔隙水质量差造成的，两者在数值上相等。在孔隙水不可压缩，即水的密度 ρ_w 为常数时，可以得到饱和土渗流的连续方程：

$$\frac{\partial \varepsilon_v}{\partial t} = -\left[\frac{\partial \nu_x}{\partial x} + \frac{\partial \nu_y}{\partial y} + \frac{\partial \nu_z}{\partial z}\right] \tag{4.23}$$

式中 ε_v——土的体积应变。

上式也可以表示成：

$$\frac{\partial \varepsilon_v}{\partial t} = -\nabla \cdot \nu \tag{4.24}$$

$\nabla \cdot \nu$ 或记为 $\mathrm{div}\,\vec{\nu}$，称为 ν 的散度。

2. 饱和土的渗流方程

联合饱和土的运动方程和连续方程，可以推导出渗流控制方程，简称渗流方程。具体地，将式（4.11）表示的渗透流速和渗透坡降的关系代入式（4.24）的连续方程，即可得出饱和土层渗流的基本方程：

$$\frac{\partial \varepsilon_v}{\partial t} = -\nabla \cdot [k\nabla H] \tag{4.25}$$

上式可展开为

$$-\frac{\partial \varepsilon_v}{\partial t} = \frac{\partial}{\partial x}\left[k_x \frac{\partial H}{\partial x}\right] + \frac{\partial}{\partial y}\left[k_y \frac{\partial H}{\partial y}\right] + \frac{\partial}{\partial z}\left[k_z \frac{\partial H}{\partial z}\right] \tag{4.26}$$

如果土体各向同性，那么 $k_x = k_y = k_z = k$；又当不考虑土体体积变形对渗流的影响时，方程简化为：

$$\frac{\partial}{\partial x}\left[k \frac{\partial H}{\partial x}\right] + \frac{\partial}{\partial y}\left[k \frac{\partial H}{\partial y}\right] + \frac{\partial}{\partial z}\left[k \frac{\partial H}{\partial z}\right] = 0 \tag{4.27}$$

4.2 非饱和土的渗流方程

类似于饱和土，我们同样可以由孔隙水的运动方程结合连续性方程推导出非饱和土的渗流方程。推导孔隙水的运动方程要应用平衡方程，因为其中有土水相互作用力项，所以我们仍然先分析非饱和土的土水作用力。

4.2.1 非饱和土的土水作用力

以平面问题为例，由第3章中土骨架和孔隙水脱离体的受力分析我们知道：饱和土的土水作用力只有渗流力，当没有渗流时土骨架和孔隙水之间没有相互作用力；而对于非饱和土，除了由于渗流，即孔隙水与土骨架之间的相对运动引起的作用力之外，在没有水分运动的情况下孔隙水分布不均匀也会引起土骨架与孔隙水之间的相互作用力。

如图4.3所示，设在静止平衡条件下，地下水位以上土层的体积含水量分布是

$$n_{w0(z_0)} = nS_{0(z_0)} \tag{4.28}$$

式中，$n_{w0(z_0)}$ 表示在静止平衡条件下沿垂直方向孔隙水对应的孔隙率（即土的体积含水量）的变化；n 是孔隙率；$S_{0(z_0)}$ 表示在静止平衡条件下沿垂直方向土的饱和度的变化；z_0 表示以地下水位作为起点的垂直方向上的高度。

地下水位上下非饱和土层和饱和土层中静止的孔隙水的压强分布是沿着高度呈连续线性分布的。将土层孔隙水压强的分布公式 $u_w = \psi_m = -\rho_w g z_0$ 代入孔隙水的平衡微分方程

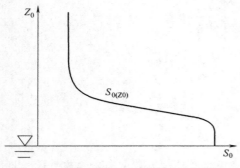

图 4.3　地下水位以上土层的含水量分布

式，可以得到静力平衡条件下饱和土层和非饱和土层单位体积土体的土水间作用力。其在 X 轴和 Z 轴方向的作用力分别记为 f_{sw0x} 和 f_{sw0z}。

饱和情况下土骨架和孔隙水之间的相互作用力等于零，而在非饱和情况下，

$$f_{sw0x} = n\rho_w g \frac{\partial S_0}{\partial x} z_0; \quad f_{sw0z} = n\rho_w g \frac{\partial S_0}{\partial z} z_0$$

(4.29)

表明在孔隙水静止不运动的情况下，单位体积土体内土骨架和孔隙水之间的相互作用力等于单位面积的土柱中地下水位以上孔隙水重量的变化率，它是由于含水量的变化引起的。含水量的变化表示土对孔隙水的吸持力的变化，如果在脱离体内吸持力有变化，则土水之间的相互作用力不为零。以垂直方向为例，图 4.3 中的曲线表示静止平衡状态下非饱和土层中含水量的分布，也就是土水特征曲线。含水量沿高程发生变化反映土骨架对孔隙水吸持作用力的变化，而吸持作用力的变化可以由相应的水柱重量得到。当体积含水量从 nS_0 变化到 $n\left(S_0 + \frac{\partial S_0}{\partial z} dS_0\right)$ 时，单位体积土体的吸持水的重量增加 $\Delta w = \rho_w g z n \Delta S_0$。于是有，$f_{sw0z} = n\rho_w g \frac{\partial S_0}{\partial z} z_0$。

对于脱离地下土层的非饱和土体，比如试验的土样，在孔隙水静止不动时土骨架与孔隙水之间相互作用力如何计算？前面已经说过，对于地下水位以上的非饱和土层，当孔隙水处于静止平衡状态时含水量沿高程的分布符合土水特征曲线，式中的 z_0 就是所考察的点距地下水位的高度。因此，对于具有任意含水量且孔隙水处于静止平衡状态的土块或土样，我们可以按照含水量依据土水特征曲线确定 z_0，即由含水量对应的土水特征曲线上的基质势反演地下水位以上土层的高度，如图 4.4 所示。

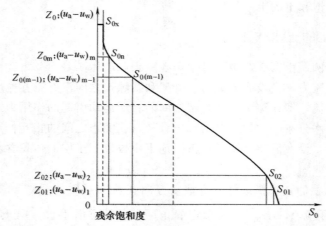

图 4.4　土水特征曲线与含水量沿土层高度的分布和土水作用力

另一方面，如果将土骨架水作为土骨架并认为其不参与渗流，那么土的含水量和饱和度应该采用有效含水量和有效饱和度，即式（4.28）应该改写成：

$$n_{ew0(z_0)} = n_e S_{e0(z_0)} \qquad\qquad (4.30)$$

式中 $n_{ew0(z_0)}$ ——在静止平衡条件下沿垂直方向不计入土骨架水的孔隙水对应的孔隙率（即有效体积含水量）的变化；

         n_e ——有效孔隙率，$n_e = n - n_r$，即不包含土骨架水所占据的孔隙率；

         $S_{e0(z_0)}$ ——在静止平衡条件下沿垂直方向土的有效饱和度的变化。

需要说明的是，对于均质土体，其残余含水量在水平方向和垂直方向没有变化，绝对含水量的变化率和有效含水量的变化率相等。因此，

$$f_{sw0x} = n_e \rho_w g \frac{\partial S_{e0}}{\partial x} z_0; \qquad f_{sw0z} = n_e \rho_w g \frac{\partial S_{e0}}{\partial z} z_0 \qquad (4.31)$$

在渗流情况下，土中孔隙水的分布并不服从土水特征曲线，但是仍可以用式（4.31）计算孔隙水分布不均匀引起的土水作用力，此时需将公式中的静止状态的 S_{e0} 换成实际的 S_e，

$$f_{sw0x} = n_e \rho_w g \frac{\partial S_e}{\partial x} z_0; \qquad f_{sw0z} = n_e \rho_w g \frac{\partial S_e}{\partial z} z_0 \qquad (4.32)$$

当非饱和土中有孔隙水的渗流时，我们仍然假设孔隙水运动所受到的阻力与孔隙水的流速成正比，并且假设对于相同体积的孔隙水，在饱和土中与非饱和土中它所受到的渗流阻力也相同。于是，非饱和土中单位体积的孔隙水所受到的渗流阻力为：

$$\vec{f} = a_w \vec{v} \qquad\qquad (4.33)$$

式中 a_w ——单位体积的孔隙水（而不是单位土体中的孔隙水）的渗透作用力系数；

         $\vec{v}$ ——孔隙水流速；

         $\vec{f}$ ——土水相间的作用力。$\vec{f}$ 的坐标分量为：

$$f_x = a_w v_x, \qquad f_z = a_w v_z \qquad\qquad (4.34)$$

式中 v_x、v_z ——孔隙水渗透流速分量。

非饱和土的平衡方程中的土水相互作用力包括由于孔隙水运动产生的作用力和由于孔隙水分布不均匀产生的作用力，即前节讲到的孔隙水静止平衡时非饱和土中的土水作用力。于是，

$$\vec{f} = a_w \vec{v} + \vec{f}_{sw0} \qquad\qquad (4.35)$$

式中 a_w ——非饱和土中单位体积的孔隙水的土水作用力系数；

         $\vec{f}_{sw0}$ ——由于孔隙水分布不均匀引起的土水作用力，其分量由式（4.32）给出。于是，总的土水作用力：

$$f_{swx} = a_x v_x + \rho_w g n_e \frac{\partial S_e}{\partial x} z_0 \qquad\qquad (4.36)$$

$$f_{swz} = a_z v_z + \rho_w g n_e \frac{\partial S_e}{\partial z} z_0 \qquad\qquad (4.37)$$

4.2.2 非饱和土渗流的运动方程和渗透系数公式

非饱和土中渗流的运动方程也就是非饱和土渗流的达西定律公式。与饱和土不同，严格地说，非饱和土中孔隙水的流速并不与水势梯度成正比。因此，非饱和土的达西定律公

式仅仅是形式上的一种表达。

前面已经讲过，对于非饱和土中的孔隙水，总水势 ψ 由重力势 ψ_g 和基质势 ψ_m 组成。取单位重量孔隙水的势能表示的土水势时，可以记为

$$H = z + \psi_m \tag{4.38}$$

或者

$$H = z + \frac{u_w}{\rho_w g} \tag{4.39}$$

式中　　H——总水头；

z——重力势水头；

u_w——非饱和土的孔隙水压强，亦即单位容积孔隙水的基质势；

ρ_w——水的密度；

g——重力加速度。

忽略孔隙水与孔隙气之间的相互作用力，引用非饱和土孔隙水的平衡微分方程，

$$\frac{\partial}{\partial x}(n_{ew} u_w) + f_{swx} = 0 \tag{4.40}$$

$$\frac{\partial}{\partial z}(n_{ew} u_w) + f_{swz} + n_{ew} \rho_w g = 0 \tag{4.41}$$

式中　　f_{swx}、f_{swz}——x、z 方向孔隙水与土骨架之间的相互作用力；

n_{ew}——不计入土骨架水的孔隙水所对应的孔隙率，亦即有效体积含水量。

有效饱和度表示为

$$S_e = \frac{n_{ew}}{n_e} = \frac{S - S_r}{1 - S_r} \tag{4.42}$$

设孔隙水的运动速度分量分别是 v_x 和 v_z，将非饱和土的土水作用力表达式（4.36）和式（4.37）分别代入平衡微分方程（4.40）和方程（4.41）中，整理后可以得到

$$v_x = -k_x \left[\frac{\partial(S_e H)}{\partial x} - (z - z_0) \frac{\partial S_e}{\partial x} \right] \tag{4.43}$$

$$v_z = -k_z \left[\frac{\partial(S_e H)}{\partial z} - (z - z_0) \frac{\partial S_e}{\partial z} \right] \tag{4.44}$$

式中　　k_x，k_z——分别为 x 和 z 方向的饱和土的渗透系数，$k_x = \frac{n_e \rho_w g}{a_{w_x}}$、$k_z = \frac{n_e \rho_w g}{a_{w_z}}$；

S_e——有效饱和度；

H——总水头。

进一步可以写成：

$$v_x = -k_{ux} \frac{\partial H}{\partial x} \tag{4.45}$$

$$v_z = -k_{uz} \frac{\partial H}{\partial z} \tag{4.46}$$

式中　　k_{ux} 和 k_{uz}——分别是非饱和土在 x 和 z 方向的渗透系数（函数），且

$$k_u = k \left[S_e + (H - z + z_0) \frac{\partial S_e}{\partial H} \right] \tag{4.47}$$

式中，k 与饱和土的渗透系数具有相同的表达式和物理意义。也就是说，如果对于饱和土和非饱和土，单位体积的孔隙水所受到的运动阻力是相等的，那么式（4.47）中的 k 就是饱和土的渗透系数。于是，式（4.47）建立了非饱和土的渗透系数与饱和土的渗透系数之间的联系。可以明显地看到，非饱和土的渗透系数除了与饱和土的渗透系数有关，还与土的含水量和土水势有关。

4.2.3 非饱和土的渗流方程

1. 非饱和土渗流的连续方程

前面导出了非饱和土的运动方程，为了得到渗流方程，还需要有连续方程。同饱和土一样，在土体内任取一点（x、y、z），并以该点为中心取无限小的一个正六面体，如图4.2所示。由单元体内孔隙水的质量守恒条件，可以得到非饱和土在不考虑土体体积变形时的连续方程为：

$$\frac{\partial n_{ew}}{\partial t} = -\left[\frac{\partial \nu_x}{\partial x} + \frac{\partial \nu_y}{\partial y} + \frac{\partial \nu_z}{\partial z}\right] \tag{4.48}$$

或者写成：

$$\frac{\partial n_{ew}}{\partial t} = -\nabla \cdot \nu \tag{4.49}$$

式中 n_{ew}——土的有效体积含水量。

当考虑土体体积变形时，非饱和土单元体内孔隙水量的变化为两部分之和：由于土体体积变化引起的水量变化加上由于含水量变化引起的水量变化。用公式表示为：

$$\rho_w n_{ew} \Delta V + \rho_w \Delta n_{ew} \Delta x \Delta y \Delta z \tag{4.50}$$

亦即
$$\rho_w n_{ew} \Delta \varepsilon_V \Delta x \Delta y \Delta z + \rho_w \Delta n_{ew} \Delta x \Delta y \Delta z \tag{4.51}$$

而 $n_w = n_e S_e$，$\Delta n_{ew} = \Delta(n_e \cdot S_e) = n_e \Delta S_e + S_e \Delta n_e$，且 $\Delta n_e = (1-n_e)\Delta \varepsilon_V$，因此单元体内孔隙水量变化为：

$$\rho_w n_{ew} \Delta \varepsilon_V \Delta x \Delta y \Delta z + \rho_w \Delta n_{ew} \Delta x \Delta y \Delta z$$
$$= \rho_w n_e \cdot S_e \Delta \varepsilon_V \Delta x \Delta y \Delta z + \rho_w [n_e \cdot \Delta S_e + S_e(1-n_e)\Delta \varepsilon_V] \Delta x \Delta y \Delta z$$
$$= \rho_w (n_e \cdot \Delta S_e + S_e \cdot \Delta \varepsilon_V) \Delta x \Delta y \Delta z \tag{4.52}$$

于是，单位体积的土体中孔隙水的质量随时间的变化率为：

$$n_e \frac{\partial(\rho_w S_e)}{\partial t} + S_e \frac{\partial(\rho_w \varepsilon_V)}{\partial t} \tag{4.53}$$

实际上，因为有效含水量对应的孔隙水的质量为 $\rho_w n_e w = n_e \rho_w S_e$，所以它对时间的全微分就是式（4.53）。

由质量守恒原理可知，单元体内孔隙水的质量变化等于流入和流出单元体的孔隙水的质量之差。因此，孔隙水运动的连续方程为：

$$n_e \frac{\partial(\rho_w S_e)}{\partial t} + S_e \frac{\partial(\rho_w \varepsilon_V)}{\partial t} = -\left[\frac{\partial(\rho_w v_x)}{\partial x} + \frac{\partial(\rho_w v_y)}{\partial y} + \frac{\partial(\rho_w v_z)}{\partial z}\right] \tag{4.54}$$

当水的压缩性可以忽略时，水的密度 ρ_w 为常数，上式可写成：

$$n_e \frac{\partial S_e}{\partial t} + S_e \frac{\partial \varepsilon_v}{\partial t} = -\left(\frac{\partial v_x}{\partial x} + \frac{\partial v_y}{\partial y} + \frac{\partial v_z}{\partial z}\right) \tag{4.55}$$

当土体为饱和土时，S_e 为常数 1，上式可以化简为：

$$\frac{\partial \varepsilon_v}{\partial t} = -\left(\frac{\partial v_x}{\partial x} + \frac{\partial v_y}{\partial y} + \frac{\partial v_z}{\partial z}\right) \tag{4.56}$$

其形式与饱和土孔隙水渗流的连续方程相同。

2. 非饱和土的渗流方程

同样地，联立非饱和土的运动方程和连续方程，可以导出其渗流方程。具体地，将式（4.43）和式（4.44）的渗透运动方程推广到三维情况，并将其代入式（4.54）的连续方程，即可得出非饱和土层的渗流方程为

$$n_e \frac{\partial S_e}{\partial t} + S_e \frac{\partial \varepsilon_v}{\partial t} = -\nabla \cdot \left[k_u \nabla H\right] \tag{4.57}$$

其中，非饱和土渗透系数 k_u 的表达式为（4.47）。由于式（4.47）比较复杂、不便于应用，邵龙潭（2019）为此将其做简化处理，把非饱和土渗透系数 k_u 表示成饱和度的指数函数的形式关系，即

$$k_u = \frac{n^2 \gamma_w}{\mu} S^{1+\beta} = k S^{1+\beta} \tag{4.58}$$

式中　k——饱和土的渗透系数；

μ——土水作用力系数；

S——烘干法测量的饱和度。

参数 β 与土颗粒的矿物成分、土中孔隙的大小及分布、温度、水中的盐离子含量和黏滞性等因素有关。参数 β 的数值可以由饱和土的渗透系数与孔隙率的关系曲线得到，具体做法是：测量不同孔隙率的饱和土的渗透系数，得到饱和渗透系数 k 和孔隙率 n 的关系曲线；依据 k-n 关系曲线，利用公式 $k = n^2 \gamma_w / \mu$ 求不同孔隙率下的土水作用力系数；用幂函数拟合 μ-n 关系曲线，得到幂函数的指数，即为参数 β；把参数 β、饱和度 S 和饱和渗透系数 k 代入式（4.58），即可以得到非饱和土的渗透系数。

4.3　渗流力公式

在土力学中，一般把渗透力（也称渗流力）定义为单位体积的土体内土骨架受到的孔隙水的渗流作用力。渗流力是一种体积力，量纲与水的容重的量纲相同，作用方向与渗流的方向一致。因为土骨架受到的渗流作用力与土骨架给孔隙水的渗流阻力大小相等、方向相反，所以可以通过分析孔隙水的受力得到渗流力的表达式。

几乎所有的土力学教科书给出的饱和土的渗流力的表达式均为：

$$J = \gamma_w i \tag{4.59}$$

式中　J——渗流力（矢量）；

γ_w——水的重度；

i——渗透坡降（矢量），也称为水势梯度（矢量），以下称水势梯度。

从土骨架和孔隙水的平衡微分方程的推导过程可以了解，上面定义的渗流力恰恰是饱和土孔隙水平衡方程中土骨架和孔隙水之间的相互作用力（见第 3 章）。可是由孔隙水的平衡微分方程得到的土骨架与孔隙水之间的相互作用力为

$$f = n\gamma_w i \qquad (4.60)$$

式中，f 代表单位体积的土体中土骨架与孔隙水的相间相互作用力，即渗流力（矢量）；n 是土的孔隙率；γ_w 是水的重度；i 是水势梯度（矢量）。

既然 J 与 f 代表的意义相同，两者的表达式为什么相差系数 n 呢？原因是在土力学教科书导出 J 的表达式时，隐含着 J 的定义为单位体积的孔隙水而不是单位体积土体内的孔隙水所受到的渗流作用力。说明如下。

在土力学教材中，一般取垂直方向或者斜向的水体脱离体进行平衡分析得到渗流力的表达式。例如，在清华大学出版社出版的《土力学》教材中，以稳定渗流条件下渗透破坏试验为背景，以垂直放置的土柱为分析对象，分别进行土体脱离体以及土骨架和孔隙水分开取脱离体的受力分析。在对土骨架和孔隙水分开取脱离体进行受力分析时，渗流力显现为外力，如图 4.5 所示。以下是该书中对孔隙水脱离体进行受力和平衡分析的原文：

土柱中孔隙水隔离体（即脱离体）（图 4.5c）。作用在其上的力有：

（1）孔隙水重力和土粒浮力的反力之和，后者应等于与土颗粒同体积的水重。故，

$$W_w = V_v \gamma_w + V_s \gamma_w = V \gamma_w = L \gamma_w$$

可以看出，W_w 即为 L 长度的水柱重量。

（2）水柱上下两端面的边界水压力，$\gamma_w h_w$ 和 $\gamma_w h_1$；

（3）土柱内土粒对水流的阻力，其大小应和渗流力相等，方向相反。设单位土体内土粒给水流的阻力为 j'，则总阻力 $J' = j'L = J$，方向垂直向下。

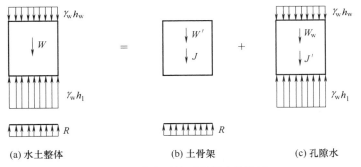

(a) 水土整体   (b) 土骨架   (c) 孔隙水

图 4.5 渗流时的两种脱离体取法

考虑水体隔离体（图 4.5c）的平衡条件，可得：

$$\gamma_w h_w + W_w + J' = \gamma_w h_1$$
$$\gamma_w h_w + L\gamma_w + j'L = \gamma_w h_1$$
$$j' = \frac{\gamma_w(h_1 - h_w - L)}{L} = \frac{\gamma_w \Delta h}{L} = \gamma_w i$$

故渗流力 $j = j' = \gamma_w i$。

仔细分析可以发现，在上面的受力和平衡分析中，孔隙水脱离体的面积被假定为单位面积 1。

如果确认渗流力为单位土体内土骨架受到的孔隙水的渗流作用力，亦即单位土体内孔隙水渗流受到的土骨架的作用力，注意是单位体积土体内的孔隙水而不是单位体积的孔隙水，那么对上述土柱中孔隙水隔离体的受力分析应该是：

（1）孔隙水的重力，即土柱中孔隙水的重量 $W_w = \gamma_w V_v = n\gamma_w V = n\gamma_w L$；

（2）水柱上下两端面的边界水压力，$\gamma_w n h_w$ 和 $\gamma_w n h_1$（当土柱面积取为 1 时，孔隙水柱的面积为 n）；

（3）土柱内土骨架对水流的阻力，其大小和渗流力相等，方向相反。设单位土体内土粒给水流的阻力为 j'，则总阻力 $J' = j'L = J$，方向垂直向下。

考虑水体隔离体（图 4.5（c））的平衡条件，可得：

$$n\gamma_w h_w + W_w + J' = n\gamma_w h_1$$

$$n\gamma_w h_w + nL\gamma_w + j'L = n\gamma_w h_1$$

$$j' = \frac{n\gamma_w(h_1 - h_w - L)}{L} = \frac{n\gamma_w \Delta h}{L} = n\gamma_w i$$

故渗流力 $j = j' = n\gamma_w i$，与应用孔隙水平衡微分方程导出的结果相同。

当然，如果把渗流力定义为"单位体积水体受到的渗透阻力"，那么渗流力的表达式为：

$$j = j' = \gamma_w i \tag{4.61}$$

如果用 j 表示单位体积水体受到的渗透阻力，用 f 表示单位体积土体内的孔隙水受到的渗透阻力，则有：

$$f = nj \tag{4.62}$$

根据土体同一截面上受到渗流力相等的条件也可以得到上述关系。因为 $f \cdot A = j \cdot A_w$，且 $A_w = n \cdot A$（A 为截面面积），所以有 $f \cdot A = j \cdot A_w = j \cdot n \cdot A$，即 $f = j \cdot n$。

上面的讨论中还有一个问题，就是在孔隙水的重量（力）中，要不要包含土颗粒浮力的反力？答案应该是否定的，理由如下：

在静力平衡条件下，孔隙水的自重引起压强变化，压强的作用产生土骨架颗粒的浮力，数值上等于土骨架颗粒排开的水的重量。所谓土颗粒浮力的反力，其实就是水的压强。它既不改变水的重量，也不改变水的压强。无论其间的相互作用如何，在孔隙水脱离体表面，孔隙水的压强仍然还是孔隙水的压强。这一点在上一章导出平衡微分方程的过程中也有说明。因此，在以孔隙水为分析对象时，其重力不应该包含浮力的反力。

下面分析非饱和土的渗流力表达式。

非饱和土的渗流包括孔隙水和孔隙气的渗流。孔隙水的渗流产生的渗流力和孔隙气渗流产生的渗流力都称为非饱和土的渗流力。同饱和土一样，非饱和土孔隙水的渗流力定义为单位体积土体内土骨架受到的孔隙水的渗流作用力；非饱和土孔隙气的渗流力定义为单位体积土体内土骨架受到的孔隙气的渗流作用力，它们分别与单位体积土体内土骨架给孔隙水或者孔隙气的渗流阻力相等。按此定义，我们仍然引用平衡微分方程推导出非饱和土的渗流力。

以孔隙水和土骨架相互作用力为例。假设土的含水量均匀，则非饱和土孔隙水的平衡微分方程变成

$$\begin{cases} n_w \dfrac{\partial u_w}{\partial x} + f_{swx} = 0 \\ n_w \dfrac{\partial u_w}{\partial z} + f_{swz} + n_w \gamma_w = 0 \end{cases} \tag{4.63}$$

在大气开敞时孔隙气压强可以忽略并且溶质势也可以忽略的条件下，令总水势（水头）的表达式为式（4.39）。于是，由方程式（4.63）可以得到均匀含水量条件下非饱和土的渗流力：

$$f = n_w \gamma_w i \tag{4.64}$$

式中　f——土骨架与孔隙水之间相对运动引起的相互作用力，即渗流力（矢量）；

　　　n_w——孔隙水对应的孔隙率，即体积含水量；

　　　γ_w——水的重度；

　　　i——水势梯度（矢量）。

可见，在含水量均匀的条件下，非饱和土的渗流力表达式与饱和土的相同，只是式中的 n_w 是孔隙水对应的孔隙率。

这是在土含水量均匀的条件下水势梯度对应的土骨架和孔隙水之间的相互作用力。一般情况下非饱和土的含水量都是不均匀的。此时，由平衡方程可以发现，土骨架和孔隙水之间的相互作用力不仅仅包含水势梯度对应的作用力，还包含由于含水量变化对应的作用力。其表达式为：

$$\begin{cases} f_x = n_w \gamma_w i_x + u_w \dfrac{\partial n_w}{\partial x} \\[2mm] f_z = n_w \gamma_w i_z + u_w \dfrac{n_w}{\partial z} \end{cases} \tag{4.65}$$

含水量变化对应的相间相互作用力表现为吸持作用，本质上是由表面张力引起的。

那么，渗流力是否应该包含含水量变化对应的相间相互作用力呢？这一问题需要斟酌，这里仅做一个粗浅的讨论。

顾名思义，渗流力是由孔隙流体在土骨架中的渗流引起的。在层流渗流条件下，它与渗透流速（孔隙流体与土骨架的相对运动速度）成正比。当土骨架与孔隙流体之间没有相对运动，即没有渗流时，则不存在渗流力。然而，根据平衡方程我们可以知道，即使在静力平衡、没有渗流的情况下，对于非饱和土，也存在由于含水量变化而对应的相间相互作用力。因此，我们建议渗流力的定义应该不包含含水量变化对应的相间相互作用力。如此一来，在非饱和状态下，骨架和孔隙水的相间相互作用力便不仅仅只有渗流力，它还包含由于含水量变化引起的相间作用力。

4.4　土中气体的逸出条件

天然的土很少处于完全饱和状态，其中总会有气体。水中所含的气体可以溶解在水中，也可以以气泡的形式存在。气泡可以被包围在孔隙水中，也可以吸附在骨架颗粒上。溶解在孔隙水中的气体以及气泡会降低水的压缩刚度，我们在考虑孔隙水的压缩性时应考虑它的影响。水中的气泡在土受到较大扰动时，微小气泡可能会从被吸附状态变成自由状态，它离开颗粒，在孔隙水中向上运动，也可能与其他气泡汇聚成一个较大的气泡。当气泡足够大，即超出代表体积的尺度时，就会在土体中形成一个封闭的边界，如图 4.6

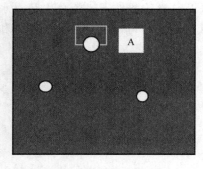

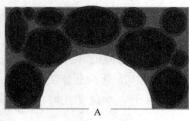

图 4.6 封闭气泡边界

所示。

在封闭气泡内部的气体压力与气泡外部土体的正应力（总应力）有关。同时，当考虑气泡边界本身收缩膜的表面张力时，气泡的半径也会影响气体压力。借助于平衡分析，气泡内部的气体压力可以表示为：

$$u_a = \frac{2T_s}{R} + \sigma_t \qquad (4.66)$$

式中　u_a——气泡内的气体压力；

　　　R——气泡半径；

　　　σ_t——该点土体的总应力。

如前所述，近似饱和土中所含的吸附微气泡会影响有效应力，进而影响土的抗剪强度和变形性质；而作为封闭边界存在的大气泡则会改变土的结构，从而影响土的变形和稳定；当气泡从土体中逸出时，更会破坏土的结构和稳定性。

4.4.1　封闭气泡的逸出条件

如果某一点气泡收缩膜两面的压力差大于该点土体的进气值，气泡内的气体会冲破收缩膜向上运动逸出土体表面或运动到一个更高的位置而达到新的平衡。这种情况称为气泡的逸出。气泡的逸出条件是：

$$u_a - u_w \geqslant (u_a - u_w)_b \qquad (4.67)$$

式中　$(u_a - u_w)$——透过收缩膜的压力差；

　　　$(u_a - u_w)_b$——气泡外部饱和土的进气值。

土的进气值，是指当外面的气体要进入到土体的孔隙中必须要"突破"的基质吸力值，亦即该饱和土体能够"抵御"不让气体进入其饱和孔隙的最大的气体压力。在石油工程中称为"排潜压力（displacement pressure）"，在陶瓷工程中称为"泡点压力（bubbling pressure）"。应用 Kelvin 方程，土体进气值 $(u_a - u_w)_b$ 可以表示为：

$$(u_a - u_w)_b = \frac{2T_s}{R_b} \qquad (4.68)$$

式中　R_b——土体孔隙的最大半径。

由此，封闭气泡的逸出条件可以写成：

$$\sigma_t + \frac{2T_s}{R} \geqslant (u_a - u_w)_b \qquad (4.69)$$

试验观察显示，在接近饱和的松砂中，封闭气泡逸出时，在其穿越的路径上将会导致砂土结构的破坏，甚至形成管涌。

4.4.2　地表水入渗时孔隙气体的逸出条件

在地表入渗强度较高或者形成地表积水的情况下，土中的孔隙气体被封闭，形成包气带。包气带的孔隙气压力随着地表水压力的变化而变化。此时，不能忽略孔隙气体压强的作用，土骨架应力可以应用饱和或者非饱和土的土骨架应力方程得到。只是，此时孔隙气的压强不等于大气压强。

在地表水入渗时，如果土壤的渗透率大于地表水的补给率，土中的部分孔隙气将被入渗的孔隙水代替，孔隙气将随着地表水的入渗自由地排出地表。此时，土中孔隙气的逸出条件是孔隙气在其上升方向上的压力梯度等于孔隙气体的运动阻力，即：

$$\frac{\partial(n_a u_a)}{\partial z} = -f_{saz} \tag{4.70}$$

式中　f_{saz}——z 方向上土与孔隙气体的相互作用力。

相反，如果土壤渗透率远小于水的补给率，地表将会被水覆盖，孔隙气的逸出通道被堵塞。在地表被水覆盖的短时间内，孔隙气将会被压缩。如果土为理想的均匀介质，湿润峰将会在同一高度，即保持在同一水平面上。当压缩的孔隙气压强等于锋面处的孔隙水的压强时渗流便会停止，如图 4.7 所示。但是，土壤常常是非理想的均匀介质，并且入渗受到边界条件的影响，很难保证在渗流过程中，渗透的孔隙水在湿润锋面上保持同样的速度。

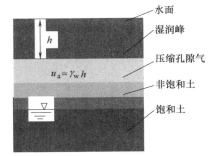

图 4.7　同一水平的理想渗透
湿润峰面

实际的湿润峰面一般是不平坦的，如图 4.8 所示。湿润峰的位置越深，峰面处的孔隙水压力就越大。但是，在被地表水覆盖的区域内的孔隙气压力各处相同，其值等于湿润峰面上的最大水压力，即最深峰面处的水压力。故此，孔隙气的逸出条件应满足下述条件（a）或（b）。

（a）湿润峰界面上的压力差大于土体的进气值，表达式为：

$$u_a - u_w \geqslant (u_a - u_w)_b \tag{4.71}$$

或者

$$(h_{max} - h) \geqslant \frac{(u_a - u_w)_b}{r_w} \tag{4.72}$$

（b）所考察的点的孔隙气压力大于上面覆盖土层土的总应力：

$$\gamma_w h_{max} \geqslant \gamma_{sat} h \tag{4.73}$$

或者

$$\frac{h_{max}}{h \frac{\gamma_{sat}}{\gamma_w}} \geqslant 0 \tag{4.74}$$

式中　u_a——被压缩的孔隙气体压力；

　　　u_w——湿润峰面处的水压力；

$(u_a - u_w)_b$——湿润峰处土体的进气值；

　　　h_{max}——锋面上的最大入渗深度；

　　　h——所考察的点的入渗深度；

γ_{sat}——土的饱和重度。

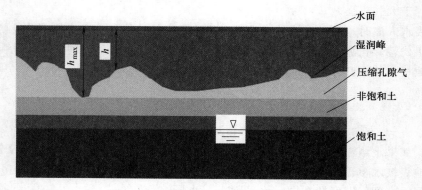

水面

湿润峰

压缩孔隙气

非饱和土

饱和土

图 4.8　湿润峰面与压缩孔隙气的逸出

入渗时，一旦上述两个条件中的任意一个被满足，孔隙气都将会从土中逸出。当湿润峰界面上的压力差大于土体的进气值时，将会形成一条孔隙气的逸出通道；而当孔隙气压力大于上覆土的总应力时，则会形成断裂面或气垫。

当被覆盖的孔隙气开始进入上面的土层时，包气带中的孔隙气压力将会降低，入渗又会加速；另一方面，湿润峰面的水压力越大，此处水的入渗流速度就会越高，这也会加速孔隙气体的逸出。

包气带孔隙气压强升高，会降低土的有效应力、影响土层的稳定性。气体逸出，也会在逸出通道上导致土体破坏，从而对土层稳定产生影响。

4.5　渗流问题的求解

求解渗流问题的目标是得到渗流场，即在求解区域内得到渗流速度和水头（孔隙水压强）的分布，手段是应用渗流方程，即运动方程和连续方程，并引入边界条件，与时间相关时还需要初始条件。在计算机和数值方法没有引入前，一般采用水力学或者流网法近似求解，非常简单的问题也可以直接应用解析法，目前基本上都采用数值方法求解，最常用的是有限单元法。

前面讲到，饱和状态下土的渗流方程为：

$$\frac{\partial}{\partial x}\left(k_x\frac{\partial H}{\partial x}\right)+\frac{\partial}{\partial y}\left(k_y\frac{\partial H}{\partial y}\right)+\frac{\partial}{\partial z}\left(k_z\frac{\partial H}{\partial z}\right)=-\frac{\partial \varepsilon_v}{\partial t} \tag{4.75}$$

式中　ε_v——体积应变；

　　　t——时间；

　　　H——水头势函数；

　　　k——饱和土的渗透系数，$k=n^2\gamma_w/\mu$；

　　　n——孔隙率；

　　　γ_w——水的重度；

　　　μ——土水作用力系数。

非饱和状态土的渗流方程为：

$$\frac{\partial}{\partial x}\left(k_u \frac{\partial H}{\partial x}\right) + \frac{\partial}{\partial y}\left(k_u \frac{\partial H}{\partial y}\right) + \frac{\partial}{\partial z}\left(k_u \frac{\partial H}{\partial z}\right) = -\left(n_e \frac{\partial S_e}{\partial t} + S_e \frac{\partial \varepsilon_v}{\partial t}\right) \tag{4.76}$$

式中　n_e——有效孔隙率；

S_e——有效饱和度；

k_u——非饱和状态土的渗透系数，$k_u = kS^{1-\beta}$；

k——饱和状态的渗透系数，$k = n^2 \gamma_w / \mu$。

非饱和是土的一般状态，饱和是土的特殊状态，饱和是非饱和的一种特殊情况。因此，非饱和状态土的渗流方程包含饱和状态的渗流方程。当饱和度为 1 时，非饱和状态土的渗流方程自动退化到饱和状态土的渗流方程。

渗流方程是求解各种渗流问题的基本方程。其中，含有体积应变和含水率对时间的变化率，反映土排水或吸水对渗流的影响，可以理解成土中有源或汇。此时，渗流问题的偏微分方程表现为泊松方程的形式。在土中一点既没有排水也没有吸水，即土的体积应变和含水率保持不变的条件下，渗流方程变成拉普拉斯方程的形式。

渗流分成稳定渗流和非稳定渗流，也称恒定和非恒定渗流，前者的场变量不随时间变化，后者则相反。渗流场变量在饱和状态下是流速和水头或压强，在非饱和状态下还有含水率或饱和度。恒定渗流方程是拉普拉斯方程，非恒定渗流方程是泊松方程。

土的体积应变与土工结构的受力和变形有关，因此在严格意义上，土的渗流问题是应力应变和渗流相互影响的耦合问题。只有在体积应变保持不变、应变增量为零，或者体积变化的影响可以忽略时，才可以单纯求解渗流方程而不涉及应力变形。

渗流方程表示土中孔隙水运动要满足的条件，由此可以求解水势（渗透水头）和渗透流速等物理量。而要求解渗流方程，还需要已知土体渗流区域的边界条件。以图 4.9 所示的堤坝为例，讨论求解渗流问题的边界条件和初始条件。

图 4.9 中，ABDEHI 是在不透水地基 AI 上修筑的堤坝，以不透水地基为垂直坐标起点，上游水位为 H_1，下游水位为 H_2，图中 CF 为浸润线，即自由水面线。在取断面建立计算模型时，地基两侧水平方向一般只能取有限的长度，一般为堤坝高度的两三倍。在只求解饱和渗流区时，稳定渗流问题的边界条件如下：

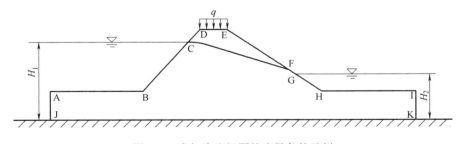

图 4.9　求解渗流问题的边界条件示例

a）JA、AB、BC 和 GH、HI、IK 为第一类边界，边界条件是：在 JABC 上，$H = H_1$；在 GHIK 上，$H = H_2$。

b）JK 为第二类边界，边界条件是：$\partial v / \partial n = 0$，其中，$n$ 是 JK 边界的法向方向，v

是流速。

c）CF 为混合边界，边界条件是：$u_w = 0$，$H = z$；且$\partial v/\partial n = 0$。其中，$n$ 是 CF 边界的法向方向，v 是流速。CF 称为浸润线或浸润面，是饱和区与非饱和区的分界线（面），也叫自由水面。

d）FG 为混合边界，边界条件是：$u_w = 0$，$H = z$；且 z 在 FG 上变化，$\partial v/\partial n = 0$。其中，$n$ 是 GH 边界的法向方向，v 是流速。

如果上游或者下游水位发生变化，则浸润线的位置也会变化，堤坝内的渗流为非稳定渗流，此时的边界条件与稳定渗流的边界条件相同，但是在 CF 边界上要增加排水或吸水条件，即在变动的 CF 边界上，由补水或者吸水量确定法向流速从而给定边界流速。水位降低时向浸润面补水，水位升高时水位变动区域内的土体吸水饱和。

如果联合求解饱和与非饱和区，在稳定渗流情况下，JA、AB、BC 和 GH、HI、IK 和 JK 的边界条件与求解饱和区渗流问题相同，但是此时没有混合边界，而是饱和区与非饱和区的分界，这一分界就是浸润线或浸润面，即自由水面。判断自由水面的条件是 $u_w = 0$，即水头等于垂直坐标。自由水面也是饱和度从 1 开始减小的起始界面。

联合求解饱和与非饱和区时，求解的区域是整个堤坝。在稳定渗流条件下，非饱和区的含水率分布不变，没有水分运动。此时，土的含水率与基质势之间的关系可以由土水特征曲线确定。因为堤坝上部是大气开敞的，孔隙气压强为 0，水静止平衡时，负的基质势，即基质吸力等于浸润面之上的垂直坐标高度。非饱和区初始的含水率分布可以由土水特征曲线根据每一点的基质势确定。

当水位变动、蒸发或降雨时，饱和区与非饱和区会发生变动，在土的体积变化可以忽略条件下（通常都可以忽略），只有含水率变化的影响。此时，可以以稳定渗流状态为初始状态，初始状态下非饱和区的含水率仍然可以根据土水特征曲线确定。

 **思考题**

1. 什么是渗流问题？
2. 阐述达西定律的内容、原理和适用范围。
3. 简单说明饱和土渗透系数和非饱和土渗透系数的定义和测定方法。
4. 非饱和土孔隙流体的运动包括空气和水两部分，其中水流动受哪些因素的影响？
5. 思考地质边坡破坏为什么常发生在下雨天气？这与土的渗流有哪些联系？

5

土的应力−应变性质

　　仅有土的平衡微分方程和位移方程（变形连续性条件）尚不能求解土的内力和变形，还需要知晓土的应力-应变性质。所谓土的应力-应变性质，一般是指应力与应变之间的关系，也称为本构关系。本构是指材料固有的物理性质（不限于应力-应变），用物理量之间的关系表示称为本构关系，表示本构关系的数学公式称为本构模型或本构方程。仅就受力和变形而言，广义地讲，土的应力-应变关系、破坏准则和破坏后的变形规律都是本构关系的组成部分；狭义地讲，本构关系专指应力-应变关系。因为土的变形是土骨架的变形，土骨架的变形与土骨架应力相关，所以研究土的应力-应变性质就是研究土骨架的变形与土骨架应力之间的关系。

　　应力-应变关系一般需要通过试验得到。通常是取土样，用压缩仪、三轴仪、平面应变仪、真三轴仪、空心扭剪仪等仪器进行试验，得到应力与应变关系的试验曲线。这些曲线是构建土本构关系模型的依据。因为试验都是在某种简化的应力状态下进行的，有一定的局限性，所以为了能够将试验结果应用于实际的土体，需要在试验的基础上建立某种数学表达式，把特定条件下的试验结果推广到一般情况。

　　本章首先介绍土的应力应变特点和常用的应力-应变模型，同时简述基于土样局部变形测量的应力应变关系模型的构建方法，然后介绍土的强度理论，包括强度准则和剪切带摩擦滑动规律。要深刻理解土的应力应变关系的意义和作用，了解建立本构关系模型的方法和已有的各类典型本构关系模型，熟练掌握简单的弹性模型和弹塑性模型，掌握基于局部变形的本构关系模型及其应用。

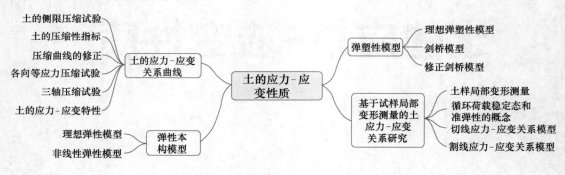

第 5 章　学习导图

5.1 土的应力-应变关系曲线

土的应力-应变关系目前还很难由理论分析确定，必须通过试验得到。试验可以分成室内试验、现场试验和原位试验，目前多用室内试验。常用的室内试验方法有侧限压缩、三轴压缩、平面应变、真三轴压缩和空心扭剪试验等。这里，简单介绍侧限压缩和三轴压缩试验。

(a) 室内土工侧限压缩仪   (b) 侧限压缩试验的应力状态

图 5.1   土的侧限压缩试验

5.1.1 土的侧限压缩试验

所谓侧限，就是用刚性结构约束土样的侧向变形。用于进行土的侧限压缩试验的装置是侧限压缩仪，如图 5.1（a）所示。试验的土在环刀内成样，环刀置于刚性护套内，土样上下各有一块透水石。在试样的顶部施加垂直荷载，土样在压缩过程中产生垂直变形，侧向受到刚性约束，变形可以忽略，其应力状态如图 5.1（b）所示。对于透水性比较强的砂性土，在加载过程中不会产生超过静止状态的孔隙压强，而对于排水比较慢的黏性土，加载时孔隙水压强会升高，随着排水过程慢慢消散。为了保证超静孔隙水压强（简称超静孔压）能完全消散，试样一般比较薄并且通常分级施加恒定载荷维持足够时间。土在受到荷载作用时产生超静孔隙水压强，随着时间逐渐消散、变形逐渐增长的过程称为固结。

由压缩试验可以得到每一级荷载作用下土样的竖向变形随时间的变化过程，同时得到超静孔压几乎完全消散、土样变形稳定时的竖向变形量与施加的荷载之间的关系。因为侧向变形可以忽略，土样只有竖向变形，所以竖向应变等于体积应变。又因为组成土骨架的土颗粒几乎是不可以压缩的，其体积变形可以忽略，所以土样的体积变形等于孔隙体积的变化，体积应变等于孔隙比的变化。由此可以得到孔隙比与压缩荷载之间的关系，称为压缩曲线。压缩曲线可以绘制成 e-p 或者 e-$\lg p$ 的形式，典型的压缩曲线如图 5.2 所示。

如果在压缩过程中卸载后再加载，可以得到回弹和再压缩曲线，如图 5.3 所示。从图中可以看到在这种试验条件下土的体积变化的另一些特征：

（1）卸载曲线与初始压缩曲线不重合，回弹量远小于原来的压缩量，说明土体的变形是由可恢复的弹性变形和不可恢复的塑性变形两部分组成；

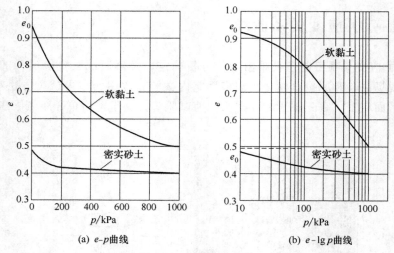

图 5.2　土的压缩曲线

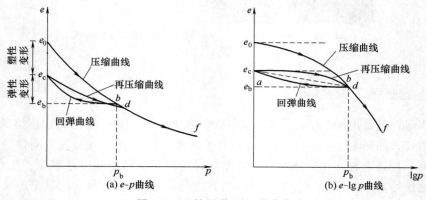

图 5.3　土的回弹-再压缩曲线

（2）回弹和再压缩曲线比压缩曲线平缓得多，说明土在侧限条件下经过一次加载和卸载后的压缩性要比初次加载时的压缩性小很多。这也表明，土所经历的受力过程（应力历史）对土的压缩性有显著的影响；

（3）当再加荷的压力超过初始压缩曾经达到的最大压力后，再压缩曲线逐渐与初次加载的曲线重合。

土所经历过的应力过程称为应力历史。对于天然的土层，土在形成过程及其地质运动中会经历应力变化，包括在过去的地质年代中所受到的固结和地壳运动作用；对于岩土工程的土层，土在工程施工和运行过程中会经历应力变化。土层在其应力历史中所受到的最大有效应力称为先期固结压力。根据先期固结压力与土层现有上覆压力的对比关系，可将土（层）分为正常固结、超固结和欠固结三类。

正常固结土层是在现有自身重力作用下正常沉积固结的土层，其历史上所经受的先期固结压力等于现有覆盖土重，即 $p_c = p_1$；超固结土层是指历史上曾经受过大于现有覆盖土重的先期固结压力作用，即 $p_c > p_1$；欠固结土层是指在现有土重作用下固结尚未完成，其先期固结压力小于现有覆盖土重，即 $p_c < p_1$。

在研究沉积土层的应力历史时，通常把土层历史上所经受过的先期固结压力与现有覆盖土重的比值定义为超固结比（OCR），即

$$OCR = p_c / p_1 \tag{5.1}$$

正常固结土、超固结土和欠固结土的超固结比，分别为 $OCR=1$、$OCR>1$ 和 $OCR<1$。

由压缩试验结果可知，回弹和再压缩曲线比压缩曲线平缓得多，说明应力历史对土的压缩性有显著的影响。因而，对于同一种土来说，分别处于正常固结、超固结和欠固结状态时，其压缩曲线是不同的。正常固结土是一种历史上没有出现过卸载的土。因为没有出现过卸载，所以与出现过卸载的土相比，它处于比较疏松的状态。所以正常固结土的压缩曲线右侧是一种不可能的状态。如图 5.4 所示，图中 ab 段为正常固结土的压缩曲线。当土的初始状态点处于正常固结土的压缩曲线（左侧）以下时，这种土必然发生过卸载，即处于超固结状态。卸载点（图 5.4 中 c 点）所对应的压力即为超固结土的先期固结压力。当压

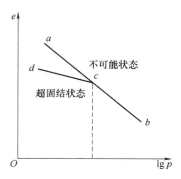

图 5.4　正常固结土和超固结土的压缩特性

力小于超固结土的先期固结压力时，超固结土的压缩曲线（图 5.4 中 dc 线段）位于正常固结土的压缩曲线左侧，且斜率较正常固结土的压缩曲线小；当压力大于超固结土的先期固结压力时，其压缩曲线（图 5.4 中 cb 段）与正常固结土的压缩曲线重合。与正常固结土相比，超固结土通常也会更加密实。

5.1.2　土的压缩性指标

根据压缩曲线可以得到三个压缩性指标：压缩系数 a、压缩指数 C_c 和侧限压缩模量 E_s 或变形模量 E_0。

（1）压缩系数 a

土体在侧限条件下孔隙比的减小量与竖向压应力增量的比值，称为土的压缩系数，用 a 表示，即：

$$a = -\frac{de}{dp} = \tan\alpha \tag{5.2}$$

式中，负号表示随着压力 p 的增加，e 逐渐减小，第二象限角 α 正切值为负。当外荷载引起的压力变化范围不大时，例如图 5.5 中从 p_1 到 p_2，则可将压缩曲线上相应的一段 M_1M_2 曲线近似地用直线 M_1M_2 代替。该直线的斜率为

$$a = \frac{\Delta e}{\Delta p} = \frac{e_1 - e_2}{p_2 - p_1} \tag{5.3}$$

由式（5.3）可以看出：压缩系数 a 表示在单位压力增量作用下土的孔隙比的减小值。因此，压缩系数 a 越大，土的压缩性就越大。

对于某一个土样，其压缩系数 a 是否是一个定值？从图 5.5 可知，a 与 M_1M_2 的位置有关。若 M_1M_2 向右移动，随着压力 p 的增大，a 值减小；反之，如果若 M_1M_2 向左移动，随着压应力 p 的减小，a 值增大。因此，e-p 曲线的斜率随着 p 增大而逐渐减小，压缩系数 a 非定值而是一个变量。

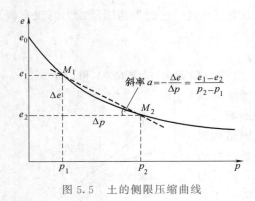

图 5.5　土的侧限压缩曲线

为了便于各个地区各单位互相比较应用，国家标准《建筑地基基础设计规范》GB 50007—2011 规定：取压应力 $p_1 = 100\text{kPa}$、$p_2 = 200\text{kPa}$ 这个压力区间对应的压缩系数 $a_{1\text{-}2}$ 评价土的压缩性。具体如下：

$$a_{1\text{-}2} < 0.1\text{MPa}^{-1} \quad \text{低压缩性土}$$

$$0.1\text{MPa}^{-1} \leqslant a_{1\text{-}2} < 0.5\text{MPa}^{-1} \quad \text{中压缩性土}$$

$$a_{1\text{-}2} \geqslant 0.5\text{MPa}^{-1} \quad \text{高压缩性土}$$

（2）压缩指数 C_c

如图 5.6 所示，曲线 $e\text{-}\lg p$ 中直线段的斜率称为压缩指数 C_c，即

$$C_c = \frac{e_1 - e_2}{\lg p_2 - \lg p_1} = \frac{e_1 - e_2}{\lg\left(\dfrac{p_2}{p_1}\right)} \tag{5.4}$$

类似于压缩曲线，压缩指数 C_c 值可以用来判断土的压缩性大小：C_c 值越大，表示在一定压力变化的范围内，孔隙比的变化量越大，说明土的压缩性越高。

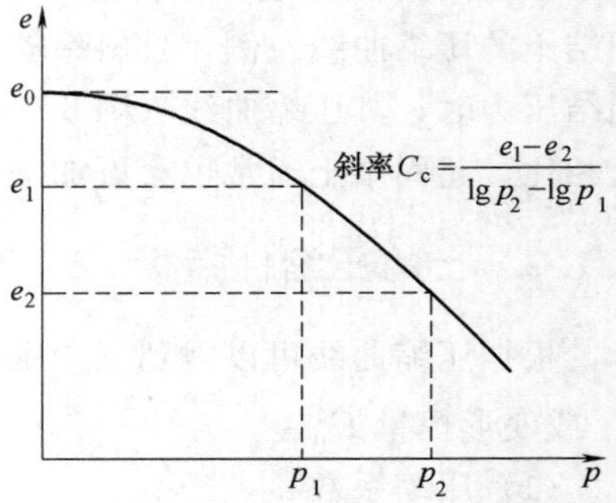

通常，当 $C_c < 0.2$ 时为低压缩性土，$C_c = 0.2 \sim 0.4$ 时属于中压缩性土，$C_c > 0.4$ 时属于高压缩性土。国外广泛采用 $e\text{-}\lg p$ 曲线来分析研究应力历史对土压缩性的影响。卸载段和再加载段的平均斜率称为回弹指数或再压缩指数 C_e，$C_e \ll C_c$，一般黏性土的 $C_e \approx (0.1 \sim 0.2) C_c$。

（3）侧限压缩模量 E_s

土体在完全侧限压缩条件下，竖向应力增量 σ_z 与应变增量 ε 之比，称为侧限压缩模量，用 E_s 表示，

图 5.6　由 $e\text{-}\lg p$ 曲线求 C_c

即 $E_s = \dfrac{\sigma_z}{\varepsilon}$，应力变化为 $\sigma_z = p_2 - p_1$，竖向应变 $\varepsilon = \dfrac{h_1 - h_2}{h_1}$（$h_1$、$h_2$ 分别为与 p_1、p_2 对应的试样高度），则侧限压缩模量为：

$$E_s = \frac{p_2 - p_1}{h_1 - h_2} h_1 \tag{5.5}$$

在土的加卸载循环的侧限压缩试验中，竖向变形包括可以回复的弹性变形和不可回复的残余变形两部分。由此可知，土的侧限压缩模量与钢材或混凝土的弹性模量有本质的区别。

试验观察发现：土在完全侧限条件下，侧向应力 σ_x（或 σ_y）与竖向应力 σ_z 之比保持为常值，这一比值称为侧压力系数，用 K_0 表示。完全侧限的应力应变条件也称为 K_0 条件。按照定义

$$K_0 = \frac{\sigma_x}{\sigma_z} = \frac{\sigma_y}{\sigma_z} \tag{5.6}$$

实验室常采用单向固结仪或特定的三轴压缩仪测定 K_0，由土的侧压力系数和泊松比的定义，由广义胡克定律可求得两者的关系：

$$K_0 = \frac{\mu}{1-\mu} \tag{5.7a}$$

或

$$\mu = \frac{K_0}{1+K_0} \tag{5.7b}$$

土的侧限压缩模量与压缩系数两者都是建筑工程中常用的表示地基土压缩性的指标，两者都由侧限压缩试验结果求得，因此两者之间并非相互独立，具有下列关系：

$$E_s = \frac{1+e_1}{a} \tag{5.8}$$

式（5.8）在工程中应用很广，证明如下：土层压缩示意如图 5.7 所示，面积为 1 的单元土柱，压缩前：固体体积为 V_s，孔隙体积为 V_{v1}，令 $V_s = 1$，土样原始体积为 $V_s(1+e_0) = 1+e_0$，试验时荷载为 F_1，则孔隙比 $e_1 = V_{v1}$，总体积为 $1+e_1$，如图 5.7 左侧所示。荷载为 F_2 时，土样继续压缩，固体体积 V_s 不变，孔隙体积受压减小为 V_{v2}，压缩后孔隙比 $e_2 = V_{v2}$，试样体积为 $1+e_2$，如图 5.7 右侧所示。因为受压过程中土柱面积不变，完全侧限土样的体积应变等于土样的竖向应变，再经过比例变换可以得到：

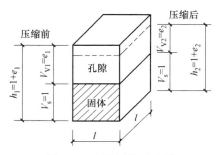

图 5.7　土层压缩示意图

$$\varepsilon = \frac{V_1 - V_2}{V_1} = \frac{h_1 - h_2}{h_1} = \frac{e_1 - e_2}{1+e_1} \tag{5.9}$$

由式（5.3）得：

$$E_s = \frac{\sigma_z}{\varepsilon} = \frac{p_2 - p_1}{e_2 - e_1}(1+e_1) = \frac{1+e_1}{a} \tag{5.10}$$

从式（5.10）可以看出，E_s 与 a 成反比，压缩模量 E_s 越大，a 就越小，说明土的压缩性就越小。实用上，当 $E_s < 4\text{MPa}$ 时，称为高压缩性土；当 $4\text{MPa} \leqslant E_s \leqslant 20\text{MPa}$ 时，称为中压缩性土；当 $E_s > 20\text{MPa}$ 时，称为低压缩性土。

5.1.3　压缩曲线的修正

土的压缩曲线通常被用来计算土的沉降，是进行土层沉降变形分析的基本依据。压缩曲线是通过室内试验得到的，室内试验所用的土样一般是扰动样（至少经历了卸载过程），由此得到的压缩曲线与原位压缩曲线有区别。为了根据室内试验的压缩曲线得到原位压缩曲线，需要对室内试验的压缩曲线进行修正。

土的压缩曲线分为正常固结曲线、超固结曲线（再压缩曲线）和欠固结曲线三种。正常固结意味着现在的有效压力等于历史上最大的有效压力，继续增加压力时，它将沿原压缩曲线的斜率而变化；超固结意味着现在的有效压力小于历史上最大的有效压力，它处于

卸载后的再压缩曲线上，将沿着再压缩曲线（或回弹曲线）而变化；欠固结土层是指在现

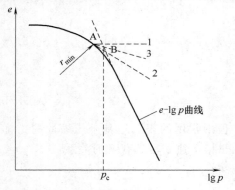

图 5.8　用卡萨格兰德作图法
确定先期固结压力

有土重作用下固结尚未完成，其先期固结压力小于现有覆盖土重，将沿着正常固结曲线继续变化。为了确定土的固结状态，需要确定先期固结压力。

1. 先期固结压力的确定

由于先期固结压力是区分土为正常固结土、超固结土和欠固结土的关键指标，因此如何确定土的先期固结压力是很重要的。Casagrande（卡萨格兰德，1936）提出了根据 e-$\lg p$ 曲线，采用作图法来确定先期固结压力的方法。其作图步骤如下，参见图 5.8。

1）e-$\lg p$ 曲线上找出曲率半径最小的一点 A，过 A 点作水平线 A1 及切线 A2；

2）做角 2A1 的角平分线 A3；

3）作 e-$\lg p$ 曲线中直线段的延长线，与 A3 交于 B 点。B 点所对应的应力即为先期固结压力 p_c。

根据卡萨格兰德作图法可以看出，先期固结压力实际上是一个压力限值，在该值两侧，土体的压缩性差别很大。也就是说，对超固结土而言，如果附加压力与自重压力的和小于 p_c，那么根据 C_c 计算所得的土体变形量会远大于实际可能发生的变形量。

2. 压缩曲线的修正

对于正常固结、超固结和欠固结三种情况，分别介绍其压缩曲线的修正方法。

1）正常固结土压缩曲线的修正

如图 5.9 所示，在室内压缩曲线上，采用卡萨格兰德作图法得到先期固结压力 p_c，根据 p_c 与土样现存的实际上覆压力 p_1，可以判定该土样为正常固结土，即 $p_c = p_1$。此时可根据 Schmertmann（施默特曼，1955）提出的方法对室内压缩曲线进行修正，从而得到土层的原位压缩曲线，具体步骤如下：

a）作点 b，其坐标为（p_c，e_0），e_0 为土样的初始孔隙比；

b）在 e-$\lg p$ 曲线上取点 c，其纵坐标为 $0.42e_0$；

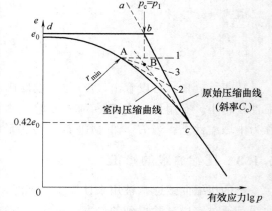

图 5.9　正常固结土的压缩曲线修正

c）连接 b、c，并认为 bc 即为土层的原位压缩曲线，其斜率为土层原位的压缩指数 C_c。

c 点是根据许多室内压缩试验发现的。因为室内试验所用的土样都是受到扰动的，但是通过试验发现，不同扰动程度的土样的压缩曲线均大致相交于一点，该点纵坐标为

$0.42e_0$；因此未扰动土样（原位）压缩曲线也应该相交于这一点。

将 bc 线向上延长，认为 ab 段代表现场成层土的历史受力过程。

过 b 点做水平线 bd，认为 bd 段代表取土时的卸载过程，即假定卸载不引起土样孔隙比的变化。

2）超固结土压缩曲线的修正

如图 5.10 所示，超固结土压缩曲线的修正需要室内回弹曲线与再压缩曲线，因此，在试验时要通过加荷—卸荷—再加荷的过程得到所需要的曲线。

超固结土的原位压缩试验可按以下步骤确定：

a）作点 b_1，其坐标为 (p_1, e_0)，p_1 为现场实际上覆压力，e_0 为土样的初始孔隙比；

b）根据室内压缩曲线求先期固结压力 p_c。作直线 $mn(p = p_c)$，要求卸荷时的压力要大于 p_c，所以一般需先通过压缩试验得出 p_c 值，再用另一个试样进行回弹再压缩试验。

c）确定室内回弹曲线与再压缩曲线的平均斜率。因回弹线与再压缩线一般并不重合，可以采用图 5.10 中所示的方法，取 gf 的连线斜率作为平均斜率。

d）过 b_1 点作 b_1b 平行于 gf，交 mn 于 b 点。

e）在室内再压缩曲线上取点 c，其纵坐标为 $0.42e_0$。

f）连接 b、c。

b_1bc 即为超固结土的原位压缩曲线。因为 b_1bc 为分段直线，所以在计算变形量时应根据附加压力的大小分段进行计算。

3）欠固结土压缩曲线的修正

欠固结土压缩曲线的修正方法与正常固结土相同，如图 5.11 所示。但是，由于欠固结土在自重应力作用下还没有完全达到固结稳定，土层现有的上覆压力已超过土层先期固结压力，即使没有外荷载作用，该土层仍会产生沉降量。因此，欠固结土的沉降不仅仅包括地基受附加应力所引起的沉降，而且还包括地基土在自重作用下尚未固结的那部分沉降。

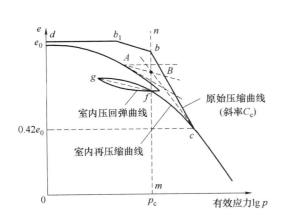

图 5.10　超固结土的压缩曲线修正

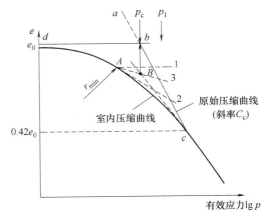

图 5.11　欠固结土的压缩曲线修正

5.1.4 各向等应力压缩试验

各向等应力是指 $\sigma_1 = \sigma_2 = \sigma_3$，也称为等向应力。此应力状态的排水压缩试验可以用常规的三轴试验仪完成。三轴试验是测定土和孔隙材料的应力应变关系和抗剪强度比较完善和比较常用的一种方法。简易的土工三轴试验仪由压力室、轴向加载系统、周围压力控制系统、力、变形和孔隙水压强测量系统等组成，如图5.12（a）所示。压力室是三轴试验仪的核心部件，它由安装有加载杆的上盖、试样底座和主体圆筒组成。试验时，用橡皮膜包裹的圆柱状土样置于试样底座和加载上盖之间，然后用压力室密封。压力室内充水并施加压强，试样在各方向均受到压强的作用，称为围压。各向等应力压缩试验就是在围压作用下的压缩试验。

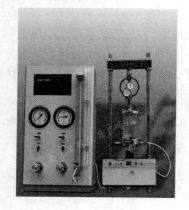 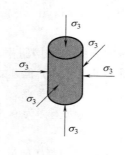 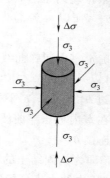

(a) 简易土工三轴试验仪　　　　(b) 三轴等向应力状态　　　　(c) 一般三轴应力状态

图 5.12　土工三轴仪及其应力状态

图5.12（b）中表示只有围压的应力状态，即三轴等向压缩应力状态。试验得到的应力-应变关系曲线称为等向压缩曲线，卸载时称为回弹曲线，典型的曲线如图5.13所示。一般情况下，等向压缩曲线可以表示为：

$$\nu = N - \lambda \ln p' \tag{5.11}$$

式中，$\nu = 1 + e$ 称为比容或比体积，N 是 $p' = 1$ 时的比体积，p' 是平均有效应力，λ 是比例系数。需要注意的是，正常固结黏土的侧限压缩试验结果也符合式（5.11），尽管它与三轴压缩试验的应力状态不同。

5.1.5 三轴压缩试验

保持围压不变或者控制围压，同时施加轴向应力，可以完成一般的三轴压缩（剪切）试验，其应力状态如图5.12（c）所示。图5.13是三轴压缩试验得到的比较典型的土的应力-应变关系曲线，其中曲线1对应超固结土或密实砂，曲线2对应正常固结土或松砂。其中，曲线2没有峰值点，主应力差随着应变的增大而增大，传统上把这一类应力-应变曲线称为加工硬化或应变硬化型；曲线1在峰值点之前也表现为加工硬化，但是在峰值点之后，主应力差随着应变的增大而减小，这种类型的应力-应变关系曲线被称为加工软化型。

5.1.6 土的应力-应变特性

土受力会产生变形。与宏观连续性材料相比，土的变形性质非常复杂，有以下主要特点：

(1) 静压屈服。即在等向应力或者体积应力（$\frac{\sigma_1+\sigma_2+\sigma_3}{3}$，在连续介质力学中称为静水压强）作用下会产生明显的体积变形，不仅会产生弹性体积应变，而且会产生塑性体积应变。

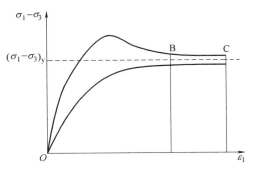

图 5.13　土的典型的应力-应变关 0 系
（加工硬化和软化）曲线示意图

(2) 有效应力决定变形。土的变形主要由外力土骨架应力，即有效应力决定，孔隙水压强的改变只引起土骨架颗粒本身的体积变化。

(3) 压硬性。土的抗剪强度，即承受剪应力的能力随着压应力的增大而增大，或者说土体的平均应力越大，土的抗剪强度越高。

(4) 剪胀性。剪应力不仅会引起剪应变，还会引起土的体积收缩或者膨胀（体积收缩可视为负膨胀）。

(5) 受加卸载过程影响。未经历卸载的土，在加载（可以称为初始加载）过程中会出现比较明显的塑性变形，如果在加载过程中卸载，卸载过程的弹性模量明显大于初始加载过程。卸载后再加载，在加载不大于卸载前的应力值时，土的塑性变形量明显小于初始加载。另外，砂性土在出现破坏后其卸载和再加载性质与未破坏时相近。

(6) 受应力路径和应力历史影响。土中一点的应力变化过程在应力坐标图中的轨迹称为应力路径；如果在此应力过程之前还经历过不同的应力过程，这一应力过程称为应力历史。土不是弹性材料，它的变形不仅取决于初始与终了的应力状态，还与其经历的应力过程和应力历史有关。

近几十年来，土力学研究人员已经提出了大量的应力-应变本构模型，主要包括弹性、弹塑性、黏弹塑性、内时塑性和损伤模型等几类。由于土的应力-应变性质非常复杂，具有非线性、弹塑性、黏塑性、剪胀性、各向异性等性状；同时，又受到应力路径和应力历史以及土的组成、结构、应力状态和温度等影响，因此大部分模型只能反映土的力学性质的某些方面或某一范围的性状。到目前为止，还没有任何一个模型能反映所有这些性质、考虑所有这些因素、适用于所有土类和荷载的情况。

5.2　弹性本构模型

土的弹性本构关系模型有很多，如理想弹性模型、横观各向同性弹性模型，非线性弹性模型等。本节简单介绍理想弹性模型和非线性弹性 E-B 模型。

5.2.1　理想弹性模型

理想弹性模型中最简单的是线弹性模型。我们知道，当应力小于屈服应力时，金属材

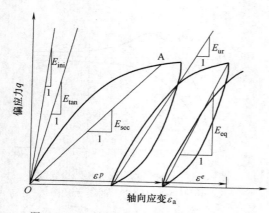

图 5.14　三轴加卸载循环的偏应力与轴向
应变之间的关系示意图

料的应力和应变之间满足胡克定律，单轴受力（拉压）条件下应力和应变之间呈现线性关系，将其推广到三维应力条件即材料的线性弹性本构模型。这是一种最简单的本构模型，其数学表达式就是广义胡克定律。土的应力应变性质远比金属材料复杂，主要表现如应力相关性和非线性。图 5.14 是给定周围压力下三轴加卸载循环试验得到的偏应力（$\sigma_1 - \sigma_3$）与轴向应变 ε_a 之间的关系曲线示意图。即使在小应变条件下，土的应力-应变关系也表现出非线性。用直线 OA 取代真实的应力-应变关系曲线建立的近似的或者假想的本构关系即为线弹性关系，其表达式是胡克定律。

$$
\left.
\begin{aligned}
\varepsilon_x &= \frac{\sigma_x}{E} - \frac{\mu(\sigma_y + \sigma_z)}{E} \\
\varepsilon_y &= \frac{\sigma_y}{E} - \frac{\mu(\sigma_x + \sigma_z)}{E} \\
\varepsilon_z &= \frac{\sigma_z}{E} - \frac{\mu(\sigma_x + \sigma_y)}{E} \\
\gamma &= \frac{\tau}{G}
\end{aligned}
\right\}
\tag{5.12}
$$

式中　E、G——分别为材料的变形模量和剪变模量，有如下关系：

$$
G = \frac{E}{2(1+\mu)} \tag{5.13}
$$

式中　μ——材料的泊松比。

在弹性理论中，还有一个常用的弹性常数，即体积弹性模量 K，简称体积模量。

$$
K = \frac{E}{3(1-2\mu)} \tag{5.14}
$$

在各向均等应力 $p = \sigma_x = \sigma_y = \sigma_z$ 作用下，p 与体积应变 ε_v 之间存在着如下关系：

$$
p = K\varepsilon_v \tag{5.15}
$$

在研究某些土力学和岩土工程问题时，用 K 和 G 两个弹性常数代替 E 和 μ 会更方便。同时，K 和 G 也可以通过试验直接测定，而 E 和 μ 值可利用式（5.16）和式（5.17）由 K、G 导出。

$$
E = \frac{9KG}{3K+G} \tag{5.16}
$$

$$
\mu = \frac{3K-2G}{2(3K+G)} \tag{5.17}
$$

式中　E、μ 和 K、G——都称为弹性系数，也称本构模型参数，在线性弹性本构模型中均取为常数。该模型适用于土中应力较小的情况，也适用于应力和应变之间的增量关系，特别是当增量较小时。

在非静水压力条件下，材料的内力（应力）不可能无限增加。当内力增大到一定数量时，材料会出现破坏。材料一点（REV）出现破坏时的应力条件，称为破坏条件，在土的抗剪强度理论一节中介绍。

5.2.2　非线性弹性模型

从图 5.14 中可以看到，土的应力-应变关系曲线是非线性的，加载过程的曲线与卸载过程的曲线也不重合，卸载后曲线的点并不回到加载的起始点，两者的差值就是加卸载过程中产生的塑性应变。根据图示的曲线可以有各种弹性模量的定义，图中给出了几种常用的定义：

（1）切线弹模，定义为应力-应变曲线上一点的切线的斜率，如图 5.14 中的 E_{tan}；

（2）割线模量，定义为应力-应变曲线上一点与起始点之间连线的斜率，如图 5.14 中的 E_{sec}；

（3）初始弹模，定义为应力-应变曲线上起始点的斜率，也是在应变极其微小时应力-应变关系曲线的切线斜率，见图 5.14 中的 E_{ini}；

（4）卸载和再加载模量，定义为卸载和再加载曲线的平均斜率，见图 5.14 中的 E_{ur}；

（5）等效弹模，定义为卸载曲线峰值点连线的斜率，见图 5.14 中的 E_{eq}。

Duncan 和 Chang（1970）采用双曲线方程拟合三轴试验得到的土的应力-应变关系，建立了土的 E-B 非线性弹性模型，是目前应用最为广泛的模型之一，此处的 E 表示应力-应变关系曲线的切线弹性模量，B 表示切线体积变形模量。

三轴试验得到的土的应力-应变关系如图 5.15（a）所示，用双曲线方程表示为：

$$(\sigma_1 - \sigma_3) = \frac{\varepsilon_1}{a + b\varepsilon_1} \tag{5.18}$$

式中　　ε_1——轴向应变；

$(\sigma_1 - \sigma_3)$——主应力差；

a 和 b——应力-应变关系试验曲线用双曲线函数表示时的参数，见图 5.15（b）。

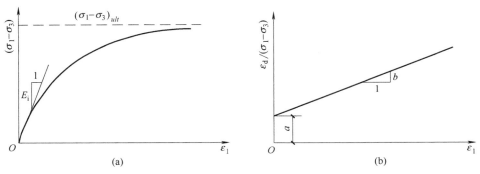

图 5.15　用双曲线函数表示图的应力-应变关系

式（5.18）可改写为：

$$\frac{\varepsilon_1}{\sigma_1 - \sigma_3} = a + b\varepsilon_1 \tag{5.19}$$

双曲线参数 a 在图 5.15（b）中为垂直轴的截距，其倒数 $1/a$ 为图 5.15（a）中应力-应变曲线的初始切线斜率；双曲线参数 b 在图 5.15（b）中为直线斜率，它的倒数 $1/b$ 为图 5.15（a）中应力-应变曲线的渐进线值 $(\sigma_1-\sigma_3)=(\sigma_1-\sigma_3)_{ult}$。Duncan-Chang 建议将式（5.18）改写成：

$$(\sigma_1-\sigma_3)=\frac{\varepsilon_1}{\dfrac{1}{E_i}+\dfrac{R_f\varepsilon_1}{(\sigma_1-\sigma_3)_f}} \tag{5.20}$$

其中，初始弹性模量 E_i 为：

$$E_i=\frac{1}{a} \tag{5.21}$$

破坏比 R_f 定义为：

$$R_f=\frac{(\sigma_1-\sigma_3)_f}{(\sigma_1-\sigma_3)_{ult}}=b(\sigma_1-\sigma_3)_f \tag{5.22}$$

R_f 值一般在 $0.75\sim1.0$ 之间。式中，$(\sigma_1-\sigma_3)_f$ 土样破坏时的主应力差，$(\sigma_1-\sigma_3)_{ult}$ 表示双曲线渐近线所对应的主应力差。

根据 Janbu（1963）的建议，土体初始弹性模量可表示为：

$$E_i=KP_a\left(\frac{\sigma_3}{P_a}\right)^n \tag{5.23}$$

式中　P_a——单位应力值（或大气压力值）；

K、n——试验常数，称为弹性模量系数和弹性模量指数，对于正常固结黏土 $n=1$，一般在 $0.2\sim1.0$ 之间；K 值对不同土类变化范围较大，可能小于 100，也可能大于数千。

土体切线弹性模量可表示为：

$$E_i=\frac{\partial(\sigma_1-\sigma_3)}{\partial\varepsilon_1} \tag{5.24}$$

结合式（5.20）可得：

$$E_t=\frac{1/E_i}{\left[\dfrac{1}{E_i}+\dfrac{R_f\varepsilon_1}{(\sigma_1-\sigma_3)_f}\right]^2} \tag{5.25}$$

根据 Mohr-Coulomb 破坏准则可以得到下式：

$$(\sigma_1-\sigma_3)_f=\frac{2c\cos\varphi+2\sigma_3\sin\varphi}{1-\sin\varphi} \tag{5.26}$$

式中　c——土的黏滞力；

φ——土体内摩擦角；

$(\sigma_1-\sigma_3)_f$——破坏时的主应力差。

结合式（5.20）、式（5.23）、式（5.25）和式（5.26），可得到切线弹性模量的表达式：

$$E_t=KP_a\left(\frac{\sigma_3}{P_a}\right)^n\left[1-\frac{R_f-(1-\sin\varphi)(\sigma_1-\sigma_3)}{2c\cos\varphi+2\sigma_3\sin\varphi}\right]^2 \tag{5.27}$$

卸载和再加载的弹性模量值 E_{ur} 的表达式可以写成：

$$E_{ur} = K_{ur} P_a \left(\frac{\sigma_3}{P_a} \right)^n \qquad (5.28)$$

式中　K_{ur}——卸载和再加载试验曲线的斜率，可以通过试验测定，一般情况下 $K_{ur} > K$。

式（5.27）和式（5.28）是 Duncan 和 Chang（1970）提出的土的非线性弹性模型的切线模量方程。加载过程采用式（5.27），卸载和重复加载过程采用式（5.28）计算。

Duncan 和 Chang 的非线性弹性模型也曾提出包含 6 个土性参数的切线泊松比的表达式，但是未能得到广泛应用。上面的模型称为 Duncan-Chang E-v 模型，后来修改变为 E-B 模型。其中，B 为切线体积变形模量。Duncan-Chang E-B 模型的切线杨氏弹性模量仍然采用式（5.27）和式（5.28）计算。根据弹性理论，切线体积模量 B 定义为

$$B = \frac{\Delta\sigma_1 + \Delta\sigma_2 + \Delta\sigma_3}{\Delta\varepsilon_v} \qquad (5.29)$$

式中　$\Delta\varepsilon_v$——体积应变增量。

对常规三轴试验，在轴向压缩过程中，$\Delta\sigma_2 = \Delta\sigma_3 = 0$，$\Delta\sigma_1 = \sigma_2 - \sigma_3$。于是，式（5.29）可简化为

$$B = \frac{\sigma_1 - \sigma_3}{\Delta\varepsilon_v} \qquad (5.30)$$

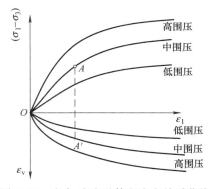

图 5.16 为土体应力-应变及体积应变关系曲线，从图中可以看出，B 值与强度发挥程度和围压值有关。Duncan 等（1980）根据对许多土类的试验研究结果提出以下取值意见：

（1）如果土体强度发挥度达到 70% 时所对应的体积应变-轴向应变关系曲线尚未达到水平切线相切点时，取土体强度发挥度达到 70% 时所对应的 B 值。

图 5.16　应力-应变及体积应变关系曲线

（2）如果土体强度发挥度小于 70% 时，体积应变-轴向应变曲线已达到水平切线相切点处，则取水平切线切点处对应的 B 值。

至于 B 值与围压的关系，建议采用下式计算：

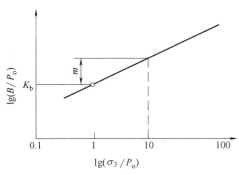

图 5.17　体积模量与围压关系曲线

$$B = K_b P_a \left(\frac{\sigma_3}{P_a} \right)^m \qquad (5.31)$$

式中　P_a——大气压力或单位压力；

　　　K_b——体积模量系数；

　　　m——体积模量指数，是无量纲系数。

对大多数的土，m 值变化范围为 $0 \sim 1.0$。体积模量与围压之间的关系如图 5.17 所示，体积模量与泊松比的关系为 $v_t = 0.5 - E_t / 6B$，因此体积模量 B 的变化范围为 $E_t/3 \sim 17E_t$，相应的泊松比值为 $0 \sim 0.49$。

Duncan 等建立的 E-B 模型共有 8 个参数，分别是 K、K_{ur}、n、c、φ、R_f、K_b 和 m。这些参数均可通过常规三轴试验测定，需要注意的是其中的应力均为有效应力。

5.3 弹塑性模型

线弹性模型表示的是应力-应变关系，在卸去荷载（应力）后，材料的变形可以完全恢复，没有任何的塑性变形。实际的土即使在很小的荷载作用下，也会产生不可恢复的变形，即塑性变形。邓肯-张建立的非线性弹性模型，用不同的加载模量和卸载模型表达式，可以反映不可恢复的变形；它完全基于试验曲线的拟合，是经验性的。邓肯-张模型建立在广义胡克定律基础上，只适用于土体处在破坏以前的状态，并且不能反映土的剪胀性，也不能反映中主应力对模量的影响。除了非线性弹性模型，在金属材料的弹塑性理论基础上，还发展了土的弹塑性本构理论，提出了许多弹塑性本构模型，主要如理想弹塑性模型、剑桥模型、修正剑桥模型、Lade-Duncan 模型、南水模型、清华模型等。

5.3.1 理想弹塑性模型

理想弹塑性模型是最简单的弹塑性模型，其应力-应变关系如图 5.18 所示。真实材料的应力-应变关系一般不可能用理想弹塑性模型描述。在接近理想弹塑性的条件下将其简化，可以使得求解某些弹塑性力学问题成为可能。

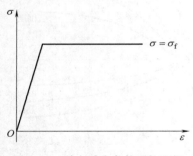

图 5.18 单向受力条件下的理想
弹塑性应力-应变关系

理想弹塑性模型可以分成理想弹性（线弹性）和理想塑性两个阶段。单向受力条件下的理想弹塑性应力-应变关系如图 5.18 所示，可以表示成：

$$\begin{cases} \sigma = E\varepsilon，当 \tau < \tau_f，即 \sigma < \sigma_f 时 \\ \sigma = \sigma_f，当 \tau = \tau_f，即 \sigma = \sigma_f 时 \end{cases} \quad (5.32)$$

式中　σ——正应力；

ε——正应变；

E——弹性模量；

τ——一点的某一平面上的剪应力；

τ_f——相应的抗剪强度；

σ_f——对应抗剪强度的正应力。

式（5.32）表达的是：理想弹性阶段应力-应变关系用广义胡克定律公式描述；理想塑性阶段，在一点的某一平面的某一方向上，剪应力等于抗剪强度，应变无限增长。

5.3.2 剑桥模型

20 世纪 50 年代末 60 年代初，英国剑桥大学的 Roscoe 和他的同事在正常固结黏土和超固结黏土试样的排水和不排水三轴试验的基础上，根据 Rendulic（1936）提出的饱和黏土有效应力和孔隙比有唯一对应关系的研究结果，提出完全状态边界面的思想。他们假定土体是加工硬化材料，服从相关联流动法则，应用能量方程建立剑桥模型（Cam clay 模型）。剑桥模型又称为临界状态模型。这个模型从理论上阐明了土弹塑性变形特性，标志着土的本构理论发展进入一个新阶段。下面简要介绍剑桥模型的一些基本概念。

1. 临界状态线和 Roscoe 面

前面已经提到，各向等应力固结过程中，孔隙比 e 或比容 v（$v = 1+e$）与有效应力的关系可用下式表示：

$$v = N - \lambda \ln p' \tag{5.33}$$

式中　N——当 $p' = 1.0$ 时的比体积。

因此

$$p' = \exp\left(\frac{N-v}{\lambda}\right) \tag{5.34}$$

正常固结黏土的排水和不排水三轴试验（CD 和 CU 试验，也记成 CID 和 CIU 试验）表明：他们有一条共同的破坏轨迹，与排水条件无关。破坏轨迹在 p'-q 平面上是一条过原点的直线，在 v-$\ln p'$ 平面上也是直线且与正常固结线平行，分别如图 5.19（a）、（b）所示。破坏轨迹线可用下式表示：

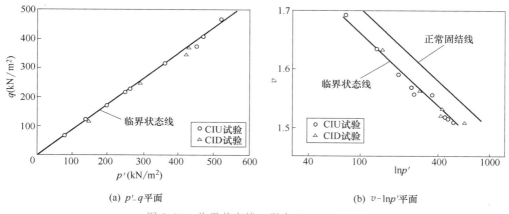

(a) p'-q 平面　　　　　　　(b) v-$\ln p'$ 平面

图 5.19　临界状态线（引自 Parry，1960）

$$q_{CS} = MP'_{CS}，\quad v_{CS} = \Gamma - \lambda \ln P'_{CS} \tag{5.35}$$

式中　CS——临界状态；

　　　M——p'-q 平面上临界状态线的斜率；

　　　Γ——$P'_{CS} = 1$ 时的土比体积；

　　　λ——v-$\ln p'$ 平面上临界状态线的斜率。

一旦土的应力路径到达这条线，土体就会发生塑性流动。这时，土体被认为处于临界状态，破坏轨迹被称为临界状态线。临界状态线在 p'，q，v 空间为一条曲线，如图 5.20 中的 ABC 所示。

图 5.21 中 AB 为土的 CD 试验在 p'，q，v 空间的应力路径。它一定落在平行于 v 轴，且通过 p'，q 平面上斜率为 3 的直线 A_1B_1 的"排水平面"上。应力路径起自正常固结线，结束于临界状态线。CU 试验在 p'，q，v 空间的应力路径如图 5.21 中的曲线 AB 所示。它一定落在比体积等于常数的"不排水平面"上，并且也起自正常固结线，结束于临界状态线。

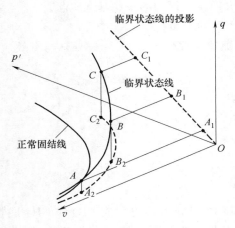

图 5.20 p', q, v 空间中的临界状态线

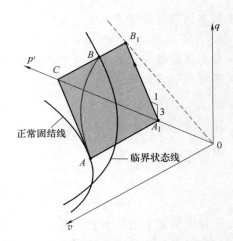

图 5.21 正常固结黏土 CD 试验应力路径

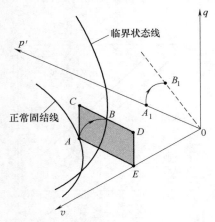

图 5.22 正常固结黏土 CU 试验应力路径

固结应力不同的正常固结排水三轴试验应力路径族在 p', q, v 空间形成一个曲面。同样地，固结压力不同的正常固结不排水试验的应力路径族在 p', q, v 空间也形成一个曲面。两个曲面都处于正常固结线和临界状态线之间（图 5.22）。

Rendulic（1936）分析了许多三轴试验的结果，首先提出饱和黏土有效应力和孔隙比成唯一关系的结论。Henkel（1960）把饱和 Weald 黏土的固结排水三轴试验得到的等含水量线同固结不排水三轴试验得到的应力路径（也是等含水量线）画在一起，发现其形状是一致的，如图 5.23 所示。等含水量线也就是等比体积线，这样的图称为 Rendulic 图。

由 Rendulic 的有效应力与孔隙比的关系图可知，饱和黏土的有效应力与孔隙比之间存在唯一关系。也就是说，对于所有的正常固结排水和不排水试验来说，应力和比体积之间有唯一的关系，与排水条件无关。由 CD 试验应力路径族形成的曲面和由 CU 试验应力路径族形成的曲面是同一个曲面。换句话说，所有正常固结三轴试验的应力路径都在这个面上。这个曲面称为 Roscoe 面，见图 5.24。

对任意孔隙比 e 定义一个等效应力 p'_e，p'_e 是各向等压正常固结达到给定孔隙比时的固结压力。因此，对于任意比体积 v

$$p'_e = \exp\left(\frac{N-v}{\lambda}\right) \tag{5.36}$$

在 $p'/p'_e\text{-}q/p'_e$ 平面上，Roscoe 曲面成为一条曲线，如图 5.25 所示。

2. Hvorslev 面

在归一化坐标平面 $p'/p'_e\text{-}q/p'_e$ 上，可以直接比较超固结土样排水和不排水三轴试验的破坏点。

图 5.26 引自 Parry（1960）用 Weald 黏土重塑制成的超固结土样进行排水和不排水

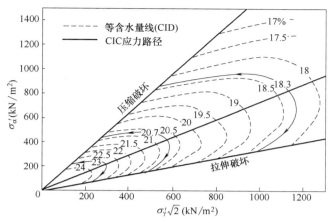

图 5.23　CD 试验和 CU 试验等含水量线（Weald 土，引自 Henkel，1960）

三轴试验的结果。破坏点轨迹接近成一条直线。在图 5.27 中，把破坏点轨迹简化成一条直线 AB。OA 相当于受拉应力破坏，斜率为 3。直线 AB 限制在直线 0A 的右边，临界状态线（点 B）的左边。当然，如果土体能承受拉应力，相应的张拉破坏线在 0A 线的左边。

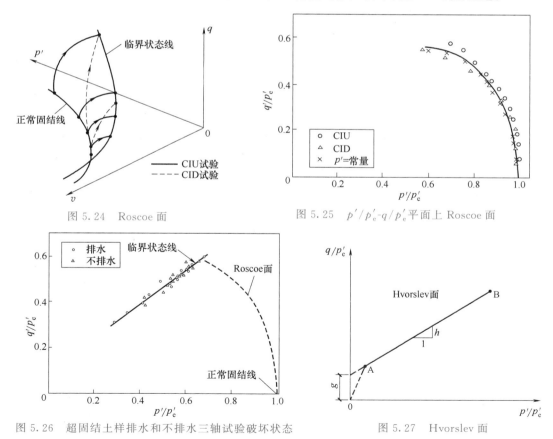

图 5.24　Roscoe 面

图 5.25　p'/p'_e-q/p'_e 平面上 Roscoe 面

图 5.26　超固结土样排水和不排水三轴试验破坏状态

图 5.27　Hvorslev 面

通常，把图 5.27 中破坏点轨迹称为 Hvorslev 面。在归一化坐标平面上，Hvorslev 面的方程为：

$$q/p'_e = g + h(p'/p'_e) \tag{5.37}$$

式中　g——纵坐标上截距；

　　　h——直线斜率。

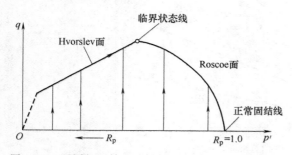

图 5.28　不同超固结比土样的 CU 试验简化应力路径

Parry（1973）指出，超固结土样的应力路径，在达到破坏点后应变增大时趋向临界状态。超固结比值（$R_p = OCR$）不同土样，不排水三轴试验的归一化应力路径可简化为如图 5.28 所示。各种超固结比值土样的应力路径都趋向临界状态线，与初始的状态无关。达到临界状态需要有大的应变，这样程度的应变在三轴仪中是不能产生的。对超固结土样破坏后趋向临界状态，至今尚未有令人信服的证据。

3. 完全的状态临界面

在 p'，q，v 空间中，正常固结和超固结土样的应力路径不能超过 Roscoe 面和 Hvorslev 面，处在这两个面包围的空间中。正常固结土应力路径都在 Roscoe 面上，超固结状态用位于该面下的点表示，在该面以上是不可能有点来表示应力状态的。Roscoe 面成为一个边界，在该面的面上或以下是可能的状态，在该面以上是不可能的状态，Roscoe 面成为状态边界面。超固结土样的应力路径在土样破坏时到达 Hvorslev 面，在土样破坏后应变增大时趋向临界状态。Hvorslev 面也是一个边界，在该面的面上或以下是可能的状态，在该面以上是不可能的状态，Hvorslev 面也成为状态边界面。因为通常假设土不能承受有效拉应力，状态边界面限于 σ'_3 不能小于零的情况。当 σ'_3 等于零时，$q = \sigma'_1$，$p' = \frac{1}{3}\sigma'_1$，所以 $q/p' = 3$。因此，状态边界面受到对 p' 轴倾斜坡度为 3：1 的平面所限制。这样由 Roscoe 面、Hvorslev 面和对 p' 轴倾斜坡度为 3：1 的平面就构成了一个完全的状态边界面。在三个面包围的空间中的状态是可能的状态。在 p'，q，v 空间中的完全的状态边界面，如图 5.29 所示。在归一化坐标平面 p'/p'_e-q/p'_e 上的完全的状态边界面如图 5.30 所示。Hvorslev 状态边界面的方程前面已经得到，如式（5.37）所示。

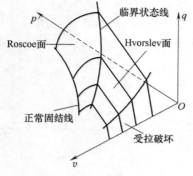

图 5.29　p'，q，v 空间中的完全的状态边界面

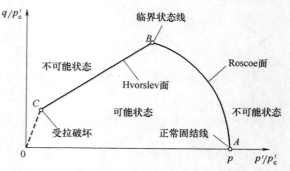

图 5.30　p'/p'_e-q/p'_e 平面上完全的状态边界面

4. 能量方程

土体在外力作用下，发生体积应变增量 $\delta\varepsilon_v$ 和剪切应变增量 $\delta\varepsilon_s$。体积应变和剪切应变分别由弹性变形和塑性变形两部分组成，其表达式为：

$$\delta\varepsilon_v = \delta\varepsilon_v^e + \delta\varepsilon_v^p \tag{5.38}$$

$$\delta\varepsilon_s = \delta\varepsilon_s^e + \delta\varepsilon_s^p \tag{5.39}$$

相应外力所做的功记为：

$$\delta E = p'\delta\varepsilon_v + q\delta\varepsilon_s \tag{5.40}$$

其中，一部分为可恢复的弹性能，一部分为不可恢复的耗散功（或塑性功），即

$$\delta E = \delta w_e + \delta w_p \tag{5.41}$$

弹性能和耗散功分别记为：

$$\delta w_e = p'\delta\varepsilon_v^e + q\delta\varepsilon_s^e \tag{5.42}$$

$$\delta w_p = p'\delta\varepsilon_v^p + q\delta\varepsilon_s^p \tag{5.43}$$

在剑桥模型中，假定弹性体积应变可以由各项等压固结试验中的回弹曲线求得，即：

$$\delta\varepsilon_v^e = \frac{\kappa}{1+e}\frac{\delta p'}{p'} \tag{5.44}$$

它还假定剪切变形中的弹性部分 $\delta\varepsilon_v^e$ 等于零，也就是假定一切剪应变都是不可恢复的。于是，式（5.39）可改写为：

$$\delta\varepsilon_s = \delta\varepsilon_s^p \tag{5.45}$$

结合式（5.42）和式（5.44），并考虑到 $\delta\varepsilon_s^e = 0$，得

$$\delta w_e = \frac{\kappa}{1+e}\delta p' \tag{5.46}$$

图 5.31 表示土样在单向剪切时的变形情况。土样高为 H，水平截面积为 A。剪切变形后，水平位移为 $\mathrm{d}u$，竖向位移为 $\mathrm{d}v$，如图 5.30 中所示。在剪切变形过程中，正应力 σ_y' 和剪应力 τ_{xy} 所做的功等于 $\tau_{xy}A\,\mathrm{d}u - \sigma_y'A\,\mathrm{d}v$。假设由于摩擦所产生的能量消耗与摩擦系数 μ，法向力 $\sigma_y'A$ 和水平位移 $\mathrm{d}u$ 成正比。同时，假设正应力和剪应力所做的功等于摩擦产生的能量消散，于是下式成立：

$$\tau_{xy}A\,\mathrm{d}u - \sigma_y'A\,\mathrm{d}v = \mu\sigma_y'A\,\mathrm{d}u \tag{5.47}$$

式（5.47）也可改写为

$$\frac{\tau_{xy}}{\sigma_y'} = \mu + \frac{\mathrm{d}v}{\mathrm{d}u} \tag{5.48}$$

式（5.48）表示 τ_{xy}/σ_y' 不但与摩擦系数有关，也与土体的剪胀性有关。为了适用更一般的情况，采用等效的符号改写式（5.48），得

$$\frac{q}{p'} = M - \frac{\mathrm{d}\varepsilon_v^p}{\mathrm{d}\varepsilon_s^p} \tag{5.49}$$

式中的负号是由于 $-\mathrm{d}\varepsilon_v$ 代表膨胀引起的。这也是剑桥模型的假设之一。

将式（5.49）代入式（5.43），并考虑 $\mathrm{d}\varepsilon_s^e = 0$，得

$$\delta w_p = Mp'\delta\varepsilon_s \tag{5.50}$$

结合式（5.40）、式（5.41）、式（5.46）和式（5.50），得到能量方程：

$$p'\delta\varepsilon_v + q\delta\varepsilon_s = \frac{k\delta p'}{1+e} + Mp'\delta\varepsilon_s \tag{5.51}$$

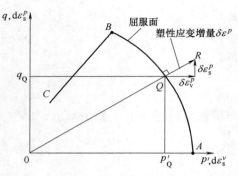

图 5.31 屈服时塑性应变增量

5. 剑桥模型屈服面方程

剑桥模型屈服面在 p'，q，v 空间，记为 Roscoe 状态边界面。剑桥模型中，假设土体是加工硬化材料，并服从相关联的流动法则。因此，可以假定其塑性势面和屈服面是重合的。在图 5.31 中，应力平面和应变平面重合，曲线 AB 为屈服轨迹，$\delta\varepsilon^p (QR)$ 为屈服时塑性应变增量，$\delta\varepsilon_v^p$ 为塑性体积应变增量分量，$\delta\varepsilon_s^p$ 为塑性剪切应变增量分量。

根据正交定律，在屈服轨迹上任何一点 Q 处，应满足下列条件：

$$\frac{\delta q}{\delta p'} = -\frac{\delta\varepsilon_v^p}{\delta\varepsilon_s^p} \tag{5.52}$$

式 (5.52) 的几何意义是塑性应变增量，与过 Q 点的屈服面法线方向重合。由能量方程式 (5.51)，得

$$\delta\varepsilon_v = \frac{k\delta p'}{(1+e)p'} + M\delta\varepsilon_s - \frac{q}{p'}\delta\varepsilon_s \tag{5.53}$$

结合式 (5.38)、式 (5.44)、式 (5.52) 和式 (5.53)，得

$$\frac{\delta q}{\delta p'} - \frac{q}{p'} + M = 0 \tag{5.54}$$

将式 (5.54) 积分，可得

$$\frac{q}{Mp'} + \ln p' = C \tag{5.55}$$

式中　C——积分常数。

如果屈服面轨迹经过正常固结线上一点 A $(p'_0, 0, v_0)$，则

$$C = \ln p'_0 \tag{5.56}$$

如果已知屈服面轨迹经过临界状态线上一点 B (p'_x, q_x, v_x)，则

$$C = \frac{q_x}{Mp'_x} + \ln p'_x \tag{5.57}$$

将式 (5.56) 或式 (5.57) 代入式 (5.55)，可得屈服轨迹在 p'，q 平面上投影的公式：

$$\frac{q}{p'} - M\ln\frac{p'_0}{p'} = 0 \tag{5.58}$$

或

$$\frac{q}{p'} - M\ln\frac{p'_x}{p'} - M = 0 \tag{5.59}$$

屈服轨迹沿着正常固结线或沿着临界状态线移动所形成的曲面就是屈服面，也就是 Roscoe 状态临界面。在归一化应力平面上，剑桥模型的屈服面如图 5.32 所示。

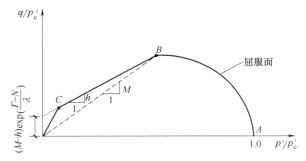

图 5.32 剑桥模型的屈服面

我们已经知道，Roscoe 面处在正常固结线和临界状态线之间。已知屈服面轨迹方程，可结合正常固结线或临界状态线得到 Roscoe 状态临界面方程。剑桥模型假定在同一屈服轨迹上塑性体积应变 $\varepsilon_{\mathrm{v}}^{p} =$ 常数，也就是

$$\delta \varepsilon_{\mathrm{v}}^{p} = 0 \tag{5.60}$$

即

$$\delta v^{p} = 0 \tag{5.61}$$

体积应变增量等于弹性体积应变增量和塑性体积应变增量之和，也可表示为：

$$\delta v = \delta v^{p} + \delta v^{e} \tag{5.62}$$

结合式（5.44）和式（5.61），得

$$\delta v = \frac{k}{p'} \delta p' = 0 \tag{5.63}$$

积分式（5.63），得

$$v = N_{\kappa} - k \ln p' \tag{5.64}$$

这说明，屈服轨迹在 v，p' 平面上的投影，必须落在一根各向等压固结回弹曲线上。

该屈服面与临界状态线上一个共同点 B（p'_{x}，q_{x}，v_{x}），它一定落在一根各向等压固结回弹曲线上，由式（5.64），得

$$N_{\kappa} = v + k \ln p' = v_{x} + k \ln p'_{\mathrm{x}} \tag{5.65}$$

B 点在临界状态线上，应满足

$$v_{\mathrm{x}} = \Gamma - \lambda \ln p'_{\mathrm{x}} \tag{5.66}$$

$$q_{\mathrm{x}} = M p'_{\mathrm{x}} \tag{5.67}$$

结合式（5.59）、式（5.65）和式（5.66），可以消去 v_{x} 和 p'_{x}，得到 Roscoe 状态边界面的方程，也就是剑桥模型屈服面的方程。

$$q = \frac{MP'}{\lambda - \kappa} (\Gamma + \lambda - k - v - \lambda \ln p') \tag{5.68}$$

同理，考虑屈服面与正常固结线上一个共同点 A（p'_{0}，0，v_{0}），也可得到屈服面方程。A 点也一定落在一根各向等压固结回弹曲线上，即满足

$$N_{\kappa} = v + \kappa \ln p' = v_{0} + \kappa \ln p'_{0} \tag{5.69}$$

A 点在正常固结线上，满足

$$v_{0} = N - \lambda \ln p'_{0} \tag{5.70}$$

结合式（5.58）、式（5.69）和式（5.70），可以消去 v_{0} 和 p'_{0} 得到另一形式的屈服面

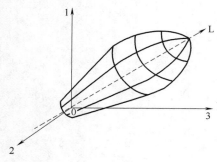

图 5.33　剑桥模型

方程：

$$q = \frac{MP'}{\lambda - \kappa}(N - v - \lambda \ln p') \tag{5.71}$$

式（5.68）和式（5.71）表示同一个屈服面，两式应相等。几个反映土的性质的参数应满足

$$N - \Gamma = \lambda - \kappa \tag{5.72}$$

在主应力空间，剑桥模型的屈服面形式如图 5.33 所示。屈服面形状为弹头形。屈服面像一顶帽子，人们称这类模型为帽子模型（Cap Model）。

5.3.3　修正剑桥模型

Roscoe 和 Burland（1968）对他们自己提出的剑桥模型作了两点重要的修正。一是对剑桥模型的弹头形屈服面形状作了修正，认为屈服面在 p'，q 平面上应为椭圆。修正后的模型通常称为修正剑桥模型。二是修正了剑桥模型，认为在状态边界面内土体变形是完全弹性的观点。认为在状态边界面内，当剪应力增加时，虽不产生塑性体积变形，但产生塑性剪切变形。这可以认为是对修正剑桥模型的再次修正。

Burland（1965）研究了剑桥模型屈服面与临界状态线交点 A 点和与正常固结线交点 B 点的变形情况（图 5.34）。在 A 点，土处于塑性流动状态，土体体积不变，$\delta\varepsilon_{\mathrm{v}}^p = 0$，而 $q = Mp'$。代入下述塑性功增量方程

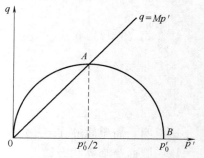

图 5.34　修正剑桥模型的屈服面

$$\delta w_{\mathrm{p}} = p'\delta\varepsilon_{\mathrm{v}}^p + q\delta\varepsilon_{\mathrm{s}}^p \tag{5.73}$$

可得

$$(\delta w_{\mathrm{p}})_{q = Mp'} = p'M\delta\varepsilon_{\mathrm{s}}^p \tag{5.74}$$

在 B 点，$q = 0$，$\delta\varepsilon_{\mathrm{s}}^p = 0$。代入式（5.73），得

$$(\delta w_{\mathrm{p}})_{q = 0} = p'\delta\varepsilon_{\mathrm{v}}^p \tag{5.75}$$

满足式（5.74）和式（5.75）的一般表达式如下

$$\delta w_{\mathrm{p}} = p'\left[(\delta\varepsilon_{\mathrm{v}}^p)^2 + (M\delta\varepsilon_{\mathrm{s}}^p)^2\right]^{\frac{1}{2}} \tag{5.76}$$

结合式（5.73）和式（5.76），得

$$\frac{\delta\varepsilon_{\mathrm{v}}^p}{\delta\varepsilon_{\mathrm{s}}^p} = \frac{M^2 - (q/p')^2}{2q/p'} \tag{5.77}$$

流动规则，上式可改写为

$$\frac{\mathrm{d}q}{\mathrm{d}p'} = \frac{(q/p')^2 - M^2}{2q/p'} \tag{5.78}$$

积分上式，根据边界条件，可得

$$p'\left\{\frac{(q/p')^2+M^2}{M^2}\right\}=p'_0 \tag{5.79}$$

上式可改写为

$$\left(\frac{p'-p_0/2}{p_0/2}\right)^2+\left(\frac{q}{Mp_0/2}\right)^2=1 \tag{5.80}$$

上式在 p'，q 平面为椭圆方程，椭圆中心为 $(p_0/2, 0)$，见图 5.34。

与实测结果比较，由剑桥模型计算得到的应变值，一般偏大；由修正剑桥模型得到的计算应变值，一般偏小。但总的情况，修正剑桥模型比剑桥模型好一些。

剑桥模型认为，在状态边界面内，土的变形是完全弹性的。1968 年，Roscoe 和 Burland 对他们自己提出的观点作了修正。他们认为，在状态边界面内时，当剪应力增加时，不产生塑性体积应变，但产生塑性剪切变形。在状态边界面内存在一个新的屈服面，在 p'，q 平面上如图 5.35 中 $X'E'_1$ 所示。整体屈服面由修正剑桥模型屈服面 $X'A'_1$ 和新屈服面 $X'E'_1$ 组成。

GX' 为屈服面 $X'A'_1$ 过 X' 点的切线。屈服面 $X'A'_1$ 和屈服面 $X'E'_1$ 在 p'，q 平面上把应力区分成四个部分。由 $X'A'_1$ 和 $X'E'_1$ 包

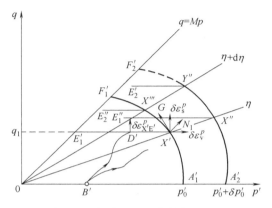

图 5.35　状态边界面内的新屈服面

围的区域为弹性区，应力点在该区土体只发生弹性变形。由 $X'A'_1$ 和 $X'X''$ 包围形成的区域，土体屈服时，塑性应变计算同修正剑桥模型。由 $X'E'_1$ 和切线 GX' 围成的区域其塑性剪切变形增量为 $\delta\varepsilon^p_{\mathrm{SX'E'_1}}$。由切线 GX' 和 $X'X''$ 围成的区域中塑性变形为三部分之和，塑性剪应变增量 $\delta\varepsilon^p_{\mathrm{SX'A'_1}}$，$\delta\varepsilon^p_{\mathrm{SX'A'_1}}$ 和塑性体积应变增量 $\delta\varepsilon^p_{\mathrm{VX'A'_1}}$。

在屈服面内，当剪应力增加，应力状态接触到新屈服面 $X'E'_1$ 时，如图中应力路径 $B'D'$ 所示。在加载条件下，土体的塑性剪切变形可表示为：

$$\delta\varepsilon^p_{\mathrm{SX'E'_1}}=\left(\frac{\mathrm{d}\varepsilon^p_s}{\mathrm{d}\eta}\right)_{v^p}\delta\eta \tag{5.81}$$

式中，下标 v^p 表示塑性体积变形不变。通过试验测定 $(\varepsilon^p_s)_{v^p}\sim\eta$ 的关系，由式 (5.81) 可以得到塑性剪切应变 $\delta\varepsilon^p_{\mathrm{SX'E'_1}}$ 值。

5.4　基于试样局部变形测量的土应力-应变关系研究

到目前为止，几乎所有的应力-应变本构关系研究都是以土样整体的应力-应变试验曲线为依据，模型建立在土样整体的应力-应变关系曲线基础上。只有在土样各处的受力和变形相同的条件下，这样的依据才是合理的。如果土样不同部位的受力和变形形态不同，这时依据土样整体的应力-应变关系曲线建立的本构关系模型不能反映土体某一点（REV）的真实的应力-应变性质。因此，有必要探求试验中土样局部点（REV）的应力-应变关系。

5.4.1 土样局部变形测量

为了测量非饱和状态土样的变形,邵龙潭和他的学生们研发了土样全表面变形(应变)测量系统,可以在三轴和平面应变试验中测量土样表面的变形(应变)分布,得到土样整体和局部点(REV)的变形(应变)以及土样全表面的变形(应变)分布。图5.36~图5.38给出了一组烘干的硅微粉,在三轴试验中试样在不同时刻的变形形态和表面轴向变形、径向应变和轴向应变分布。其中,图5.36(a)为试验初始阶段,试样整体轴向应变5%;图5.36(b)为试样整体应力达到峰值时刻,轴向应变约10%;图5.36(c)是在形成贯穿试样的剪切带之后,试样整体轴向应变15%。

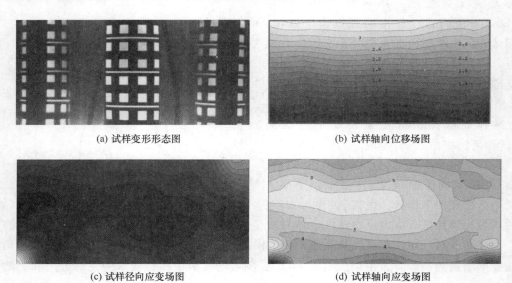

(a) 试样变形形态图 (b) 试样轴向位移场图

(c) 试样径向应变场图 (d) 试样轴向应变场图

图5.36　硅微粉在试验初始阶段的变形形态及变形和应变场图

图5.36(a)显示,在试验初始阶段试样,保持较好的圆柱体形态。从试样的轴向位移场图5.36(b)可以看出,轴向位移比较均匀,每一层土样的位移值基本一致,试样表面没有明显的局部化变形。可以认为,此时试样满足平面变形假定,即试样在变形过程中各层的土体仍然处于同一截面内,层间没有土体质量交换。图5.36(c)、(d)的径向应变场图与轴向应变场图的变化规律相似,试样的每一截面的应变比较均匀。受端部约束等因素影响,试样中间的应变较大,两端的应变比较小。

当试验达到应力峰值时,从图5.37(a)的土样变形形态图可看到试样中部出现了轻微的鼓胀现象;图5.37(c)和图5.37(d)的径向应变场图和轴向应变场图显示土样的中部已经出现局部变形趋势,并开始向试样的右下方扩展延伸。

当剪切带从试样的左上方至右下方贯穿试样后,试样被剪切带分成了两部分,如图5.38(a)所示。此时,从图5.38(b)的轴向位移场中可以观察到试样剪切带内部位移值最大,并且变形相对比较集中。图5.38(c)、(d)的径向应变场和轴向应变场具有相似的分布规律。在三种场图中,都显示出了明显的剪切带轮廓。

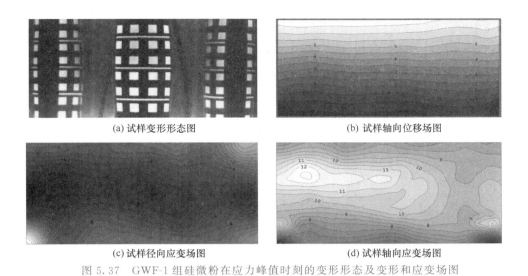

(a) 试样变形形态图   (b) 试样轴向位移场图

(c) 试样径向应变场图   (d) 试样轴向应变场图

图 5.37 GWF-1 组硅微粉在应力峰值时刻的变形形态及变形和应变场图

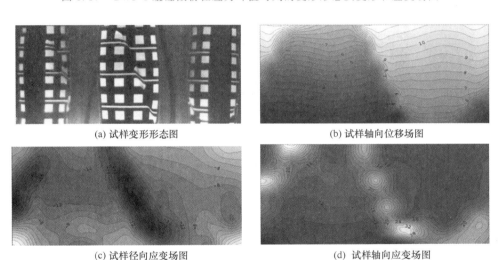

(a) 试样变形形态图   (b) 试样轴向位移场图

(c) 试样径向应变场图   (d) 试样轴向应变场图

图 5.38 组硅微粉在剪切破坏后的变形形态图及变形和应变场图

土样的剪切破坏从一点开始，随着荷载增加，破坏区逐渐延伸扩展直至贯穿整个试样形成剪切带。同时，进行了大量的三轴剪切试验，发现剪切破坏总是开始于土样整体应力应变关系曲线的峰值点之前，并且土体的变形在不同阶段具有不同的性质。根据试验加载过程中土样的变形特点，把三轴剪切破坏过程和土样的应力-应变关系曲线分成三个阶段，如图 5.39 所示。第一阶段是从试验开始至试样发生剪切破坏开始之前，第二阶段是剪切破坏开始发生到剪切带完全形成，

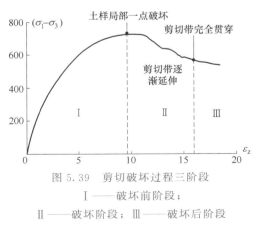

图 5.39 剪切破坏过程三阶段

Ⅰ——破坏前阶段；

Ⅱ——破坏阶段；Ⅲ——破坏后阶段

第三阶段是试样剪切带完全形成直至试验结束。这三个阶段分别被称为试样变形的破坏前阶段（整体变形阶段）、破坏阶段（局部变形阶段）和破坏后阶段（试样滑移变形阶段）。

图 5.40 给出了土样形成贯穿的剪切带后的变形形态以及土样整体、剪切带外的点和剪切带内的点的偏应力与轴向应变的关系曲线。从图中可以看到：在土样出现破坏之前，土样整体和局部（各点）的应力-应变关系曲线一致，基本上重合；土样的破坏从局部点开始，逐渐扩展、贯穿土样形成整体剪切带；在整体剪切带形成后，剪切带外区域土体的变形（应变）不再增加，此时土样整体的变形完全来自于沿剪切带的滑移。

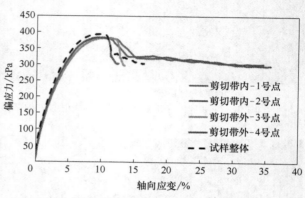

(a) 土样破坏后的变形形态及代表点　　(b) 土样整体及剪切带内外点的偏应力-轴向应变曲线

图 5.40　硅微粉三轴压缩试验的整体及剪切带内外点的应力-应变关系曲线

分析图 5.40 的试验曲线和土样的变形形态可以发现，土样在出现破坏到形成贯穿的剪切带的过程中，整体的应力-应变关系曲线所显示的是土样破坏的点和没有破坏的点的应力-应变过程的合成结果。它既不代表没有破坏的点的应力-应变关系，也不代表破坏点的应力-应变关系。简单地说，此时土样整体的应力-应变关系曲线是土样作为结构体的响应，不反映土体一点（REV）的应力-应变关系。而本构关系的内涵要求表征材料一点（REV）的应力-应变关系。这意味着，此时试验得到的试样整体的应力-应变曲线不能作为建立本构关系模型的依据。换句话说，在土样出现破坏后，以试验得到的土样整体的应力-应变曲线为根据建立的土的本构关系模型只是土样结构体的受力和变形关系的经验表达，不具有本构关系的本质意义。更具体地说，由土中一点的应力-应变关系，按照实际的受力过程和边界条件及初始条件，可以计算得到试验测得的土样整体的受力和变形关系。而土样的结构形式不同，破坏面的形态不同，同样的土体经过试验测得的受力变形关系曲线不同。进一步分析可知，土中一点只有两种状态：要么不破坏，要么破坏。不破坏时，遵循非线性弹塑性应力-应变关系；破坏后符合摩擦规律，与临界状态相同。

基于以上分析，土的本构关系模型研究应包括三部分的内容：

（1）未破坏时的弹塑性应力-应变关系模型；

（2）破坏准则，或者称为强度准则；

（3）破坏后的摩擦规律，即残余强度或者临界状态下的变形规律。破坏准则已经有很多的研究成果可以引用；摩擦规律也比较容易得到。而对于未破坏时的非线性弹塑性应力-应变关系来说，因为一般都着眼于整个加载过程的描述，且包含着硬化（或软化）过程，所以需要重新考察，建立新的本构关系模型。这也是土的应力-应变本构关系模型研究的重点。

5.4.2 循环荷载稳定态和准弹性的概念

1. 未破坏状态

如前所述，当土在一点的某一平面的某一方向上剪应力等于抗剪强度，就认为土在这一点出现破坏，反之则为未破坏。在出现破坏的点，土会沿着破坏方向滑动；在没有破坏的区域，或者出现破坏的点在其他没有破坏的方向上，土仍然按照原有的应力-应变关系受力和变形。因此，实际上土只有破坏和未破坏两种状态，在破坏状态下沿着破坏方向滑动，在未破坏状态或者在未破坏方向上仍然服从应力-应变关系。我们把服从应力-应变关系的土，即处在未破坏状态的点以及破坏点的非破坏方向都称为未破坏状态。

2. 循环荷载稳定态

试验研究表明，未破坏状态的土在经历若干次加卸载循环后，应力-应变滞回圈趋于稳定。在加卸载过程中，几乎不再产生塑性变形增量，如图 5.41 所示。并且，这一现象与加卸载应力的幅值和频率无关。我们把这一现象称为循环荷载变形稳定状态，简称循环荷载稳定态。

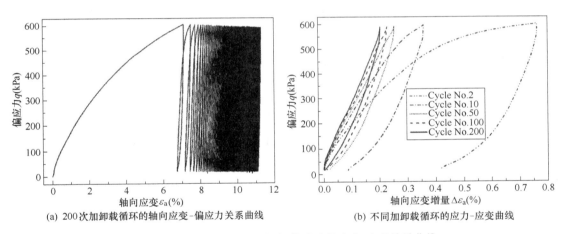

(a) 200次加卸载循环的轴向应变-偏应力关系曲线　　(b) 不同加卸载循环的应力-应变曲线

图 5.41　硅微粉三轴循环加卸载试验的应力-应变关系曲线

3. 准弹性

当土达到循环荷载稳定态时，虽然土的应力-应变关系曲线仍有滞回，但是几乎不再有塑性变形增量，呈现近似于弹性的应力-应变性质。为了区别于理想弹性的线性应力-应变关系，我们称其为准弹性。土的准弹性行为是指其在循环荷载稳定状态下的应力-应变性质。

4. 加（卸）载切线模量和应变比

弹性模量和泊松比是描述线弹性材料应力-应变性质的参数。土不是线弹性材料，其应力-应变关系具有明显的非线性。无论处于加载还是卸载状态，在应力-应变关系曲线上的某一点取应力（应变）增量趋近于无穷小时应力增量与应变增量比值的极限，定义为切线模量，亦即该点应力对应变的导数，见公式（5.82）。

$$E_{t1} = \frac{d\sigma_1}{d\varepsilon_1} \tag{5.82}$$

式中 E_{t1}——σ_1-ε_1 关系曲线上的切线弹性模量;

$\quad\quad \sigma_1$——轴向应力(第 1 主应力);

$\quad\quad \varepsilon_1$——轴向应变(第 1 主应变)。

对于竖向应变与横向应变关系曲线上的任一点,取竖向应变增量趋近于无穷小时横向应变增量与竖向应变增量比值的极限,亦即该点横向应变对竖向应变的导数,定义为应变比,见公式(5.83)。对于线弹性材料,这里的应变比就是泊松比。但是,鉴于土的应变性质的特殊性,我们称其为应变比。

$$v_{t13} = -\frac{d\varepsilon_3}{d\varepsilon_1} \tag{5.83}$$

式中 v_{t13}——第 1 和第 3 主应变方向的是应变比;

$\quad\quad \varepsilon_3$——横向应变;

$\quad\quad \varepsilon_1$——竖向应变。

5. 加(卸)载割线模量和应变比

在任意一个应力-应变过程中或某一次应力-应变循环内,将加载起始点和结束点的应力值之差与同阶段的应变值之差的比值,定义为该阶段的加载割线模量,也称为加载等效模量,记为 E_{load}^N;同样地,将加载过程结束点,即卸载过程起始点和卸载过程结束点的应力值之差与同阶段的应变值之差的比值定义为该阶段的卸载割线模量,也称为卸载等效模量,记为 E_{unload}^N,见图 5.42 和式(5.43)。相应的横向应变与竖向应变之比,定义为割线应变比。

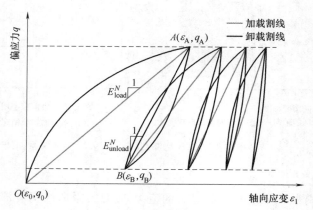

图 5.42 加卸载等效模量的定义

$$E_{s1} = \frac{q_1}{\varepsilon_1} \tag{5.84}$$

在图 5.42 中有:

$$E_{load}^{N=1} = \frac{q_A - q_O}{\varepsilon_A - \varepsilon_O} \tag{5.85}$$

$$E_{unload}^{N=1} = \frac{q_B - q_A}{\varepsilon_B - \varepsilon_A} \tag{5.86}$$

式中，$E_{\text{load}}^{N=1}$、$E_{\text{unload}}^{N=1}$ 分别为首次（$N=1$）时的加、卸载等效模量，q_O、q_A、q_B 分别为第 1 次加载起始点 O、加载结束点 A（也即卸载起始点）、卸载结束点 B 时的偏应力；ε_O、ε_A、ε_B 分别为第 1 次循环内加载起始点 O、加载结束点 A（也即卸载起始点）、卸载结束点 B 的竖向应变。

因为在准弹性状态下土几乎没有塑性变形，因此把该状态下的割线模量定义为等效弹性模量，也简称弹性模量；相应的应变比称为等效弹性应变比，简称弹性应变比。

5.4.3 切线应力-应变关系模型

土在循环荷载稳定态的应力-应变关系，称为准弹性应力-应变关系。可以用切线，也可以用割线表示。切线表示的是应力增量与应变增量之间的关系，割线表示的是应力全量和应变全量之间的关系。

1. 准弹性状态土的切线弹性模量

三轴循环加卸载试验结果表明，只要土样处于未破坏状态，无论在什么样的偏应力幅值下做加卸载循环，足够多的循环次数后，土样都会进入几乎相同的应力-应变滞回。影响 E_{t1} 的主要因素是应力状态和孔隙比。在确定的围压 σ_3 下施加偏应力增量 $\Delta\sigma_1$ 时，可以用总的偏应力 σ_1 而不是围压 σ_3 来表示弹性模量。加载、卸载切线弹性模量 E 为：

$$E_{t1} = A \cdot p_a \cdot f(e) \cdot \left(\frac{\sigma_1}{p_a}\right)^B \tag{5.87}$$

式中 A、B——材料参数；

p_a——大气压强；

σ_1——最大主应力；

$f(e)$——孔隙比函数，其表达式引用 1963 年 Hardin 和 Richart 给出的经验公式：

$$f(e) = \frac{(2.18-e)^2}{1+e} \tag{5.88}$$

在各向不等应力状态下，Hardin 与 Blandford 等认为，在确定方向上的弹性模量是该方向主应力的唯一函数，如轴向的弹性模量 E_{t1}，其稳定状态的轴向弹性模量对应力状态的依赖性可以用轴向应力表示。表达式可以简化为式（5.89）的线性形式，见图 5.43。轴向弹性模量对孔隙比的依赖性采用修正的 Hardin 模型表示，见式（5.90）及图 5.44。

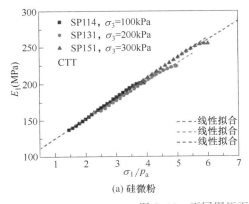
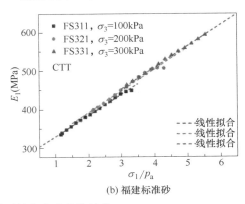

(a) 硅微粉　　　　　　　　　　　　　(b) 福建标准砂

图 5.43　不同围压下弹性模量对轴向应力的依赖性

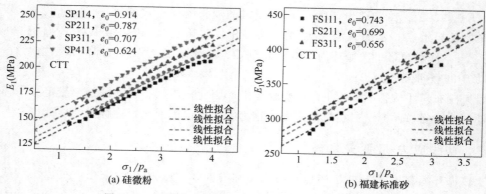

(a) 硅微粉　　　　　　　　**(b) 福建标准砂**

图 5.44　不同孔隙比下弹性模量对轴向应力的依赖性

$$E_1 = p_a \cdot \left(E_0 + \alpha \cdot \frac{\sigma_1}{p_a} \right) \tag{5.89}$$

式中　E_0——截距模量，其大小与孔隙比相关；

　　　α——轴向应力系数。

$$E_1 = K_1 \cdot p_a \cdot \frac{(2.17 - \beta \cdot e)^2}{1 + e} \tag{5.90}$$

式中　K_1——拟合参数；

　　　β——修正系数。

式（5.89）和式（5.90）分别考虑了应力和孔隙比对轴向弹性模量的影响，同时考虑两种因素时，轴向弹性模量的表达式为：

$$E_1 = p_a \cdot \left(M_1 + \alpha_1 \cdot \frac{\sigma_1}{p_a} \right) \cdot \frac{(2.17 - \beta \cdot e)^2}{1 + e} \tag{5.91}$$

式中　M_1、α_1——拟合参数。

2. 准弹性状态土的切线应变比

对于各向同性的弹性材料，剪切作用不会引起体应变，泊松比是小于 0.5 的常数；而对于土来说，剪应力会引起体积变化，进而导致剪胀，在准弹性状态下也会出现这种情况。此时，按照泊松比的定义，其值会超过 0.5。为了区别于泊松比，我们将其定义为应变比。

虽然三轴试验循环荷载稳定态的轴向-径向应变滞回曲线的加载和卸载分支不完全重合，但是在不同分支中计算得到的应变比与剪应力的变化规律一致。因此，取轴向-径向应变曲线的加载分支计算应变比，轴向和径向应变均是在循环荷载稳定状态下以加载起始点为基准计算。与经典弹性理论不同，土在剪切过程中会发生剪胀，此时 $\nu_{13} \geqslant 0.5$。

为了考虑准弹性状态下土的剪胀对应变比的影响，将应变比分成两部分：一部分是由围压和初始密度（用孔隙比表示）决定的初始应变比（设为常数）；另一部分是由偏应力控制的应变比增量，用公式表示为：

$$\nu_{13} = \nu_i + \nu_q \tag{5.92}$$

式中 ν_i 和 υ_q——分别为初始应变比和增量应变比。

（1）初始应变比

参考其他学者的相关研究工作，分别考察孔隙比和围压对初始应变比的影响。对于围压，将初始应变比 ν_i 和归一化围压 σ_3 / p_a 之间的关系表示为：

$$\nu_i = k_v \cdot \left(\frac{\sigma_3}{p_a}\right)^{m_v} \tag{5.93}$$

式中 k_v、m_v——根据试验曲线拟合得到的参数。

式（5.93）的初始应变比类似于传统的泊松比，它是应变比的一部分。图 5.45 显示了式（5.93）与试验结果符合较好，引用其他学者的试验结果，拟合效果也很好。

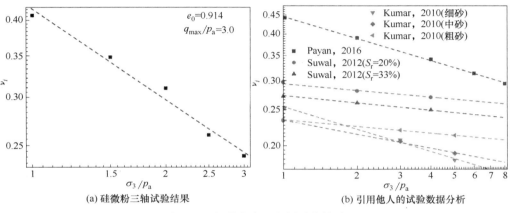

图 5.45 初始应变比与围压的关系

对于孔隙比的影响，分析借鉴已有的研究工作，夏平心提出一个新的经验公式，将初始应变比表示为：

$$\nu_i = (1 + \nu_0) \cdot (1 - e)^{n_v} - 1 \tag{5.94}$$

式中 ν_0、n_v——分别为极限应变比（即 $e=0$ 时的应变比）和材料常数。图 5.46 显示了式（5.94）与试验结果的符合程度以及引用其他学者的试验数据的拟合效果。由式（5.93）和式（5.94），可以写出初始应变比与围压和孔隙比的关系表达式：

$$\nu_i = K_v \cdot \left(\frac{\sigma_3}{p_a}\right)^{m_v} \cdot \left[(1 + \nu_0) \cdot (1 - e)^{n_v} - 1\right] \tag{5.95}$$

式中 K_v、m_v、n_v——试验曲线拟合参数。

（2）增量应变比

前面讨论的 ν_i 是初始应变比。它类似于泊松比，可以由弹性波速度测得。初始应变比只是应变比的一部分，不能反映偏应力增量（应力诱导）对应变比的影响。增量应变比 ν_q 与偏应力增量有关，主要反映土的弹性剪胀性。根据试验得到的 ν_q 随 q/p_a 的变化规律，给出 ν_q-q 的函数形式如下：

$$\nu_q = \alpha_q \cdot \left(\frac{q}{p_a} - \frac{q_0}{p_a}\right)^{\beta_q} \tag{5.96}$$

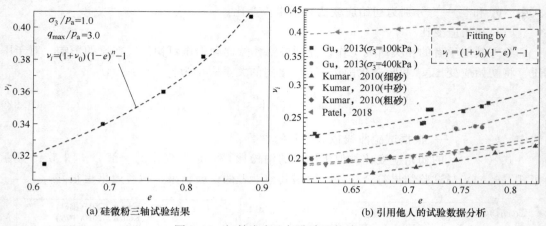

(a) 硅微粉三轴试验结果　　　　　　(b) 引用他人的试验数据分析

图 5.46　初始应变比与孔隙比的关系

式中　α_q 和 β_q——都是拟合参数。增量应变比 v_q 随着 q/p_a 的变化，如图 5.47 所示。

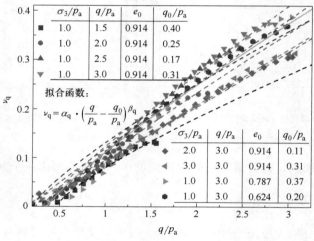

图 5.47　v_q 随着 q/p_a 的变化规律

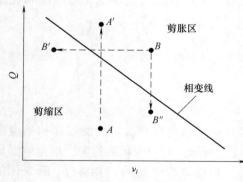

图 5.48　体积相变线示意图

土的弹性剪胀在加载过程中逐渐累积或增强，会在卸载过程中以变形收缩的形式释放，因此会出现卸载体积收缩。卸载过程中的体积收缩是砂土的特殊性质之一，不能用传统的弹性和塑性理论解释。

（3）剪切体积变化及其影响因素

砂土在剪切初始阶段表现为体积压缩。随着剪应变的增加，体积变形会出现膨胀；当总的体积变化量为零（体积压缩量和体积膨胀量相等）时，砂土的体积变形状态介于压缩和膨胀的临界点，称为体积相变点。砂土的体积相变点可以连成体积相变线；另一方面，当砂土发生弹性剪胀（$v_{13} \geqslant 0.5$）时，对应的归一化偏应力可以由式（5.97）确定，称为归一化体积相变剪应力。根据砂土所处的应力状态与体积相变线的相对位置，可以判断砂土的体积变形状态，如图5.48所示。

$$Q = \frac{1}{2\alpha_q} - \frac{1}{\alpha_q} \cdot \nu_i \qquad (5.97)$$

5.4.4　割线应力-应变关系模型

切线弹性模量表示的是应力增量与应变增量之间的关系，适用于分级加荷求解岩土结构应力-应变的问题。而在土的应力-应变关系曲线上，用割线表示应力全量与应变全量之间的关系，在有些情况下对求解岩土结构的应力-应变更方便。

1. 割线模量

如前所述，割线模量及其对应的应变比也称为等效模量和等效应变比。根据土的循环加卸载试验结果，田筱剑发现可以用双曲线拟合等效模量与加卸载循环次数的关系，如图5.49所示，用公式表示为：

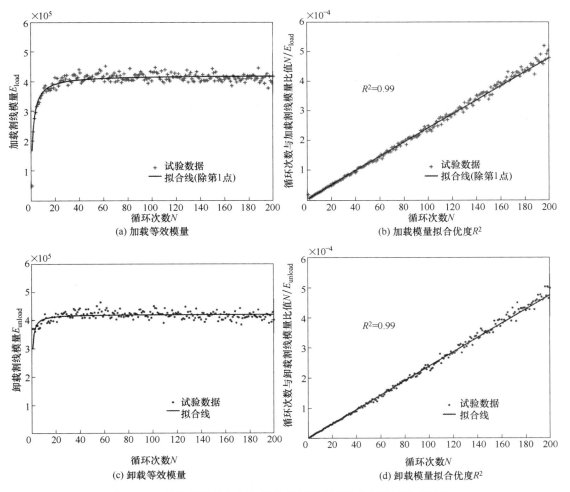

图 5.49　ISO 标准砂加卸载等效模量与循环次数间的双曲线关系

131

$$E^N = \frac{N}{k \cdot N + b} \tag{5.98}$$

或

$$\frac{N}{E^N} = k \cdot N + b \tag{5.99}$$

式中　E^N——第 N 次荷载循环中加载或卸载等效模量；

　　　N——加载或卸载循环次数；

　k、b——加载或卸载等效模量与加卸载循环次数之间双曲线关系的拟合参数。

用式（5.98）或式（5.99）对不同土的三轴循环加卸载试验结果进行拟合，拟合时排除首次加载过程，原因是首次加载的应力-应变特征明显不同于后续的循环过程。结果表明，等效模量在加卸载阶段均表现出与循环次数高度相关的双曲线关系，拟合优度参数 R^2 大于 0.99。加载等效模量、卸载等效模量与循环次数的关系可以表示成：

$$E^N_{\text{load}} = \frac{N}{k_{\text{load}} \cdot N + b_{\text{load}}} \tag{5.100}$$

$$E^N_{\text{unload}} = \frac{N}{k_{\text{unload}} \cdot N + b_{\text{unload}}} \tag{5.101}$$

式中　E^N_{load}、E^N_{unload}——分别为第 N 次循环中加载等效模量、卸载等效模量；

　k_{load}、b_{load}——分别为加载等效模量变换坐标后直线拟合时的斜率、截距；

　k_{unload}、b_{unload}——分别为卸载等效模量变换坐标后直线拟合时的斜率、截距。

采用双曲线关系描述等效模量与荷载循环次数的关系时，不同的拟合参数 k_{load}、k_{unload} 及 b_{load}、b_{unload} 对于区分不同的试验条件及荷载状态具有重要意义。

（1）割线模量参数 k

基于加载等效模量与循环次数之间的双曲线关系式（5.100）可以发现，当循环次数 N 趋于无穷大时，存在极限加载等效模量，即 E_{load} 趋近于恒定值 $1/k_{\text{load}}$

$$E^{N \to \infty}_{\text{load}} = \frac{N}{k_{\text{load}} \cdot N + b_{\text{load}}} \bigg|_{N \to \infty} = \frac{1}{k_{\text{load}}} \tag{5.102}$$

同理，可以得到循环次数趋于无穷大时卸载等效模量 E_{unload} 的极限值 $1/k_{\text{unload}}$

$$E^{N \to \infty}_{\text{unload}} = \frac{N}{k_{\text{unload}} \cdot N + b_{\text{unload}}} \bigg|_{N \to \infty} = \frac{1}{k_{\text{unload}}} \tag{5.103}$$

初步研究表明，加载拟合参数 k_{load} 和卸载拟合参数 k_{unload} 近乎相同，即

$$k_{\text{load}} = k_{\text{unload}} \tag{5.104}$$

由此，根据式（5.102）和式（5.103）可知

$$E^{N \to \infty}_{\text{load}} = E^{N \to \infty}_{\text{unload}} \tag{5.105}$$

式（5.105）表明，在经历无限次循环加卸载后，试样在加载过程中的等效模量与卸载过程中的等效模量将达到一致，此时试样处于准弹性状态。按照加卸载等效模量的定义，此时试样在加载过程中产生的轴向应变，在卸载过程中将完全回弹，不产生可观测的塑性应变，进入非线性弹性状态。而此时的加卸载等效模量，即为土样在此试验条件下的等效弹性模量 E^{elastic}，也称为弹性模量。

$$E^{\text{elastic}} = E^{\text{N} \to \infty}_{\text{load}} = E^{\text{N} \to \infty}_{\text{unload}} = \frac{1}{k_{\text{load}}} = \frac{1}{k_{\text{unload}}} \tag{5.106}$$

式（5.106）表明，在等效模量与荷载循环次数的双曲线模型中，参数 k 为弹性模量 E^{elastic} 的倒数。

（2）割线模量参数 b

在初次（$N=1$）循环加卸载过程中，基于参数 k 的物理意义，采用式（5.99）的形式，则其加卸载等效模量可表示为：

$$\frac{1}{E^{\text{N}=1}_{\text{load}}} = \frac{1}{E^{\text{elastic}}} + b_{\text{load}} \text{ 和 } \frac{1}{E^{\text{N}=1}_{\text{unload}}} = \frac{1}{E^{\text{elastic}}} + b_{\text{unload}} \tag{5.107}$$

弹塑性理论在岩土领域有着广泛的应用，人们通过建立各种模型来解决岩土材料常见的压缩量和剪切变形量较大的问题。经典的弹塑性理论认为，试样在荷载作用下同时产生弹性应变和塑性应变，弹性应变只占其中较小的部分。以第 N 次循环中加载阶段的应变增量为对象进行分析，则有：

$$\Delta\varepsilon^{\text{N}}_{\text{load}} = \Delta\varepsilon^{\text{elastic}}_{\text{load}} + \Delta\varepsilon^{\text{plastic}}_{\text{load}} \tag{5.108}$$

式中　　　　$\Delta\varepsilon^{\text{N}}_{\text{load}}$——第 N 次循环加载过程产生的弹塑性应变增量；

$\Delta\varepsilon^{\text{elastic}}_{\text{load}}$、$\Delta\varepsilon^{\text{plastic}}_{\text{load}}$——分别为加载过程的弹性应变增量和塑性应变增量。

弹性应变通常根据胡克定律进行求解，不同于传统弹塑性力学中通过流动法则及硬化规律确定塑性应变增量的方式，同时考虑到弹性应变和塑性应变都是在相同的应力作用下产生的变形，因此通过定义塑性等效模量，将弹性、塑性变形采用相同的形式进行表示，即：

$$\Delta\varepsilon^{\text{N}}_{\text{load}} = \frac{\Delta\sigma}{E^{\text{N}}_{\text{load}}}, \Delta\varepsilon^{\text{elastic}}_{\text{load}} = \frac{\Delta\sigma}{E^{\text{elastic}}} \text{ 和 } \Delta\varepsilon^{\text{plastic}}_{\text{load}} = \frac{\Delta\sigma}{E^{\text{plastic}}_{\text{load}}} \tag{5.109}$$

式中　　　　$\Delta\sigma$——第 N 次循环加载过程中的总应力增量；

$E^{\text{N}}_{\text{load}}$、$E^{\text{elastic}}$、$E^{\text{plastic}}_{\text{load}}$——分别为该循环中的总加载等效模量、弹性等效模量、塑性等效模量。

将式（5.109）代入式（5.108），整理有：

$$\frac{1}{E^{\text{N}=1}_{\text{load}}} = \frac{1}{E^{\text{elastic}}} + \frac{1}{E^{\text{plastic}}_{\text{load}}} \tag{5.110}$$

同理，可得卸载过程中的各等效模量关系式：

$$\frac{1}{E^{\text{N}=1}_{\text{unload}}} = \frac{1}{E^{\text{elastic}}} + \frac{1}{E^{\text{plastic}}_{\text{unload}}} \tag{5.111}$$

对比式（5.107）、式（5.110）和式（5.111），可知双曲线模型中另一个参数 b 表示首次循环中塑性等效模量的倒数，即：

$$E^{\text{plastic}}_{\text{load}} = \frac{1}{b_{\text{load}}} \text{ 和 } E^{\text{plastic}}_{\text{unload}} = \frac{1}{b_{\text{unload}}} \tag{5.112}$$

试验结果表明，b_{load} 和 b_{unload} 并不相同，一般 b_{load} 明显大于 b_{unload}。综上所述，在等效模量与循环次数的双曲线模型中，拟合参数 k 及 b 分别为弹性模量的倒数和初始塑性模量的倒数。因此，第 N 次循环中加载等效模量和卸载等效模量可以表示为：

$$\frac{1}{E_{\text{load}}^{\text{N}}}=\frac{1}{E^{\text{elastic}}}+\frac{1}{N\cdot E_{\text{load}}^{\text{plastic}}}\text{和}\frac{1}{E_{\text{unload}}^{\text{N}}}=\frac{1}{E^{\text{elastic}}}+\frac{1}{N\cdot E_{\text{unload}}^{\text{plastic}}}\tag{5.113}$$

2. 塑性应变

土在经历若干次的加卸载循环后，会进入准弹性状态。在准弹性状态下可以认为，土体只有可回复的弹性变形。而在未进入准弹性状态之前，土既会产生弹性变形也会产生塑性变形。换一句话说，在任意的加卸载过程中，土的变形中一定包含循环荷载稳定态的弹性变形。由此，我们可以根据循环荷载稳定态，即准弹性状态的应力-应变关系分离初期加卸载过程的弹性和塑性应变。具体方法是：将准弹性状态下的等效模量对应的线性应力-应变关系平移至加（卸）载起始点，等效模量对应的应变即为弹性应变，实际加（卸）载曲线与等效模量线的差即为塑性应变，如图 5.50 所示。

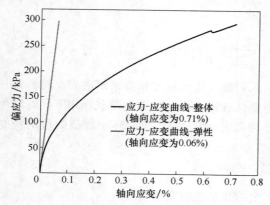

图 5.50 首次加载过程中弹塑性分离

在确定了等效模量与荷载循环次数的双曲线模型参数后，即可以由该模型得到准弹性状态下的等效模量，也可以得到任意加（卸）载过程的等效模量，进而得到任意荷载条件下的弹性和塑性应变及累计应变，见图 5.51。

3. 等效弹性模量

初步的试验研究表明，初始干密度和偏应力幅值对于弹性模量影响很小，土样在特定条件下的弹性模量仅与试样的材料和围压密切相关，弹性模量与围压之间关系可以用指数函数表示，即

$$E^{\text{elastic}}=K\cdot e^{n\cdot\left(\frac{\sigma_3}{p_a}\right)}\tag{5.114}$$

式中 K、n——与试验材料相关的拟合参数。

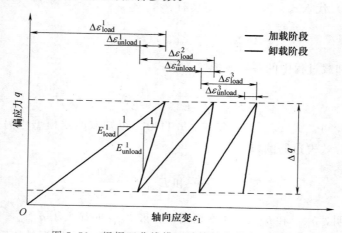

图 5.51 根据双曲线模型计算轴向应变示意图

图 5.52 是弹性模量与围压之间的关系曲线，表 5.1 给出了几种土的等效弹性模量与围压关系式（5.114）的拟合参数。

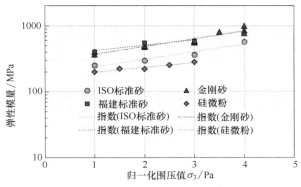

图 5.52　弹性模量与围压的关系

弹性模量与围压指数关系的拟合参数　　　　　　　　　　　　　　表 5.1

试验材料	拟合参数 K	拟合参数 n	R^2
ISO 标准砂	183.19	0.2639	0.940
金刚砂	282.82	0.2706	0.917
福建标准砂	350.43	0.1847	0.868
硅微粉	168.72	0.1655	0.932

 思考题

1. 土的结构性是由什么原因造成的？它对土的力学性质有什么影响？

2. 什么叫土的本构关系？土的强度和应力−应变有什么联系？

3. 什么是土的压硬性？什么是土的剪胀性？解释它们的微观机理。

4. 简述土的应力−应变关系的特征及其影响因素。

5. 什么是 Hvorslev 面？它适用于什么状态的黏性土？

6. 说明剑桥弹塑性的试验基础和基本假设。该模型的三个参数 M、λ 和 k 分别表示什么意义？

7. 什么是临界状态线？并在 p-q-v 三维坐标系绘画出正常固结黏土的临界状态线。

6
土的抗剪强度理论

当所受荷载超过其承载能力时，土体会出现破坏。地基、土坡、挡土墙后土体的破坏实例表明：土体破坏时，内部会出现破裂面，一部分土体相对于另一部分错动或滑动。这种破坏形式称为剪切破坏，如图 6.1 所示。土体抵抗剪切破坏的能力，用所能承担的最大剪应力表示，称为抗剪强度，以符号 τ_f 表示。绝大多数情况下，土的破坏都是剪切破坏。因此，为了确定地基承载力、计算挡土墙土压力，评价地基、边坡等各种岩土结构的稳定性，都需要研究和确定土的抗剪强度。抗剪强度是土最重要的力学性质之一。

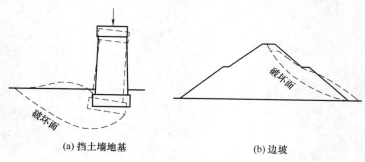

(a) 挡土墙地基　　　　　　　　(b) 边坡

图 6.1　挡土墙地基和边坡的破坏

土是矿物颗粒的集合体，其颗粒本身的强度远远大于颗粒之间的联结强度。所以，在通常压力范围内，土的抗剪强度由颗粒之间的联结强度所决定。颗粒之间的联结有不同的构成机理：对砂土、砾石等无黏性土，颗粒之间的联结主要靠摩擦力及咬合力，颗粒互相位于周围颗粒所形成的凹槽中，对剪切破坏形成抵抗能力；对黏性土，土颗粒之间的联结主要源于颗粒之间的引力，以及颗粒阳离子与结合水之间的引力。

如第 3 章所述，土的抗剪强度实际上是土骨架的抗剪强度，无论是黏性土还是非黏性土，其抗剪强度都与剪切面上土骨架的法向应力，即有效应力相关，孔隙流体压强的作用只在颗粒接触面局部对抗剪强度有贡献。除了有效应力和孔隙流体压强外，土的性质，如密度、颗粒组成、土水间的物理化学作用，以及砂性土颗粒之间的摩擦与咬合机制、黏性土颗粒间的引力作用机制等也会影响土的抗剪强度，表现为抗剪强度参数的变化。对于黏性土，结构性对抗剪强度也有显著影响。

对材料的破坏和破坏准则的研究，是材料力学研究的重要内容。基于对材料破坏现象的试验分析以及不同的关于破坏机理的假设，发展了不同的材料破坏理论。经典的材料破坏理论主要有广义特莱斯卡（Tresca）、广义米色斯（Von Mises）和莫尔-库伦（Mohr-Coulomb）强度理论。土的强度理论，也称为强度准则或者破坏准则，是描述土体中一点出现破坏时的应力状态的表达式。它表明土体中的一点在什么样的应力条件下会出现破坏。所谓破坏，是指土中一点在某一平面的某一方向上应力达到其所能承受的应力最大值、内力不能再增加而变形持续增长的状态。这一应力最大值就是土的强度，用独立的应力分量（也称应力状态变量）表示就是强度公式，也称为强度理论、强度准则或者破坏准则。土体的破坏通常是剪切破坏，一点在某一平面的某一方向上出现破坏即在这一方向上出现剪切滑动。此时，土的强度称为剪切强度或者抗剪强度，公式为抗剪强度公式。

传统的强度理论或强度准则只能判断土中一点是否会出现破坏，不能判断土体破坏区的扩展方向以及是否会发生整体破坏。为此，我们发展了曲面上任意形状土体沿曲面达到极限平衡的充分必要条件，这一极限平衡条件成为判断土体出现局部或整体滑动破坏、定义岩土结构滑动稳定安全系数，包括强度折减系数和荷载超载系数的基础。

本章要熟练掌握莫尔应力圆的绘制和应用；准确理解和把握库伦抗剪强度公式的物理本质，了解公式中参数的测量和确定方法；准确理解和熟练应用莫尔-库仑强度理论；理解曲面上任意形状土体沿曲面达到极限平衡的涵义，熟悉其充分必要条件的证明及其应用。

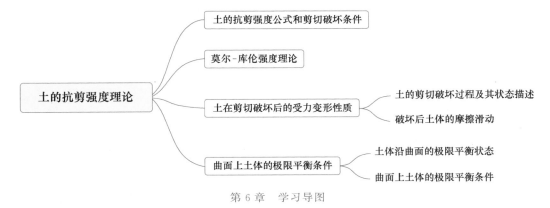

第 6 章　学习导图

6.1 土的抗剪强度公式和剪切破坏条件

Coulomb（库仑，1773）分析砂土的直接剪切试验结果，发现剪切面上的抗剪强度与法向应力成正比，且基本符合直线规律，即

$$\tau_f = \sigma_n \tan\varphi \tag{6.1}$$

随后，又提出适用于黏性土和砂土的更普遍的表达式：

$$\tau_f = \sigma_n \tan\varphi + c \tag{6.2}$$

式中 τ_f——土的抗剪强度；

  σ_n——剪切面法向应力；

  φ——土的内摩擦角；

  c——黏聚力或内聚力。

式（6.1）和式（6.2）统称为库仑抗剪强度公式，也称为库仑抗剪强度定律。其中，c、φ 统称为土的抗剪强度指标，可采用不同试验方法确定。由于土的抗剪强度机理的复杂性，不能给 c、φ 赋予明确的物理意义，只能把 c、φ 看成是描述土的抗剪强度的两个参数。

需要再次指出的是，土的强度是土骨架的强度，土骨架的强度与土骨架应力有关，式（6.1）和式（6.2）中的应力是外力土骨架应力，即有效应力。总应力与土的抗剪强度没有确定的对应关系，传统上所谓总应力的抗剪强度及抗剪强度参数，均是基于唯象或者经验的处理实际工程问题的一种近似方法。

式（6.2）表明土体的抗剪强度并非定值，它随着法向应力 σ_n 的变化而变化，这一点使土与其他固体材料，如钢材等的强度有很大区别。另外，强度指标也随着试验设备、试验方法的变化而变化，对同一种土也并非定值。

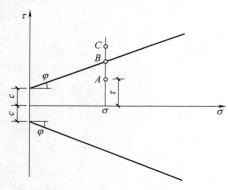

图 6.2 某平面应力状态的判别

通过试验确定一种土的抗剪强度指标 c、φ，由 c、φ 可以绘制强度包线，如图 6.2 所示。根据强度包线可以判断土体是否会出现剪切破坏：当一点的某一平面的某一方向上的法向应力 σ 与剪应力 τ 坐标对应的点落在强度包线以内时，即 $\tau < \tau_f$，如图 6.2 中 A 点，则该平面处在稳定状态；当 $\tau = \tau_f$ 时，该平面在该方向上出现剪切破坏，如图 6.2 中 B 点；图 6.2 中的 C 点表示 $\tau > \tau_f$，这是不可能出现状态，因为在 $\tau = \tau_f$ 时，该平面已剪破，剪应力不可能再增加。如果剪应力向相反的方向，同样在 $\tau = \tau_f$ 时会出现剪破。

因此，图 6.2 中在横坐标上下有对称的两条强度包线。当 (σ, τ) 所对应的点落在两条强度包线之间时，该平面处于稳定状态；落在强度包线上，则处于剪切破坏状态；不可能出现落在包线外的应力状态。

把抗剪强度表达式 $\tau_f = \sigma_n \tan\varphi + c$ 代入剪切破坏条件 $\tau = \tau_f$，有

$$\tau = \tau_f = \sigma_n \tan\varphi + c \tag{6.3}$$

如果一点的某一平面在某一方向上应力 σ、τ 满足式（6.3），则称该平面处于破坏状态或极限平衡状态，式（6.3）为土中一点的强度准则或极限平衡条件，是在确定的平面和确定方向上的一种表达式。实际上，过一点可以有无数个平面，在平面上又可以有无数方向，我们不可能逐一判断其应力是否满足式（6.3），因此需要更有效的方法判别土是否会破坏。

6.2   莫尔-库仑强度理论

1882 年，德国工程师 Mohr（莫尔）用应力圆表示一点不同平面的正应力和剪应力，即表达一点的应力状态，建立了莫尔-库仑强度理论。莫尔应力圆的绘制方法在材料力学中有讲述：图 6.3（a）所示为土中一点的微元体，已知其应力为 σ_z、σ_x、τ_{xz}。图 6.3（a）中水平面上剪应力顺时针为负，即 $-\tau_{xz}$，该面上的法向应力为 $+\sigma_z$，绘制应力圆时在横轴上确定 σ_z，在 σ_z 处向下量取 τ_{xz} 得 A 点，则 A 点代表单元体水平面 A 的应力；再考虑图 6.3（a）中的右侧竖直面，剪应力逆时针为正，即 $+\tau_{xz}$，该面上的法向应力为 $+\sigma_x$，由此在横轴上确定 σ_x，在 σ_x 处向上量取 τ_{xz} 得 B 点，则 B 点代表单元体左侧竖直

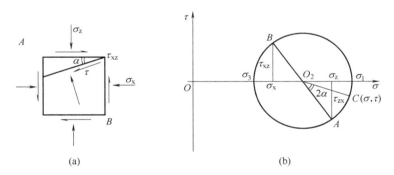

图 6.3   土中一点的应力状态

面 B 的应力。连接 AB 两点交横轴于 O_2 点，以 O_2 为圆心，$O_2A = O_2B$ 为半径作圆，即为莫尔应力圆。

在图 6.3（a）中，从单元体水平面 A 逆时针旋转 α 角的斜面对应图 6.3（b）的应力圆中从半径 O_2A 逆时针旋转 2α 的 C 点，C 点的坐标值（σ，τ）即为图 6.3（a）中斜面上的应力 σ、τ。这样，一个莫尔应力圆就可以表示土中一点（具有无数个截面）的应力状态。

如果在图 6.3（a）的微元体上剪应力 $\tau_{xz} = 0$，则此时的水平和垂直面为主应力面，大主应力 $\sigma_1 = \sigma_z$，小主应力 $\sigma_3 = \sigma_x$。在已知主应力的条件下绘应力圆更简便，只需在横轴上定出 σ_1 和 σ_3，做一个圆心在 $\dfrac{\sigma_1 + \sigma_3}{2}$、半径为 $\dfrac{\sigma_1 - \sigma_3}{2}$ 的圆即可，如图 6.3（b）所示。

由抗剪强度公式在应力圆的坐标系下绘制抗剪强度包线，根据应力圆与抗剪强度包线的相对位置可以判断土在该点是否破坏。图 6.4（a）所示的土体单元承受主应力 σ_1、σ_2、σ_3（$\sigma_1 > \sigma_2 > \sigma_3$）。如果要判断该单元体是否剪破，只需把 σ_1、σ_3 所对应的应力圆与强度包线的相对位置进行比较即可。如果应力圆落在上下两条强度包线之间，如图 6.4（b）

中的 A 圆，则该单元体处在稳定状态，因为过该点的任何截面上的剪应力 τ 都小于相应的抗剪强度 τ_f；如果应力圆与强度包线相切，图 6.4（b）中标注为 B，则在切点 D 和 D' 所对应的平面上有 $\tau = \tau_f$，表明该点已经破坏，这时该单元处在极限平衡状态，应力圆 B 称为极限应力圆。单元体内达到极限平衡状态的两组平面即为剪切破坏面（简称剪破面），单元体上剪破面与水平面的夹角 α_f，即剪破面与最大主应力面的夹角可由应力圆与单元体的对应关系确定：

$$\alpha_f = \frac{1}{2}(90° + \varphi) = 45° + \frac{\varphi}{2} \tag{6.4}$$

单元体上剪破面与竖直面的夹角，即剪破面与最小主应力面的夹角则为

$$\alpha_f = \frac{1}{2}(90° - \varphi) = 45° - \frac{\varphi}{2} \tag{6.5}$$

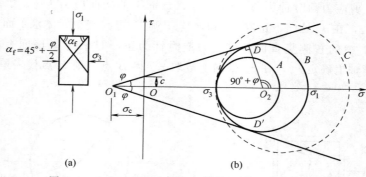

图 6.4　土中一点的应力状态与是否剪切破坏的判别

至于图 6.4（b）中的虚拟应力圆 C，表明在该点早已出现剪破，剪破后应力不能再增加，因此该单元体不可能出现的这样的应力状态。

由上面的分析可知，处于复杂受力状态的单元体，达到极限平衡状态的条件是对应的应力圆与强度包线相切。把这一几何关系用代数式表达出来，就是破坏条件或者极限平衡条件。

考察图 6.4（b）中的应力圆 B，在 $\triangle O_1 O_2 D$ 中

$$\sin\varphi = \frac{DO_2}{O_1 O_2} = \frac{\dfrac{\sigma_1 - \sigma_3}{2}}{\sigma_c + \dfrac{\sigma_1 + \sigma_3}{2}} = \frac{\sigma_1 - \sigma_3}{2\sigma_c + \sigma_1 + \sigma_3} \tag{6.6}$$

式中，$\sigma_c = \dfrac{c}{\tan\varphi} = c\cot\varphi$ 是黏聚力 c 对应的等量法向应力。

当主应力 σ_1、σ_3 与强度指标 c、φ 满足该式时，土体即处于极限平衡状态。从式（6.6）中解出 σ_1：

$$\sigma_1 = \sigma_3 \frac{1 + \sin\varphi}{1 - \sin\varphi} + 2c \frac{\cos\varphi}{1 + \sin\varphi} \tag{6.7}$$

经三角函数变换可得：

$$\sigma_1 = \sigma_3 \tan^2\left(45° + \frac{\varphi}{2}\right) + 2c \tan\left(45° + \frac{\varphi}{2}\right) \tag{6.8}$$

再从式（6.6）中解出 σ_3，进行类似的推导可得：

$$\sigma_3 = \sigma_1 \tan^2\left(45° - \frac{\varphi}{2}\right) - 2c \tan\left(45° - \frac{\varphi}{2}\right) \tag{6.9}$$

式（6.6）、式（6.8）和式（6.9）是极限平衡条件的三种不同数学表达形式，都表示应力圆与强度包线相切时，即土体一点达到极限平衡状态时，强度指标 c、φ 与应力状态 σ_1、σ_3 之间的关系，等同于 $\tau = \tau_f$，即土在这一点的破坏平面的破坏方向上剪应力等于抗剪强度。

如果土的黏聚力 $c=0$，则式（6.6）、式（6.8）和式（6.9）分别简化为：

$$\sin\varphi = \frac{\sigma_1 - \sigma_3}{\sigma_1 + \sigma_3} \tag{6.10}$$

$$\sigma_1 = \sigma_3 \tan^2\left(45° + \frac{\varphi}{2}\right) \tag{6.11}$$

$$\sigma_3 = \sigma_1 \tan^2\left(45° - \frac{\varphi}{2}\right) \tag{6.12}$$

取渗透性比较低的饱和黏土做三轴压缩试验，先施加初始围压 σ_3 令其固结，然后再施加不同的围压进行不固结不排水压缩，可以得到图 6.5 所示的总应力圆，因为在不固结不排水条件下，总应力的增加完全源于孔隙水压强的增加，因此对应不同的总应力圆都只

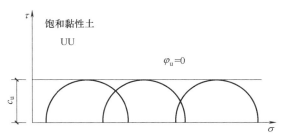

图 6.5　饱和黏性土不固结不排水剪切试验强度包线

有一个有效应力圆。从图中可见，应力圆的直径为 $2c_u = \sigma_1 - \sigma_3$。此时，土的抗剪强度是由前期固结应力产生的。如果没有前期固结，则土的抗剪强度等于 0。由此可知，土在不固结不排水条件下，$\varphi_u = 0$，$\sigma_1 - \sigma_3 = 2c_u$。

需要注意的是：土的抗剪强度是土骨架的抗剪强度，土骨架的抗剪强度，即土的抗剪强度是由有效应力产生的（忽略孔隙流体压强作用对抗剪强度的贡献），没有有效应力就不会有抗剪强度。所谓总应力下的抗剪强度，即该总应力所对应的有效应力产生的抗剪强度。因为总应力与抗剪强度没有确定的对应关系，所以用总应力方法处理实际工程问题是一种不严谨的类比方法。

上述极限平衡条件就是土中一点（在某一平面的某一方向上）出现剪切破坏的条件。将其与材料力学中的莫尔强度理论比较可以发现，前者只是后者的特殊情况，即用库伦强度公式 $\tau_f = \sigma_n \tan\varphi + c$ 替代莫尔强度理论中的 $\tau_f = f(\sigma)$。因此，这一极限平衡条件（破坏条件或破坏准则）称为莫尔-库伦强度理论。它是岩土土力学最重要的理论之一，在岩土工程中被广泛应用。

虽然莫尔-库仑强度理论被普遍接受和应用，但是它也存在缺陷，主要是没有考虑中主应力，即 σ_2 对抗剪强度的影响；同时，破坏准则所构成的应力关系曲面不连续，不便于数值计算。因此土的强度理论一直在发展完善中，至今提出的破坏准则难以计数，主要有 Gudehus-Argyris 模型、William-Warnke 模型、Lade-Duncan 模型、俞茂宏的线性双剪模型和双剪角隅模型、Matsuoka-Nakai 模型、沈珠江模型、SMP（松冈-中井）模型、修正保罗-莫尔-库仑模型等。

【例 6-1】 一土体单元，承受主应力 $\sigma_1 = 450\text{kPa}$，$\sigma_3 = 180\text{kPa}$。已知土体强度指标 $\varphi = 26°$，$c = 20\text{kPa}$。试判断该土体单元是否剪破？

【解】 如果用图解法，可以画出应力圆和强度包线，看是否相切便可做出判断。现用极限平衡条件的代数表达式判断。

方法 1：用式（6.6）判断

求出

$$\sigma_c = \frac{c}{\tan\varphi} = \frac{20}{\tan 26°} = 41\text{kPa}$$

将 σ_c 及题给 σ_1、σ_3 代入式（6.6），求出一个满足极限平衡条件的 φ 角，记为 φ_k

$$\sin\varphi_k = \frac{\sigma_1 - \sigma_3}{2\sigma_c + \sigma_1 + \sigma_3} = \frac{450 - 180}{2 \times 41 + 450 + 180} = 0.379$$

$$\varphi_k = 22.28°$$

φ_k 表示过 O_1 点与应力圆相切的直线与横轴的夹角，如图 6.6（a）所示。

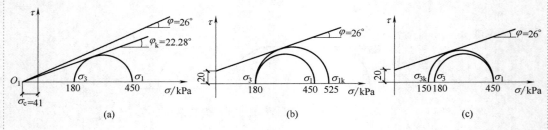

图 6.6 例 6-1 图

$\varphi_k < \varphi = 26°$，说明该土体单元处在稳定状态。

方法 2：用式（6.8）判断

将题给 c、φ、σ_3 代入式（6.8），求出一个满足极限平衡条件的 σ_1，记为 σ_{1k}

$$\sigma_{1k} = \sigma_3 \tan^2\left(45° + \frac{\varphi}{2}\right) + 2c\tan\left(45° + \frac{\varphi}{2}\right)$$

$$= 180 \times \tan^2\left(45° + \frac{26°}{2}\right) + 2 \times 20\tan\left(45° + \frac{26°}{2}\right) = 525\text{kPa}$$

$$\because \sigma_{1k} = 525\text{kPa} > \sigma_1 = 450\text{kPa}$$

所以该土体单元处在稳定状态，如图 6.6（b）所示。

方法 3：用式（6.9）判断

将题给 c、φ、σ_1 代入式（6.9），求出一个满足极限平衡条件的 σ_3，记为 σ_{3k}

$$\sigma_{3k} = \sigma_1 \tan^2\left(45° - \frac{\varphi}{2}\right) - 2c\tan\left(45° - \frac{\varphi}{2}\right)$$

$$= 450 \times \tan^2\left(45° - \frac{26°}{2}\right) - 2 \times 20 \tan\left(45° - \frac{26°}{2}\right) = 150\text{kPa}$$

$$\because \sigma_{3k} = 150\text{kPa} < \sigma_3 = 180\text{kPa}$$

所以该单元处在稳定状态，如图 6.6（c）所示。

【例题讨论】

已知土体的抗剪强度指标和一点的主应力状态，该点破坏与否的评价方法包括图解法和代数分析法，两类方法均依赖于库伦包线与莫尔应力圆之间的几何关系，采用图解法时必须规范绘图。采用代数分析时，也需要绘制如图 6.6 所示的辅助图，以利于进行判断和评价。

6.3 土在剪切破坏后的受力变形性质

前面曾提到，土体只有未破坏和破坏两种状态。未破坏时的应力应变呈现非线性弹性或者弹塑性性质，破坏时在破坏方向上符合摩擦滑移规律，即滑动摩擦定律。5.4 节讲述了未破坏状态土的应力-应变本构关系，6.2 节的强度理论给出了土发生破坏的条件，即强度准则或破坏准则，也称为强度条件或者破坏条件。本节讨论土在出现破坏后的摩擦规律。

6.3.1 土的剪切破坏过程及其状态描述

通常，土的破坏从一点（代表体元）开始，也可能在多点发生。随着荷载增加逐渐发展直到形成贯穿整个区域的剪切破坏带，简称剪切带。在剪切破坏过程中，土体分成破坏区和未破坏区。破坏区的土体在破坏方向上出现相对滑动，而未破坏区的土体仍然保持原有的受力状态，即呈现非线性弹性的应力应变状态。简单地说，一点（REV）的土体只有破坏和不破坏两种状态。未破坏时服从非线性弹性或弹塑性本构关系，破坏时在滑动方向上服从摩擦规律。土体出现破坏后，土整体的变形是破坏区和未破坏区变形的合成。未破坏区继续产生非线性弹性变形，破坏区沿着剪切破坏方向滑动。

就三轴试验而言，在破坏阶段，随着试样变形的增加，剪切带不断发展，剪切带内的土体沿着剪切破坏的方向相对运动。当荷载继续增加，位移逐渐增大，形成贯穿试样的剪切带。试样被剪切带斜切成上下两块土体（简称斜切体），出现整体滑动。斜切体接触表面之间存在接触作用力，此时试样受到的轴向压力主要抵抗这部分作用力。在破坏后阶段，土样的变形增加源于斜切体沿剪切带的滑移，土样所承受的荷载可以通过土体的刚体极限平衡分析得到。此时，剪切带已经贯穿整个土样，土体结构完全破损。这时的试样可以看成是由橡胶膜包裹的两段单独的斜面圆柱体，两圆柱体的斜面之间存在着摩擦，但自身基本不再变形。此时，试样所受的轴向应力基本保持不变，即该部分应力主要用来抵抗压缩过程中圆柱斜切体之间的摩擦阻力。该阶段测量得的土样变形增量主要源于斜切体沿着剪切带的滑移。

在破坏后阶段，剪切带已经完全贯穿试样。试样整体的变形几乎完全是上下两部分土体沿着剪切带滑动的结果。变形测量结果表明，剪切带内和剪切带外土样的变形机制完全不同。剪切带外的土体变形几乎不再增长，仍然满足几何连续性条件；而在剪切带内的土体则沿着剪切破坏面滑动，不再满足几何连续性条件。此时，试验观测到的土样变形持续增长，但荷载和滑动面上的应力不再增加，土样体积只有微小的变化。这一阶段土样整体的变形几乎完全来源于上下两部分土体沿着剪切带的滑动。剪切带外土体的变形不再增长，仍然处于弹性状态；而剪切带内的土体则处于滑动状态。此时，所谓的"应变"实际上是两个斜切体沿着剪切破坏面滑动的位移量，不应该再称其为"应变"。

6.3.2 破坏后土体的摩擦滑动

破坏后阶段，三轴试样可以看成是由橡胶膜包裹的两个斜面对接的圆柱体，且两圆柱斜面之间存在摩擦滑动，但斜切体自身基本不变形。试样所受的轴向应力基本保持不变，该部分应力主要用来抵抗圆柱斜切体在滑动过程中沿剪切带的摩擦阻力。破坏后阶段反映的是一个摩擦耗散的过程。图 6.7 给出了剪切带滑动截面受力分析示意图。

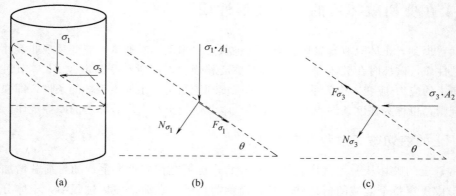

图 6.7　剪切带滑动截面受力分析示意图

根据滑动摩擦的定义 $F = \mu N$（此时摩擦系数 μ 与残余强度相关），并结合图 6.7 中的受力分析，可以推导出偏应力 q 与平均应力 p 之间的关系。

假设滑动截面面积为 A，则轴向的合力为 $\sigma_1 \cdot A_1$，径向的合力为 $\sigma_3 \cdot A_2$，$A_1 = \pi r^2$，为 σ_1 的作用面积（截面面积 A 的投影是个圆）；$A_2 = \pi \cdot r^2 \cdot \tan\theta$ 为 σ_3 的作用面积（截面面积 A 的投影是个椭圆）。将这两个力沿着截面方向和垂直于截面方向分解，可得：

$$F_{\sigma_1} = \sigma_1 \cdot A_1 \cdot \sin\theta, \quad N_{\sigma_1} = \sigma_1 \cdot A_1 \cdot \cos\theta \tag{6.13}$$

$$F_{\sigma_3} = \sigma_3 \cdot A_2 \cdot \cos\theta, \quad N_{\sigma_3} = \sigma_3 \cdot A_2 \cdot \sin\theta \tag{6.14}$$

则对于滑动面上的任意一点，上部滑块对其的摩擦力方向沿截面向下。此时，该截面受到的外力与其方向相反，沿截面向上，大小记为 F，则

$$F = F_{\sigma_3} - F_{\sigma_1} = \sigma_3 \cdot A_2 \cdot \cos\theta - \sigma_1 \cdot A_1 \cdot \sin\theta \tag{6.15}$$

垂直于截面的外力方向垂直截面向内，大小记为 N，则

$$N = N_{\sigma_1} + N_{\sigma_3} = A_1 \sigma_1 \cdot \cos\theta + A_2 \sigma_3 \cdot \sin\theta \tag{6.16}$$

根据滑动摩擦的定义，$F = \mu N$，此时摩擦系数 μ 与残余强度相关。

将式（6.15）、式（6.16）代入式 $F = \mu N$ 中，得到

$$\sigma_3 \cdot A_2 \cdot \cos\theta - \sigma_1 \cdot A_1 \cdot \sin\theta = \mu (A_1 \sigma_1 \cdot \cos\theta + A_2 \sigma_3 \cdot \sin\theta) \tag{6.17}$$

整理得：

$$\frac{\sigma_1}{\sigma_3} = \frac{\cos\theta - \mu\sin\theta}{\sin\theta + \mu\cos\theta} \cdot \tan\theta \tag{6.18}$$

此时，偏应力

$$q = \sigma_1 - \sigma_3 = \sigma_3 \cdot \left(\frac{\cos\theta - \mu\sin\theta}{\sin\theta + \mu\cos\theta} \cdot \tan\theta - 1 \right) \tag{6.19}$$

平均正应力

$$p = \frac{\sigma_1 + \sigma_2 + \sigma_3}{3} = \frac{\sigma_3}{3} \cdot \left(\frac{\cos\theta - \mu\sin\theta}{\sin\theta + \mu\cos\theta} \cdot \tan\theta + 2 \right) \tag{6.20}$$

整理式（6.19）、式（6.20），可得到 q 与 p 的关系为

$$q = \frac{3\mu(1 + \tan^2\theta)}{\mu\tan^2\theta - 3\tan\theta - 2\mu} \cdot p \tag{6.21}$$

定义

$$M' = \frac{3\mu(1 + \tan^2\theta)}{\mu\tan^2\theta - 3\tan\theta - 2\mu} \tag{6.22}$$

式中　θ——剪切带的剪破角；

　　　μ——剪切带滑动面的摩擦系数。

式（6.21）反映土体沿着破坏剪切面滑动时偏应力与平均正应力之间的关系，与 Roscoe 提出的土应力应变本构关系模型的临界状态方程的表达式相同。在 Roscoe（1958）提出的临界状态模型中，通过试验发现，不论土样的初始状态如何，在破坏状态，即临界状态下 q 与 p' 的关系满足：

$$q = M \cdot p' \tag{6.23}$$

式（6.21）与式（6.23）相同，说明在临界状态下，土体变形在本质上是沿着破坏面的摩擦滑动。从上面三轴试验土样的变形结果可知，临界状态下土样的变形实际上是一个"类刚体"滑动摩擦过程，只不过这个类摩擦过程比较复杂，与剪切带的角度 θ 和剪切滑动面的摩擦系数 μ 相关。

根据周葆春、王靖涛的研究结果，对于同一种土样是具有应变硬化还是应变软化的性质是由超固结比决定的，但试样最终会达到一个统一的临界状态，具有大体相同的残余强度，那么同一种土的摩擦系数 μ 是常数，同时对同一种土，θ 也是常数，因此 M' 的值是一个常数。由此，式（6.21）是一个线性公式，它反映了一种纯摩擦的机制。

因此，土样的破坏后阶段也就是 Roscoe 提出的临界状态阶段：土体在剪切试验的大变形阶段，它趋向于最后的临界状态，即体积和应力不变，而剪切变形处于持续不断发展和流动的状态。同时，平均有效应力 p' 和偏应力 q 呈线性关系，如图 6.8 所示。其本质就是两个斜切体沿着剪切破坏面的"类刚体"滑动。Roscoe 临界状态方程中的应力方程其实是土样剪切破坏面上内力平衡条件的表征，不是土样整体作为单元体的应力-应变性

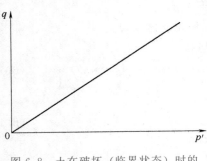

图 6.8　土在破坏（临界状态）时的 p'-q 关系曲线

态的表征。

　　在实际的工程问题分析中，应用 Roscoe 提出的临界状态模型可以有效地解决各类工程问题，但是该模型反映的是试样整体的变形特性，不能准确地表现剪切带内及带外的试样变形的不同特点，也没有反映出试样在各个不同阶段的变形机理。而 5.5 节介绍的基于局部变形测量的土本构关系模型不仅简单，而且可以更准确地反映土受力变形的物理机制。

6.4　曲面上土体的极限平衡条件

　　由土的一点的极限平衡条件，可以判断土体在某一点是否出现破坏，但是当破坏点的分布不完全集中时，不容易判断出土体破坏区的扩展方向以及是否会发生整体破坏。为此，需要研究土体局部和整体的极限平衡条件。下面以平面问题为例，设 l 为土体内部的任一连续曲面，讨论以此曲面为底的任意形状的土体的极限平衡条件。

6.4.1　土体沿曲面的极限平衡状态

　　如图 6.9 中所示，$ABCD$ 和 $ABC'D'$ 是以曲面 l（即图中 AB 曲面）为底的任意形状的土体，其沿曲面 l 的极限平衡是指：土体在该曲面上的每一点都处于极限平衡状态。此时，在曲面任意一点的微元长度上，沿曲面切线方向土体的滑动力与阻滑力相等；在曲面上土体滑动力的合力与阻滑力的合力相等；对曲面外任意一点，滑动力矩与阻滑力矩相等。

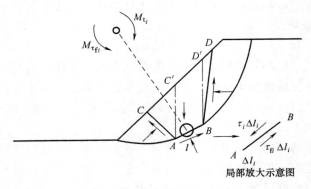

局部放大示意图

图 6.9　曲面上任意微元体沿切线方向力和力矩的平衡

　　土体内一点的剪应力与其相应方向上微元长度的乘积称为剪切力，也叫滑动力；抗剪强度与该方向上微元长度的乘积称为抗剪力，也叫阻滑力。滑动力和阻滑力都是力，是矢量。滑动力沿着剪应力的方向，阻滑力的方向与之相反。

　　如果土体沿曲面每一点都处于极限平衡状态，用公式可以表示为：

$$\tau_i = \tau_{fi}$$

(6.24)

此时，曲面上每一点微元长度上土体的滑动力与阻滑力相等，即

$$\vec{T}_i = \vec{T}_{fi} \tag{6.25}$$

曲面 l 上土体滑动力的合力与阻滑力的合力相等，对于曲面外任意一点滑动力矩与阻滑力矩的合力矩也相等，用公式表示为：

$$\sum_{i=1}^m \vec{T}_i - \sum_{i=1}^m \vec{T}_{fi} = 0 \qquad \sum_{i=1}^m \vec{M}_{\vec{T}_i} - \sum_{i=1}^m \vec{M}_{\vec{T}_{fi}} = 0 \tag{6.26}$$

式中，i 表示曲面上任意一点；$\vec{T}_i = \tau_i \cdot \Delta \vec{l}_i$，$\vec{T}_{fi} = \tau_{fi} \cdot \Delta \vec{l}_i$ 分别是曲面上一点土体微元长度上的滑动力和阻滑力；τ_i 和 τ_{fi} 是土体的剪应力和抗剪强度；m 代表曲面上土体微元的数量。

6.4.2 曲面上土体的极限平衡条件

土体沿曲面的极限平衡条件也是曲面上土体的极限平衡条件。土体沿曲面 l 达到极限平衡的充分必要条件是：

$$\int_l \tau \, \mathrm{d}l = \int_l \tau_f \, \mathrm{d}l \tag{6.27}$$

此处，l 可以是贯通的整体曲面，也可以是不贯通的土体内部的局部曲面。以平面问题为例证明如下：

如果曲面上任意一点的土体微元体都处于极限平衡状态，即式（6.24）成立，那么，

$$\tau_i \cdot \Delta \vec{l}_i - \tau_{fi} \cdot \Delta \vec{l}_i = 0 \tag{6.28}$$

即，

$$(\tau_i \cdot \Delta l_i - \tau_{fi} \cdot \Delta l_i) \vec{l}_i = 0 \tag{6.29}$$

式中 Δl_i——所考察的点沿剪应力方向的微元长度；

$\vec{l}_i$——该点沿该方向的单位方向向量。

若要式（6.29）成立，必需：

$$\tau_i \cdot \Delta l_i - \tau_{fi} \cdot \Delta l_i = 0 \tag{6.30}$$

则必然

$$\sum_{i=1}^m \tau_i \cdot \Delta l_i - \sum_{i=1}^m \tau_{fi} \cdot \Delta l_i = 0 \tag{6.31}$$

进一步，可得式（6.27）。

反过来，如果式（6.27）成立，则有

$$\sum_{i=1}^m (\tau_i - \tau_{fi}) \cdot \Delta l_i = 0 \tag{6.32}$$

因为对于土体每一点都必有：

$$\tau_i \leqslant \tau_{fi} \tag{6.33}$$

且 $\Delta l_i > 0$，所以，若要式（6.32）成立，必须：

$$\tau_i \cdot \Delta l_i = \tau_{fi} \cdot \Delta l_i \tag{6.34}$$

即得到式（6.24），于是有式（6.25）和式（6.26），亦即沿曲面每一点土体微元长度上的滑动力和阻滑力相等。

综上所述，若土体沿整体或局部曲面 l 达到极限平衡，则式（6.27）成立；反之，若式（6.27）成立，则土体沿整体或局部曲面 l 达到极限平衡。也就是说，土体沿曲面 l 达

到极限平衡的充分必要条件是：

$$\int_0^l \tau_f \mathrm{d}l \Big/ \int_0^l \tau \mathrm{d}l = 1 \text{ 或 } \int_0^l \tau_f \mathrm{d}l = \int_0^l \tau \mathrm{d}l \tag{6.35}$$

归纳如图 6.10 所示：

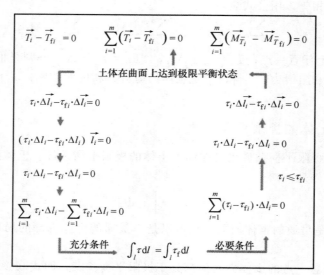

图 6.10　极限平衡的充分必要条件的说明

上述曲面上土体的极限平衡条件是定义土体沿曲面滑动稳定安全系数的基础。

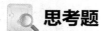 思考题

1. 土的强度与固体材料（如钢材、混凝土）的强度比较，有什么不同？为什么？试说明土的抗剪强度的来源。

2. 土体破坏多属剪切破坏，因此土中破坏面应发生在最大剪应力所在的面上，此说法是否正确？为什么？（区别 $\varphi=0$ 和 $\varphi \neq 0$ 两种情况说明）

3. 如何利用土的极限平衡条件判别土体破坏与否？

4. 土体沿曲面 l 达到极限平衡的充分必要条件是什么？并对该条件的充分必要性进行证明。

习题

1. 建筑物下基土某点的应力为：$\sigma_z = 250\mathrm{kPa}$，$\sigma_x = 100\mathrm{kPa}$ 和 $\tau_{xz} = 40\mathrm{kPa}$。并知土的 $\varphi = 30°$、$c = 0$。问该点是否被剪破？

2. 对砂土试样进行直剪试验，水平面上法向应力 $250\mathrm{kPa}$ 作用下，测得剪破时的剪应力 $\tau_f = 100\mathrm{kPa}$，试用应力圆确定剪切面上一点的大、小主应力 σ_1、σ_3 数值，并在单元体上绘出相对剪破面 σ_1、σ_3 的作用方向。

7
土工结构的应力分析

　　土工结构是指以土为材料形成或修筑的功能建筑物或建筑物的支撑部分，常见的主要有地基、基础、挡土墙、边坡、堤坝、地下洞室等。建筑物埋在地面以下的部分称为基础，承受由基础传递的荷载的岩土层称为地基。本章以地基为例，介绍最常用的土工结构应力变形分析方法。

　　在地基上修建建筑物，建筑物形成的荷载会通过基础传给地基，使地基土体的应力发生变化，同时引起变形。如果应力超过土的强度，地基土体可能发生破坏，使整个地基滑动而失去稳定；另一方面，如果地基变形使建筑物产生过大的沉降量或者沉降差，则有可能影响建筑物的正常使用或者导致建筑物倾倒。了解和掌握地基土体的应力和应力变化，是研究地基变形和稳定的基础。

　　依据产生的时间顺序，土的应力包括既有应力和增加应力，即应力增量，也称为附加应力；依据产生的原因，可以分为自重应力、建筑物或其他外荷载引起的附加应力。由土体本身有效重量产生的应力，称为自重应力；由外荷载在地基内部引起的应力，称为附加应力。除了自重应力和附加应力，还有孔隙水渗流作用引起的应力。与重力一样，渗流力也是一种外荷载。其作用产生的应力可以是既有应力，也可以是附加应力。

　　一般情况下，土工结构的应力与变形相互关联，需要联合使用平衡微分方程、几何方程（位移和应变的关系，也称变形协调方程或变形连续方程）和本构方程（应力与应变的关系）求解。在考虑孔隙水的渗流时，还需要耦合渗流方程一并求解。简单的问题，如自重作用下的垂直正应力求解，可以直接由平衡微分方程得到结果。

　　土的应力有总应力和有效应力。对于简单问题，多数情况下计算总应力比较简便。已知一点的总应力和孔隙水压强，可以应用有效应力方程得到有效应力；反之，已知有效应力和孔隙水压强，也可以应用有效应力方程得到总应力。

　　本章先介绍求解土工结构应力和变形一般问题的有限单元法，再介绍土体自重应力计算，然后介绍地基附加应力的弹性力学解析解。在分开考虑地基、基础及上部结构的情况下计算附加应力，需要知道作用在地基上的荷载。所以，在计算附加应力前，先介绍基底压力的计算方法。本章需要熟练掌握土体自重应力的计算，熟练掌握基底压力的计算，了解地基附加应力的计算方法并能够熟练地确定地基附加应力。

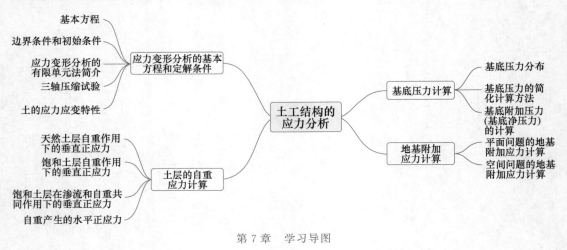

第 7 章　学习导图

7.1　土工结构应力变形分析的基本方程和定解条件

土工结构的应力变形（应变）分析需要联合求解平衡方程、几何方程和本构方程。在考虑渗流作用时，还需要耦合渗流方程。求解过程中，需要引入边界条件和初始条件。本节以静力荷载作用下的土工结构的应力-应变分析为例，介绍求解其应力-应变的基本方程、边界条件和初始条件。

7.1.1　基本方程

土工结构应力应变分析的基本方程包括平衡方程、几何方程和本构方程。在第 3 章中我们推导了非饱和土的平衡微分方程，如式（7.1）和式（7.2）所示。

$$\begin{cases} \dfrac{\partial \sigma_x}{\partial x} + \dfrac{\partial \tau_{yx}}{\partial y} + \dfrac{\partial \tau_{zx}}{\partial z} + \dfrac{\partial u_a}{\partial x} - \dfrac{\partial [S_e(u_a - u_w)]}{\partial x} = 0 \\[2mm] \dfrac{\partial \tau_{xy}}{\partial x} + \dfrac{\partial \sigma_y}{\partial y} + \dfrac{\partial \tau_{zy}}{\partial z} + \dfrac{\partial u_a}{\partial y} - \dfrac{\partial [S_e(u_a - u_w)]}{\partial y} = 0 \\[2mm] \dfrac{\partial \tau_{xz}}{\partial x} + \dfrac{\partial \tau_{yz}}{\partial y} + \dfrac{\partial \sigma_z}{\partial z} + \dfrac{\partial u_a}{\partial z} - \dfrac{\partial [S_e(u_a - u_w)]}{\partial z} + \rho g = 0 \end{cases} \tag{7.1}$$

当土处于饱和状态时，式（7.1）变成为：

$$\begin{cases} \dfrac{\partial \sigma_x}{\partial x} + \dfrac{\partial \tau_{yx}}{\partial y} + \dfrac{\partial \tau_{zx}}{\partial z} + \dfrac{\partial u_w}{\partial x} = 0 \\[2mm] \dfrac{\partial \tau_{xy}}{\partial x} + \dfrac{\partial \sigma_y}{\partial y} + \dfrac{\partial \tau_{zy}}{\partial z} + \dfrac{\partial u_w}{\partial y} = 0 \\[2mm] \dfrac{\partial \tau_{xz}}{\partial x} + \dfrac{\partial \tau_{yz}}{\partial y} + \dfrac{\partial \sigma_z}{\partial z} + \dfrac{\partial u_w}{\partial z} + \rho_{sat} g = 0 \end{cases} \tag{7.2}$$

式（7.1）和式（7.2）是求解非饱和与饱和状态土的应力应变的平衡微分方程，其中 σ_x、σ_y、σ_z 是正应力分量，τ_{xy}、τ_{yz}、τ_{xz} 是剪应力分量，u_a、u_w 分别是气压强和水压强，S_e 是有效饱和度，ρ、ρ_{sat} 分别是土的天然和饱和密度，g 是重力加速度。

在第 5 章中，还推导了土在小变形条件下的应变与位移之间的关系，即几何方程，也称为应变方程。在小变形条件下，由位移导出应变时可以只考虑一阶微分项，忽略二阶及以上微分项的贡献。此时，几何方程为：

$$\begin{cases} \varepsilon_x = \dfrac{\partial u}{\partial x} \\[2mm] \varepsilon_y = \dfrac{\partial v}{\partial y} \\[2mm] \varepsilon_z = \dfrac{\partial w}{\partial z} \\[2mm] \gamma_{xy} = \dfrac{\partial v}{\partial x} + \dfrac{\partial u}{\partial y} \\[2mm] \gamma_{yz} = \dfrac{\partial w}{\partial y} + \dfrac{\partial v}{\partial z} \\[2mm] \gamma_{xz} = \dfrac{\partial w}{\partial x} + \dfrac{\partial u}{\partial z} \end{cases} \tag{7.3}$$

式中 ε_x、ε_y、ε_z——正应变；

γ_{xy}、γ_{yz}、γ_{xz}——剪应变；

u、v、w——分别是 x、y、z 方向的位移。

上述平衡方程和几何方程可以写成应力和应变的全量形式，如式（7.2）和式（7.3）；也可以写成增量形式，视土的应力-应变非线性程度和求解方法而定。

在第 5 章中，我们介绍了基于试样局部变形测量的本构关系，以割线模型为例。

（1）未破坏时的应力-应变关系方程，包括稳定状态的准弹性应力-应变关系（弹性模量与应变比）以及塑性变形计算方法。

其中，稳定状态的割线弹性应力-应变关系模型如下：

弹性模量（变形稳定状态割线模量） 　　 $$E^{\text{elastic}} = K \cdot e^{n \cdot \left(\frac{\sigma_3}{P_a}\right)} \tag{7.4}$$

全应力增量下第 N 次加载的等效模量 　　 $$\frac{1}{E_{\text{load}}^N} = \frac{1}{E^{\text{elastic}}} + \frac{1}{N \cdot E_{\text{load}}^{\text{plastic}}} \tag{7.5}$$

卸载的等效模量 　　 $$\frac{1}{E_{\text{unload}}^N} = \frac{1}{E^{\text{elastic}}} + \frac{1}{N \cdot E_{\text{unload}}^{\text{plastic}}} \tag{7.6}$$

（2）破坏准则可以直接采用莫尔-库仑强度准则，或者选用其他准则，如 SMP 准则。

（3）土的一点出现破坏后在破坏方向上滑动，符合滑动摩擦规律。不考虑滑动速率的影响时，其公式为（6.21），这里不再赘述。

（4）此外，在第 4 章中我们还推导了渗流方程，如式（7.7）所示。

$$n_e \frac{\partial S_e}{\partial t} + S_e \frac{\partial \varepsilon_v}{\partial t} = -\nabla \cdot \left[k_u \nabla H\right] \tag{7.7}$$

在饱和状态下，上式变成：

$$\frac{\partial \varepsilon_v}{\partial t} = -\nabla \cdot \left[k_s \nabla H\right] \tag{7.8}$$

式中 n_e——有效孔隙率；

S_e——有效饱和度；

ε_v——体积应变；

∇——拉普拉斯算子；

k_u——非饱和状态土的渗透系数；

k_s——饱和状态土的渗透系数；

H——总水头。

在不考虑孔隙流体的耦合作用且不计入渗流力的影响时，可以联立方程式（7.1）、式（7.2）和式（7.3）求解土的应力-应变问题；在不考虑孔隙流体的耦合作用，但是计入渗流力的影响时，可以先单独求解渗流问题，然后根据渗流计算结果计算渗流力施加到结构上，再求解应力和应变；在考虑孔隙流体的耦合作用时，可以联立方程式（7.1）、式（7.2）、式（7.3）和渗流方程（7.7）。

方程式（7.1）～式（7.4）是求解一般土工结构应力-应变问题的通用方程组。结合给定的边界条件和初始条件，即可以求解几乎所有的土工结构的应力变形问题。在某些简单情况下，可以不用求解复杂的偏微分方程组直接计算土层应力，见7.2节。

7.1.2　边界条件和初始条件

求解土工结构应力应变问题的方程是偏微分方程，其定解条件包括初始条件和边界条件。在与时间因素无关时，只有边界条件。边界条件是指边界约束，即边界上的限制条件。它是边界物理量与内部物理量之间关系的决定因素，包括应力和变形两方面，可以分为应力边界条件、位移边界条件，以及位移和应力混合边界条件。

1. 应力边界条件

在计算区域的某处边界上，如果作用有已知的荷载或应力，则此边界为荷载或应力边界。在这部分边界上，已知的荷载或应力分量即为应力边界条件。

2. 位移边界条件

在计算区域的某处边界上，如果位移分量确定或已知，则此边界为位移边界。在这部分边界上，已知的位移分量即为位移边界条件。

3. 混合边界条件

在计算区域的某处边界上，如果同时已知应力和位移分量，则此边界为混合边界。在这部分边界上，已知的应力和位移分量即为混合边界条件。

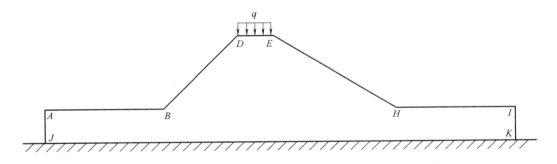

图 7.1　未蓄水堤坝及其边界示意图

仍以第 4 章的图为例，$ABDEHI$ 是在地基 AI 上修筑的堤坝，如图 7.1 和图 7.2 所示。其中，图 7.1 处于施工结束未蓄水状态。在取断面建立计算模型时，地基两侧水平方向和地基底面垂直方向一般只能取有限的长度和深度。在坚硬地层（如岩石）或取足够的地基深度（一般为上部结构高度的二三倍）条件下，底面在堤坝修筑过程中的垂直变形增

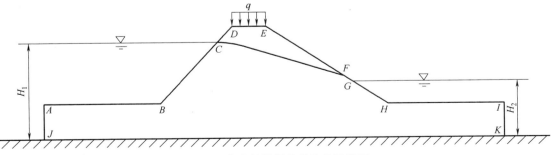

图 7.2　蓄水的堤坝及其边界示意图

量可以忽略；同样地，当两侧水平方向的长度足够时，边界的水平位移也可以忽略。计算过程中，不考虑非饱和状态的影响。根据图中的条件并基于上面的假设，可以确定图中堤坝的边界条件：

1）DE 为应力边界，在其上 $\sigma_z = q$；

2）JK 为固端边界，在其上 $U = V = W = 0$；

3）AJ 和 IK 为水平简支边界，在其上 $U = 0$。

在地基特别深且变形不能忽略时，可以在地基边界上采用无界单元，将无限深度地基的影响凝聚到无界元。无界元即为相应的边界，不需要赋予边界条件。

图 7.2 是蓄水后的堤坝，在应力-应变计算过程中需要考虑水流的作用。如前所述，一种方法是分别进行渗流和应力-应变分析，即先做渗流分析，然后将渗流力作为体积力凝聚到有限单元的节点，再进行应力-应变分析。因为坝体的变形会对渗流产生影响，所以需要反过来再进行渗流分析，通过迭代计算直到满足两次计算结果误差很小的收敛条件；另一种，也是比较合理的方法是进行流固耦合分析，即同时求解应力场、位移场和渗流场。

此时，除了上述应力和位移边界条件外，还有渗流边界条件。与第 4 章中相同，即：

1）JA、AB、BC 和 GH、HI、IK 为第一类边界，边界条件是：在 $JABC$ 上，$H = H_1$；在 $GHIK$ 上，$H = H_2$。

2）JK 为第二类边界，边界条件是：$\partial v / \partial n = 0$。其中，$n$ 是 AG 边界的法向方向，v 是流速。

3）CF 为混合边界，边界条件是：$u_w = 0$，$H = z$；且 $\partial v / \partial n = 0$。其中，$n$ 是 CF 边界的法向方向，v 是流速。CF 叫做浸润线或浸润面，是饱和区与非饱和区的分界线（面），也叫自由水面。

4）FG 为混合边界，边界条件是：$u_w = 0$，$H = z$；且 z 在 FG 上变化，同时 $\partial v / \partial n = 0$。其中，$n$ 是 GH 边界的法向方向，v 是流速。

7.2　土层的自重应力计算

一般的土体（指在任意荷载作用下的任意形状土体）的应力计算，需要联合求解平衡方程、变形协调方程（几何方程）和本构关系方程，耦合求解还要用到渗流方程；而半空间土层的应力状态比较简单，只用平衡方程就可以求解得到自重应力分布。

土体在自身重量作用下产生的有效应力，称为自重应力。大面积的水平地基可以被认为是半空间无限体。此时，当只有自重作用时，地基土层处于侧限应力状态。一般而言，土体在自重作用下已压缩稳定，不再引起土的变形（新沉积土或近期人工填土除外）。当然，含水率的变化会引起土体有效重量的变化，从而使土体的自重应力发生变化。

7.2.1　天然土层自重作用下的垂直正应力

图 7.3 所示的水平半空间均质土层，其含水率为天然含水率（包括含水率为零，即干土），土体密度为 ρ，无渗流作用，不考虑毛细作用的影响，求其自重作用下的垂直正应力分布。

这是一个简单的一维问题。沿 z 轴 x、y 平面上任意一点的变形条件完全相同，即每一点都只有垂直方向的变形，满足 $\varepsilon_x = \varepsilon_y = 0$，$\gamma_{xz} = \gamma_{yz} = \gamma_{xy} = 0$ 且 $\sigma_x = \sigma_y$，将上述条件代入土的平衡微分方程，并用 σ_{cz} 表示自重作用下的垂直正应力，有：

$$\frac{\mathrm{d}\sigma_{cz}}{\mathrm{d}z} - \rho g = 0 \qquad (7.9)$$

满足边界条件 $z = 0$ 时，$\sigma_{cz} = 0$。

解上面的方程得到：$\qquad \sigma_{cz} = \rho g z \qquad (7.10)$

结果表明，在深度 z 处的平面上，土体自重产生的垂直正应力等于单位面积上土柱的重量，即土体重度乘以土柱高度。当地基为分层的均质土层时，可以通过单位面积土柱重量的分层加和，得到垂直正应力。

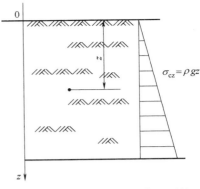

图 7.3　均质土层在自重作用下的有效应力分布

7.2.2　饱和土层自重作用下的垂直正应力

水平半空间无限面积的均质土层，在水下完全饱和，无渗流作用，如图 7.4 所示。求其自重作用产生的垂直正应力。

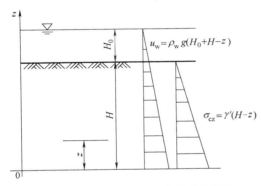

图 7.4　静水下饱和土层的孔隙水压强与有效应力分布

我们可以直接写出静止孔隙水压强分布，也可以通过求解平衡方程得到压强分布。任意取定直角坐标系，由孔隙水的平衡微分方程有：

$$\frac{\partial u_w}{\partial z} = -\rho_w g \qquad (7.11)$$

边界条件为 $z = H_0 + H$ 时，$u_w = 0$。

由此，解得孔隙水压强分布：

$$u_w = \rho_w g(H_0 + H - z) \qquad (7.12)$$

由有效应力表示的土的平衡微分方程：

$$\frac{\partial(\sigma_{cz} + u_w)}{\partial z} = -\rho_m g \qquad (7.13)$$

边界条件为 $z = H$ 时，$u_w = \rho_w g H_0$，$\sigma_{cz} = 0$。

由此解得

$$\sigma_{cz} = \rho_m g(H - z) - \rho_w g(H - z) = \gamma'(H - z) \qquad (7.14)$$

式中　γ'——土的浮重度。

不用有效应力平衡微分方程求解，而改用直接求解总应力，再用有效应力方程得到有效应力，可以得到同样的结果。说明如下：

土层中任意一点，由总应力平衡微分方程和边界条件可以得到：

$$\sigma_{tz} = \rho_w g H_0 + \rho_m g(H - z) \qquad (7.15)$$

应用有效应力方程

$$\sigma_{cz} = \sigma_{tz} - u_w = (\rho_m - \rho_w)g(H-z) = \gamma'(H-z) \tag{7.16}$$

上述结果表明，在深度 z 处的平面上，土体自重应力等于单位面积上土柱的有效重力 W，即浮重度乘以土柱高度。而孔隙水压强则等于水深乘以水的重度。

自重应力随深度 z 线性增加，呈三角形分布图形，如图 7.5 所示。并且，在任何一个水平面上，其自重应力大小相等。地基为成层土体时，如图 7.6 所示，假设各土层的厚度为 h_1，h_2，$\cdots$，h_n，重度为 γ_1，γ_2，$\cdots$，γ_n，则地基中的第 n 层土层底面处的竖向自重应力为：

$$\sigma_{cz} = \gamma_1 h_1 + \gamma_2 h_2 + \gamma_3 h_3 + \cdots + \gamma_n h_n = \sum_{i=1}^{n} \gamma_i h_i \tag{7.17}$$

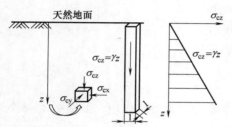

图 7.5　土的自重应力计算

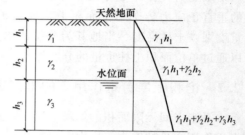

图 7.6　多层土中的自重应力

【例 7-1】　某地基由多层土组成，地质剖面如图 7.7 所示，试计算并绘制自重产生的垂直正应力 σ_{cz} 沿深度的分布图。

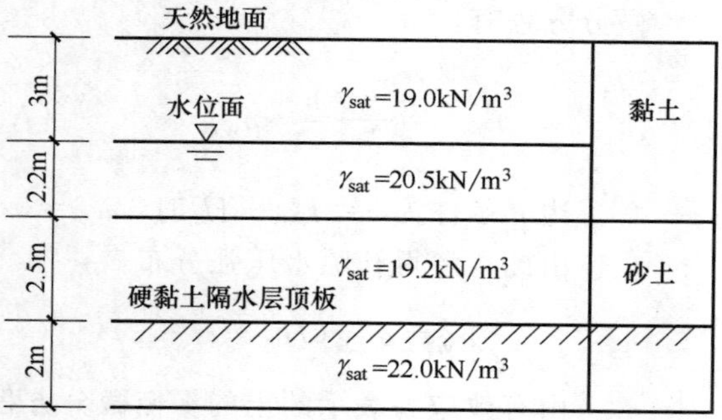

图 7.7　例 7-1 地质剖面图

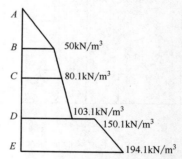

图 7.8　例 7-1 自重应力沿深度分布图

【解】　在地基中分别取 A、B、C、D 和 E 五点进行自重应力计算，如图 7.8 所示，计算过程如下：

A 点：$\sigma_{czA} = 0$

B 点：$\sigma_{czB} = \gamma_B h_B = 19 \times 3\text{kPa} = 57.0\text{kPa}$

C 点：$\sigma_{czC} = \gamma_B h_B + \gamma'_C h_C = 19 \times 3\text{kPa} + (20.5-10) \times 2.2\text{kPa} = 80.1\text{kPa}$

D 点上：$\sigma_{czD上} = \gamma_B h_B + \gamma'_C h_C + \gamma'_{D上} h_D = 80.1\text{kPa} + (19.2-10) \times 2.5\text{kPa} = 103.1\text{kPa}$

D 点下：$\sigma_{czD下} = \gamma_B h_B + \gamma'_C h_C + \gamma'_{satD下} h_D = 80.1\text{kPa} + 19.2 \times 2.5\text{kPa} = 150.1\text{kPa}$

E 点：$\sigma_{czE} = \gamma_B h_B + \gamma'_C h_C + \gamma'_{satD下} h_D + \gamma_{satE} h_E = 150.1\text{kPa} + 22 \times 2\text{kPa} = 194.1\text{kPa}$

7.2.3 饱和土层在渗流和自重共同作用下的垂直正应力

只讨论饱和土层受垂直向上渗流和垂直向下渗流作用的情况。

如图 7.9 所示，半空间无限均质土层，在 $z=0$ 处，$u_w=0$，稳定渗流垂直向下。土层地面以上水位高 H_0，且保持不变。在上述给定条件下，土层中孔隙水流速 $v_x=v_y=0$，v_z 为常量。

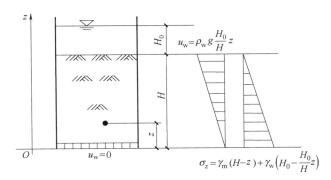

图 7.9 水下土层有垂直向下渗流时的孔隙水压强与有效应力分布

在均质土体条件下应用孔隙水的平衡微分方程：

$$n\frac{\partial u_w}{\partial z}+f_{swz}+n\rho_w g=0 \tag{7.18}$$

$$f_{swz}=A \cdot \frac{v_z}{n}$$

假设在给定条件下 A、v_z、n 均为常量，于是由上述两式有：

$$\frac{\partial(u_w+\rho_w gz)}{\partial z}=c \tag{7.19}$$

式中 c——常量。

边界条件为：在 $z=0$ 处，$u_w=0$；$z=H$ 处，$u_w=\gamma_w H_0$。

由此，解上面的方程可得：

$$u_w=\rho_w g\frac{H_0}{H}z \tag{7.20}$$

由有效应力表示的平衡微分方程，有：

$$\frac{\partial(\sigma_z+u_w)}{\partial z}=-\gamma_m \tag{7.21}$$

边界条件为：在 $z=H$ 处，$u_w=\gamma_w H_0$，$\sigma_z=0$。

由此解得

$$\sigma_z=\gamma_m(H-z)+\gamma_w\left(H_0-\frac{H_0}{H}z\right) \tag{7.22}$$

同样，可以先求总应力，再用总应力减去孔隙水压强得到有效应力。此时，垂直方向总应力：

$$\sigma_{tz}=\gamma_m H_0+\gamma_w(H-z) \tag{7.23}$$

于是

$$\sigma_z = \sigma_{tz} - u_w = \gamma_m H_0 + \gamma_w (H-z) - \gamma_w \frac{H_0}{H} z = \gamma_m (H-z) + \gamma_w \left(H_0 - \frac{H_0}{H} z\right) \quad (7.24)$$

如图 7.10 所示，半空间无限均质土层，稳定渗流垂直向上。在 $z=0$ 处测得的总水势水头恒为 $H_0 + H$，即 $u_w = \gamma_w (H_0 + H)$；在 $z=H$ 处，总水势水头为 H，即 $u_w = 0$。

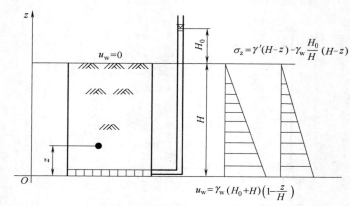

图 7.10　水下土层有垂直向上渗流时的孔隙水压强与有效应力分布

同上面的问题一样，应用孔隙水平衡微分方程有：

$$\frac{\partial (u_w + \rho_w g z)}{\partial z} = c \quad (7.25)$$

边界条件为：$z=H$ 处，$u_w = 0$；$z=0$ 处，$u_w = \gamma_w (H_0 + H)$。
由此解得：

$$u_w = \gamma_w (H_0 + H) \left(1 - \frac{z}{H}\right) \quad (7.26)$$

于是，可以由总应力

$$\sigma_{tz} = \gamma_m (H-z) \quad (7.27)$$

再应用有效应力方程得到：

$$\sigma_z = \sigma_{tz} - u_w = \gamma_m (H-z) - \gamma_w (H_0 + H) \left(1 - \frac{z}{H}\right) \quad (7.28)$$

$$= \gamma' (H-z) - \gamma_w \frac{H_0}{H} (H-z)$$

土层中孔隙水压强和有效应力的分布，如图 7.10 所示。

7.2.4　自重产生的水平正应力

前面分析了均质半空间土层在自重作用下产生的垂直正应力，因为是侧限应力状态，所以 $\varepsilon_x = \varepsilon_y = 0$，$\gamma_{xz} = \gamma_{yz} = \gamma_{xy} = 0$ 且 $\sigma_{cx} = \sigma_{cy}$。由此，可以得到相应的水平正应力。
对土骨架引入线弹性应力-应变关系，有：

$$\begin{cases} \varepsilon_x = \dfrac{1}{E} [\sigma_{cx} - \mu (\sigma_{cx} + \sigma_{cz})] \\[2mm] \varepsilon_z = \dfrac{1}{E} (\sigma_{cz} - 2\mu \sigma_{cx}) \end{cases} \quad (7.29)$$

由 $\varepsilon_x = 0$，可以得到：

$$\sigma_{cx} = \frac{\mu}{1-\mu}\sigma_{cz} = K_0\sigma_{cz} \tag{7.30}$$

式中　　K_0——土的静止侧压力系数，$K_0 = \dfrac{\mu}{1-\mu}$。

其可以通过土的侧限压缩试验测得，见第 8 章。将前面各种情况下的垂直正应力代入，可以得到相应的水平应力。

将 σ_{cx}、σ_{cz} 代入式（7.29），可以得到土层的垂直正应变（水平应变为零）：

$$\varepsilon_z = \frac{(1+\mu)(1-2\mu)}{(1-\mu)E}\sigma_{cz} \tag{7.31}$$

上述计算实例中，均假设地基为平面半空间无限延伸的土层，这当然是理想化的情况。但是，在大多数情况下都可以把实际地基土层看成是半空间无限体，近似估算其自重应力。

7.3 基底压力计算

前面讲述的自重应力计算，荷载明确，计算也比较简单。除了自重荷载之外，地基土层还会受到在它上面的建筑物的作用。这些建筑物把所受到的各种力通过其基础传给地基，使地基产生应力和变形。因为基础和地基的接触面一般不能承受拉力，所以基础传给地基的一般都是压力。建筑物通过基础底面传给地基表面的压力称为基底压力，由此在地基内产生的应力称为地基附加应力。基底压力是计算地基附加应力的外荷载。要计算地基中的附加应力，必须首先了解基底压力的大小和分布规律。

基底压力计算一般采用简化方法，即按材料力学公式计算：在中心荷载作用下，假定基底压力为均布分布；偏心荷载作用下，假定基底压力为直线变化。

7.3.1 基底压力分布

基底压力分布涉及上部结构、基础和地基土的共同作用，是一个十分复杂的问题。在用数值方法求解时，可以把上部结构物、基础和地基整体作为结构和土的相互作用问题。简化分析时，一般将其看作是弹性理论中的接触压力问题。试验和理论研究表明，基底压力分布与基础大小、刚度、形状、埋深、地基土的性质以及作用于基础上的荷载大小、分布和性质等许多因素有关。理论分析中，要综合考虑所有因素十分困难；弹性理论分析中，主要研究了不同刚度的基础在弹性半空间体表面的基底压力分布问题。

1. 刚性很小的基础和柔性基础

如果基础的抗弯刚度 $EI = 0$，这种基础相当于绝对柔性基础，好像放置于地基上的柔性薄膜，能随地基发生相同的变形，则基底压力大小和分布状况与作用在基础上的荷载大小和分布状况相同，如图 7.11（a）所示；实际工程中，可以把柔性较大（刚度较小）能适应地基变形的基础看成是柔性基础，如土坝或路堤，可近似认为其本身不传递剪力，自身重力引起的基底压力分布服从文克尔（Winkler）假定，基底压力与该点的地基沉降变形成正比，故其分布与荷载分布相同，如图 7.11（b）所示。

2. 刚性基础

刚度很大、不能适应地基变形的基础，可视为刚性基础。建筑工程中的墩式基础、箱

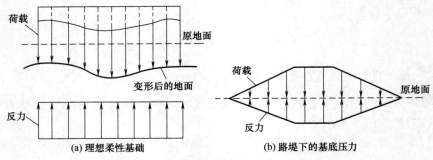

图 7.11　柔性基础底面接触应力分布图

形基础、水利工程中的水闸基础、混凝土坝等，均可看作刚性基础。刚性基础的基底压力分布随上部荷载的大小、基础的埋深和土的性质而异。如黏性土表面上的条形基础，其基底压力分布呈中间小边缘大的马鞍形，如图 7.12（b）所示；随荷载增加，基底压力分布呈中间大边缘小的形状，如图 7.12（c）所示；又如砂土地基表面上的条形刚性基础，由于受中心荷载作用时基底压力分布呈抛物线分布，随着荷载的增加，基底压力分布的抛物线的曲率增大，如图 7.12（d）所示。这主要是散状砂土颗粒的侧向移动导致边缘的压力向中部转移而形成的。

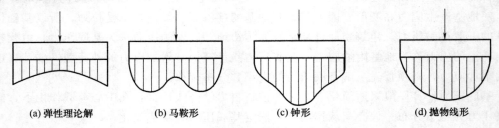

图 7.12　刚性基础底面接触应力分布图

从上述讨论中可见，基底压力的分布是比较复杂的，按直线简化法计算基底压力和实际基底压力的分布是有区别的。但是一般情况下，工程中的建筑物是介于绝对刚性基础和绝对柔性基础之间的。作用在基础上的荷载，由于不能超过地基的承载力，因此一般不会太大，且基础还有一定的埋深，所以基底压力分布大多数情况下是马鞍形分布，比较接近基底压力为直线分布的假定。按材料力学计算的公式，而且根据弹性理论中的圣维南原理以及从土中应力实际量测的结果得知：当作用在基础上的荷载总值一定时，基底压力分布的形状对土中应力分布的影响只在一定深度范围内。一般而言，距基底的深度超过基础宽度的 1.5～2.0 倍时，它的影响已不显著。因此，对于土中应力的计算，基底压力可以采用简化的直线假设。

7.3.2　基底压力的简化计算方法

1. 中心荷载作用下的基底压力

对于中心荷载作用下的矩形基础，如图 7.13 所示。此时，基底压力均匀分布，其数值可按下式计算，即

$$p = \frac{F_{\mathrm{v}}}{A} = \frac{F + G}{A} \tag{7.32}$$

式中　p——基底平均压力（kPa）；

$$F_V = F + G$$

F——上部结构传至基础顶面的垂直荷载（kN）；

G——基础自重与台阶上的土重力之和（kN），一般取 $\gamma_G = 20\text{kN/m}^3$ 计算；

A——基础底面积（m²），$A = lb$。

对于条形基础（$l \geqslant 10b$），则沿长度方向取 1m 计算。此时，上式中的 F、G 则为基础截条内的相应值（kN/m）。

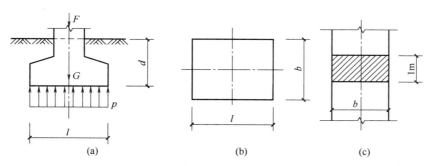

图 7.13　中心荷载作用下基底压力的计算

2. 偏心荷载作用下的基底压力

（1）单向偏心荷载作用下的矩形基础

当偏心荷载作用于矩形基底的一个主轴上时，称为单向偏心荷载，如图 7.14 所示，基底的边缘压力可按下式计算，即

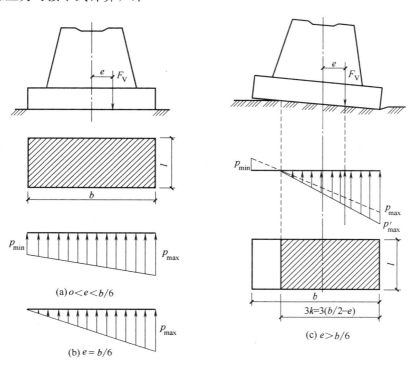

图 7.14　偏心荷载作用下基底压力分布

$$\left.\begin{array}{r} p_{\max} \\ p_{\min} \end{array}\right\} = \frac{F_V}{A} \pm \frac{M}{W} = \frac{F+G}{bl}\left(1 \pm \frac{6e}{l}\right) \tag{7.33}$$

式中　$p_{\max}$——基底边缘最大压力（kPa）；

　　　$p_{\min}$——基底边缘最小压力（kPa）；

　　　M——作用于基底的力矩（kN·m），$M=(F+G)e$；

　　　e——荷载偏心距（m）；

　　　W——基底抵抗矩（m^3），$W=\dfrac{1}{6}bl^2$；

　　　l——力矩作用平面内的基础底面边长（m）；

　　　b——垂直力矩作用平面的基础底面边长（m）。

由式（7.33）可见：

当 $e<b/6$ 时，基底压力分布图呈梯形，如图 7.14（a）所示；

当 $e=b/6$ 时，则呈三角形分布，如图 7.14（b）所示；

当 $e>b/6$ 时，按式（7.33）计算结果，距偏心荷载较远的基底边缘反力为负值，即 $p_{\min}<0$。由于基底与地基局部脱开，而地基土及接触面不能承受拉应力，故基底压力进行应力重分布。根据外荷载应满足 F_V 与基底反力合力大小相等、方向相反并作用在一条直线上的平衡条件，可得出边缘的最大压力 $p'_{\max}$ 为

$$p'_{\max} = \frac{2F_V}{3\left(\dfrac{b}{2}-e\right)l} = \frac{2F_V}{3kl} \tag{7.34}$$

式中　k——单向偏心作用点至具有最大压力的基底边缘的距离，$k=\dfrac{b}{2}-e$。

对于荷载沿长度方向均匀分布的条形基础，F、G 对应均取单位长度内的相应值，基础宽度为 b，基础长度取单位长度，则基底压力为

$$\left.\begin{array}{r} p_{\max} \\ p_{\min} \end{array}\right\} = \frac{F_V}{b}\left(1 \pm \frac{6e}{b}\right) \tag{7.35}$$

需要注意的是：为了减少因地基应力不均匀引起过大的不均匀沉降，在实际工程中，通常要求 $p_{\max}/p_{\min} \leqslant (1.5 \sim 3.0)$。对于压缩性大的黏性土应采用小值，对于压缩性小的无黏性土可采用大值。当计算得到 $p_{\min}<0$ 时，一般应调整结构设计和基础尺寸，尽量避免基底边缘反力为负值的情况。

（2）双向偏心荷载下的矩形基础

矩形基础在双向偏心荷载作用下，如基底最小压力 $p_{\min} \geqslant 0$，则矩形基底边缘四个角点处的压力 $p_{\min}$、$p_{\max}$、p_1、p_2，可按式（7.36）和式（7.37）计算，如图 7.15 所示。

$$\left.\begin{array}{r} p_{\max} \\ p_{\min} \end{array}\right\} = \frac{F_V}{lb} \pm \frac{M_x}{W_x} \pm \frac{M_y}{W_y} \tag{7.36}$$

$$\left.\begin{array}{r} p_1 \\ p_2 \end{array}\right\} = \frac{F_V}{lb} \mp \frac{M_x}{W_x} \pm \frac{M_y}{W_y} \tag{7.37}$$

式中　M_x、M_y——荷载合力分别对矩形基底 x、y 对称轴的力矩；

　　　W_x、W_y——基础底面分别对 x、y 轴的抵抗矩。

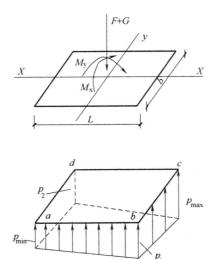

图 7.15 双向偏心荷载下的基底压力

3. 斜向荷载作用下的基底压力

承受水压力和土压力的建筑物、构筑物等，基础常常受到斜向荷载的作用，如图 7.16 所示。斜向荷载除了要引起竖向基底压力 p_v（其最大值和最小值分别为 p_{max}、p_{min}）外，还会引起水平应力 p_h。计算时，可将斜向荷载 F 分解为竖向荷载 F_v 和水平荷载 F_h。由竖向荷载 F_v 引起的竖向基底压力可按上述方法计算，而由水平荷载 F_h 引起的基底水平应力 p_h 一般假定为均匀分布于整个基础底面。则对于矩形基础，基底水平应力为

$$p_h = \frac{F_h}{A} = \frac{F_h}{bl} \tag{7.38}$$

对于条形基础，取 $l = 1\mathrm{m}$，则

$$p_h = \frac{F_h}{b} \tag{7.39}$$

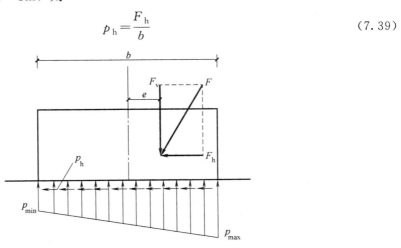

图 7.16 倾斜荷载作用下的基底压力

7.3.3 基底附加压力（基底净压力）的计算

建筑物建造前，地基土的自重应力已存在，一般的天然地基在自重应力作用下的地基变形早已完成。只有建筑物的荷载在地基土中产生的附加应力，才能导致地基发生新的变形。建筑物的荷载通过基础传给地基，作用在基础底面的压力与基础底面处原来土中的自重应力之差称为基底附加压力，如图 7.17 所示。它是引起地基附加应力及其变形的直接因素。

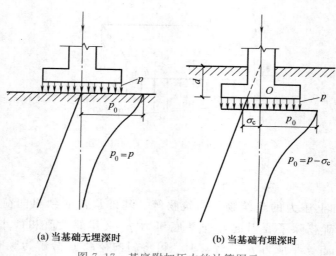

(a) 当基础无埋深时   (b) 当基础有埋深时

图 7.17 基底附加压力的计算图示

当基础在地面上，无埋深如图 7.17（a）所示。此时，基础底面（地基顶面）平均附加压力 p_0 即为基础底面接触压力 p：

$$p_0 = p \tag{7.40}$$

实际工程中，基础总是埋置在天然地面下的一定深度，该处原有的自重应力由于基坑开挖而卸除。因此，在建筑物建造后的基底压力应扣除基底标高处原有土的自重应力后，才是基础底面真正施加于地基的压力——基底附加应力或基底净压力。

当基底压力 p 均匀分布时，有

$$p_0 = p - \sigma_c = p - \gamma_0 d \tag{7.41}$$

式中　p_0——基础底面的平均附加压力，kPa；

　　　p——基础底面的平均接触压力，kPa；

　　　σ_c——基底处的自重应力，kPa；

　　　d——基础埋深，m；

　　　γ_0——基础底面以上各土层的加权平均重度，kN/m³，$\gamma_0 = \sum \gamma_i h_i / \sum h_i$。

由于计算基底自重应力时假定地基为半无限空间体，而基坑开挖的卸荷是局部的，因而上述的基底附加应力的计算结果是近似的。另外，当基坑的平面尺寸较大或深度较深时，基坑底将发生明显的回弹，且基坑中点的回弹大于边缘点，在沉降计算中应加以考虑。一个近似的方法是修正基底附加压力，通常将 σ_c 前乘以一个修正系数 α。α 的精确取值十分困难，一般可根据经验取 $\alpha = 0 \sim 1$。修正后基底附加压力 p_0 为 $p_0 = p - (0 \sim 1)\sigma_c$。

从式（7.41）中可以看出，若基底压力 p 不变，埋深越大则基底附加应力越小。利用这一特点，当工程上遇到地基承载力较小时，为减少建筑物的沉降，可采取增大基础埋深、使基底附加应力减小的措施。

7.4 地基附加应力计算

地基中的附加应力是建筑物、构筑物等外荷载在地基中产生的应力增量。前 1 节介绍了基底压力和基底净压力的计算方法。确定了基底净压力，就确定了地基表面的新增荷载，于是就可以应用平衡方程、变形协调方程和本构关系方程求解地基中的附加应力。一般的问题，需要用数值解法；当地基可以作为半空间体时，可以应用弹性理论得到解析解。

用弹性力学方法求解地基附加应力，把基底附加压力作为弹性半空间地基表面上的局部荷载，不考虑孔隙水的作用。计算时假定：

1）地基是半空间无限体；
2）地基土是均匀、连续、各向同性的线弹性体。

基底附加压力一般作用在地表下一定深度（指浅基础的埋深）处。因此，假设它作用在半空间无限体表面所得的地基中的附加应力结果是近似的。不过，对于一般浅基础来说，这种假设所造成的误差可以忽略不计。地基附加应力计算分为空间问题和平面问题两类，以下分别介绍平面问题和空间问题的弹性理论基本解。

7.4.1 平面问题的地基附加应力计算

设在地基表面作用有无限长的条形荷载，荷载沿宽度方向可以是任意的，但沿着长度方向不变，是均匀分布的，即荷载的分布形式在每个断面上都是一样的。因此，只需研究任意一个横截面上的应力分布，这类问题称为平面问题。

在实际工程中，没有无限长的受荷面积，不过当荷载作用面积的长宽比很大，如矩形面积。当 $l/d \geqslant 10$ 时，按实际计算与按 $l/d \rightarrow \infty$ 计算出的地基中的附加应力相比误差很小。工程中，将矩形面积 $l/d \geqslant 10$ 时的基础称为条形基础。如房屋的墙基、挡土墙基础、路基、坝基均属于条形基础，可按平面问题考虑。下面介绍这一平面问题基本解——Flamant 解。

在半无限空间弹性体的表面，作用在一条无限长直线上的均布荷载称为线荷载，如图 7.18 所示。

在线荷载作用下，地基中的附加应力状态属于平面问题。只要确定了 xoz 平面内的应力状态，其他垂直于 y 轴平面上的应力状态都相同。这种情况的应力解答是由 Flamant 于 1892 年首先解出，故称为 Flamant 解，是弹性力学中的一个基本解。

采用极坐标时，Flamant 解为

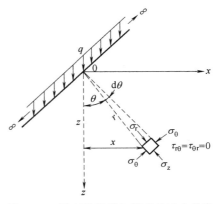

图 7.18 竖直线荷载作用下的应力状态

$$\begin{cases} \sigma_r = \dfrac{2q}{\pi z}\cos^2\theta \\[2mm] \sigma_\theta = 0 \\[2mm] \tau_{r\theta} = \tau_{\theta r} = 0 \end{cases} \tag{7.42}$$

若采用直角坐标系，可根据弹性力学中的坐标变化公式，即

$$\begin{cases} \sigma_z = \sigma_r\cos^2\theta + \sigma_\theta\sin^2\theta + \tau_{r\theta}\sin2\theta \\[2mm] \sigma_x = \sigma_r\sin^2\theta + \sigma_\theta\cos^2\theta - \tau_{r\theta}\sin2\theta \\[2mm] \tau_{xz} = \tau_{zx} = \dfrac{1}{2}(\sigma_r - \sigma_\theta)\sin2\theta - \tau_{r\theta}\cos2\theta \end{cases} \tag{7.43}$$

将式（7.42）代入式（7.43），可得在直角坐标系下的 *Flamant* 基本解为：

$$\begin{cases} \sigma_z = \dfrac{2q}{\pi z}\cos^4\theta \\[3mm] \sigma_x = \dfrac{2q}{\pi z}\cos^2\theta\sin^2\theta \\[3mm] \tau_{xz} = \tau_{zx} = \dfrac{2q}{\pi z}\cos^3\theta\sin\theta \end{cases} \tag{7.44}$$

在地基基础工程上，最重要的附加应力分量是竖向附加应力 σ_z。由图 7.18 可见，$\cos\theta = \dfrac{z}{\sqrt{x^2+z^2}}$ 代入式（7.44），可得

$$\sigma_z = \frac{2}{\pi}\left[\frac{1}{1+(x/z)^2}\right]^2 \cdot \frac{q}{z} \tag{7.45}$$

令

$$\alpha_1 = \frac{2}{\pi}\left[\frac{1}{1+(x/z)^2}\right]^2 \tag{7.46}$$

则

$$\sigma_z = \alpha_1\frac{q}{z} \tag{7.47}$$

式中　σ_z——地基中某点的竖向附加应力（kPa）；

　　　α_1——线荷载作用下的竖向附加应力系数；

　　　q——线荷载集度（kN/m）；

　　　z——计算点至地表的垂直深度（m）。

7.4.2　空间问题的地基附加应力计算

在半无限空间弹性体的表面，作用一竖向集中力，如图 7.19 所示。在集中力作用下，地基中的附加应力状态属于空间问题。这种情况的应力解答是由 *Boussinesq* 于 1885 年首先解出，故称为 *Boussinesq* 解，是弹性力学中的另一个基本解。

采用极坐标时，*Boussinesq* 解为

$$\begin{cases} \sigma_z = \dfrac{3Q}{2\pi z^2}\cos^5\theta \\[2mm] \sigma_r = \dfrac{Q}{2\pi z^2}\left[3\sin^2\theta\cos^2\theta - \dfrac{(1-2\mu)\cos^2\theta}{1+\cos\theta}\right] \\[2mm] \sigma_\theta = -\dfrac{Q}{2\pi z^2}(1-2\mu)\left[\cos^3\theta - \dfrac{\cos^2\theta}{1+\cos\theta}\right] \\[2mm] \tau_{rz} = \dfrac{3Q}{2\pi z^2}\sin\theta\cos^4\theta \\[2mm] \tau_{r\theta} = \tau_{\theta r} = 0 \\[2mm] \tau_{z\theta} = \tau_{\theta z} = 0 \end{cases} \tag{7.48}$$

式中　　　σ_z——竖向附加应力（kPa）；

　　　　　σ_r——径向附加应力（kPa）；

　　　　　σ_θ——切向附加应力（kPa）；

τ_{rz}、$\tau_{z\theta}$、$\tau_{r\theta}$——附加剪应力（kPa）；

　　　　　Q——竖向集中力（kN）；

　　　　　μ——泊松比。

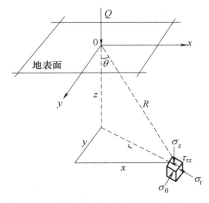

图 7.19　竖向集中力作用下的应力状态

同样，最重要的是竖向附加应力 σ_z。由图 7.19 可见，$\cos\theta = \dfrac{z}{R} = \dfrac{z}{\sqrt{r^2+z^2}}$，代入式 (7.48)，可得

$$\sigma_z = \frac{3}{2\pi[1+(r/z)^2]^{5/2}} \cdot \frac{Q}{z^2} \tag{7.49}$$

令

$$\alpha_Q = \frac{3}{2\pi[1+(r/z)^2]^{5/2}} \tag{7.50}$$

则

$$\sigma_z = \alpha_Q \cdot \frac{Q}{z^2} \tag{7.51}$$

式中　α_Q——集中荷载作用下的竖向附加应力系数；

　　　z——计算点至地表的垂直深度（m）；

其他符号同前。

实际工程中没有集中力，荷载一般都有一定的分布。当计算点的 r 值远大于分布荷载边界最大尺寸时，可将分布荷载用一集中力代替来计算竖向附加应力。这样，虽然有一定误差，但也是工程所允许的。其过程是先根据计算点的 r 和 z 值，由式（7.50）计算出 α_Q 值或根据 r/z 值查表7.1得 α_Q 值，再代入式（7.51）中计算。

集中荷载作用下的竖向附加应力系数 α_Q 值　　　　表 7.1

r/z	α_Q	r/z	α_Q	r/z	α_Q	r/z	α_Q	r/z	α_Q
0.00	0.4775	0.50	0.2733	1.00	0.0844	1.50	0.0251	2.00	0.0085
0.05	0.4745	0.55	0.2466	1.05	0.0744	1.55	0.0224	2.20	0.0058
0.10	0.4657	0.60	0.2214	1.10	0.0658	1.60	0.0200	2.40	0.0040
0.15	0.4516	0.65	0.1978	1.15	0.0581	1.65	0.0179	2.60	0.0029
0.20	0.4329	0.70	0.1762	1.20	0.0513	1.70	0.0160	2.80	0.0021
0.25	0.4103	0.75	0.1565	1.25	0.0454	1.75	0.0144	3.00	0.0015
0.30	0.3849	0.80	0.1386	1.30	0.0402	1.80	0.0129	3.50	0.0007
0.35	0.3577	0.85	0.1226	1.35	0.0357	1.85	0.0116	4.00	0.0004
0.40	0.3294	0.90	0.1083	1.40	0.0317	1.90	0.0105	4.50	0.0002
0.45	0.3011	0.95	0.0956	1.45	0.0282	1.95	0.0095	5.00	0.0001

【例 7-2】　在地表面作用集中力 $Q = 200\text{kN}$，确定地面下深度 $z = 3\text{m}$ 处水平面上的竖向附加应力 σ_z 分布，以及距 Q 的作用点 $r = 1\text{m}$ 处竖向附加应力 σ_z 分布。

【解】　各点的竖向附加应力 σ_z 可按式（7.51）计算，并列于表 7.2 和表 7.3 中，同时可绘出的 σ_z 分布，如图 7.20 所示。

$z = 3\text{m}$ 处水平面上竖向附加应力 σ_z 计算　　　　表 7.2

r(m)	0	1.0	2.0	3.0	4.0	5.0
r/z	0	0.33	0.67	1.0	1.33	1.67
α_Q	0.478	0.369	0.189	0.084	0.038	0.017
σ_z(kPa)	10.6	8.2	4.2	1.9	0.8	0.4

$r = 1\text{m}$ 处竖向附加应力 σ_z 计算　　　　表 7.3

z(m)	0	1.0	2.0	3.0	4.0	5.0	6.0
r/z	∞	1.0	0.5	0.33	0.25	0.20	0.17
α_Q	0	0.084	0.273	0.369	0.410	0.433	0.444
σ_z(kPa)	0	16.8	13.7	8.2	5.1	3.5	2.5

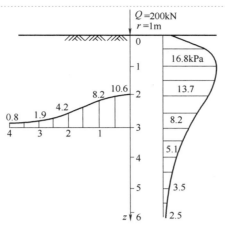

图 7.20　集中荷载作用下土中竖向附加应力分布

计算结果表明，在半无限体内任一水平面上，随着与集中力作用点距离的增大，σ_z值迅速地减小。在不通过集中力作用点的任一竖向剖面上，σ_z 的分布特点是：在半无限体表面处，$\sigma_z = 0$，随着深度增加，σ_z 逐渐增大，在某一深度处达到最大值；此后，又逐渐减少，并且减少的速度较快，逐渐趋于零。

采用弹性理论可以求解土层的应力和变形（弹性变形），上面只关注了应力分布，变形将在下一章介绍。需要注意的是，弹性变形不能准确反映土层的真实变形情况。

思考题

1. 计算地基土体应力的目的是什么？土中应力可能由哪些原因引起？
2. 何谓土的自重应力？土的自重应力分布有何特点？地下水位升降对自重应力有何影响？
3. 基底压力的分布规律与哪些因素有关？柔性基础和刚性基础基底压力分布规律有何不同？
4. 何谓地基中的附加应力？其分布规律是什么？根据哪些假设、采用什么方法计算地基中的附加应力？
5. 从平衡微分方程角度求解土中的应力的主要思路是什么？

习题

1. 在图 7.12 的土体自重应力计算算例中，把坐标原点取在地基表面，垂直坐标轴向下为正，给出自重应力的结果表达式。
2. 在砂土地基上施加一无限均布的填土，填土厚2m，重度16kN/m³，砂土的饱和重度为18kN/m³，地下水位在地表处，则5m深度处作用在骨架上的竖向应力为多少？
3. 某成层土层，其物理性质指标如图 7.21 所示，试计算自重应力并绘制分布图。已知：砂土：$\gamma_1 = 19.0$kN/m³，$\gamma_s = 25.9$kN/m³，$w = 18\%$；黏土：$\gamma_2 = 16.8$kN/m³，$\gamma_s = 26.8$kN/m³，$w = 50\%$，$w_L = 48\%$，$w_P = 25\%$；$h_1 = 2$m，$h_2 = 3$m，$h_3 = 4$m。

图 7.21　习题 7-3 图

4. 如图 7.22 所示，基础基底尺寸为 $4m \times 21m$，试求基底平均压力 $\bar{p}$、最大压力 p_{max} 和最小压力 p_{min}，绘出沿偏心方向的基底压力分布图。

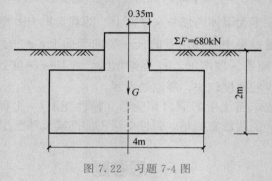

图 7.22　习题 7-4 图

5. 一矩形基础，宽为 3m，长为 4m，在长边方向作用一偏心荷载 $F + G = 1200kN$。偏心距为多少时，基底不会出现拉应力？试问当 $p_{min} = 0$ 时，最大压应力为多少？

6. 有一基础埋置深度 $d = 1.5m$，建筑物荷载及基础和台阶土重传至基底总应力为 $100kPa$，若基底以上土的重度为 $18kN/m^3$，饱和重度为 $19kN/m^3$，基底以下土的重度为 $17kN/m^3$，地下水位在基底处，则基底竖向附加应力为多少？若地下水位在地表处，则基底竖向附加应力又为多少？

7. 已知某一矩形基础，宽为 4m，长为 8m，基底附加应力为 $90kPa$，中心线下 6m 处竖向附加应力为 $58.28kPa$。试问另一矩形基础，宽为 2m，长为 4m，基底附加应力为 $100kPa$，角点下 6m 处竖向附加应力为多少？

8

地基沉降与固结计算

如前所述，引入定解条件联立求解平衡方程、几何方程和本构方程可以得到岩土结构的应力和变形，包括计算地基的沉降和固结。联立求解上述 3 组方程，一般需要采用数值分析方法。对于地基土层，不采用数值方法，传统土力学给出了一些简易的求解方法。

地基表面的竖向变形，称为地基沉降。由经验可知，在受到外力作用后，透水性强的砂石地基的变形很快趋于稳定，而透水性弱的饱和黏土地基的变形则需要较长的时间才能趋于稳定。原因是当饱和黏土地基受力时，外力由土骨架和孔隙水共同承受。外力的作用在引起土体应力变化的同时，也使孔隙水压强升高并产生渗流。升高的孔隙水压强，称为超静孔隙水压强。随着孔隙水流出，超静孔隙水压强逐渐下降，外力逐步地由土骨架完全承受。土体加载后，超静孔隙水压强逐渐消散、有效应力逐渐增加的过程，称为土的固结。地基土的固结过程也是变形沉降的过程。

建筑物的地基不发生过大沉降或不均匀沉降，是保证其正常使用的基本前提。实际生产和生活中，曾有不少建筑物因地基变形导致破坏或影响使用，给人们的生命财产安全造成极大危害。为了保证建筑物的安全和正常使用，设计工程师要估算基础可能发生的沉降，并设法将其控制在容许范围内。必要时，采取相应的工程措施，以确保建筑物的安全。

对于许多工程，不仅需要预判地基的最终沉降量，还需要把握沉降随时间的变化过程，即沉降与时间的关系，以便控制施工速度或考虑保证建筑物正常使用的安全措施。而在研究土工结构稳定性时，也需要知道土体中的孔隙水压强，特别是超静孔隙水压强的分布。这都涉及土的固结问题。

本章介绍沉降产生的原因及类型，同时给出地基沉降量的简要计算方法。在此之后，介绍饱和土的太沙基一维固结理论及比奥固结理论。学完本章内容，需要理解固结和沉降的概念，掌握固结和沉降的各种计算方法，并能计算简单情况下土体的固结和沉降量。要了解并能够分析应力历史对沉降的影响及沉降随时间的变化过程。要熟知并理解土体固结的原理和机制，掌握固结方程的推导过程，熟悉并理解固结方程的求解方法和边界条件。

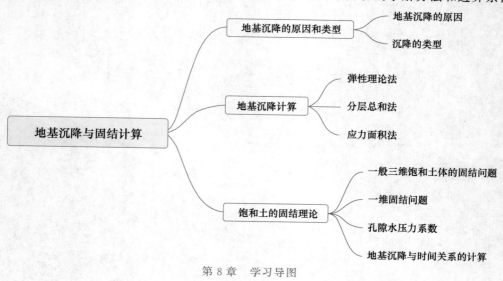

第 8 章　学习导图

8.1 地基沉降的原因和类型

地基沉降是指地基表面的竖向变形，而地基沉降量则是指地基土压缩变形达到稳定时的最大沉降量。由于蠕变*和固结，地基变形稳定可能需要很长时间。对于砂石土地基，当蠕变比较小时，可以忽略不计。

8.1.1 地基沉降的原因

地基的沉降变形可能由多种原因引起，如表 8.1 所示。土力学的计算方法主要针对由建筑物荷载引起的那部分沉降，非荷载导致的沉降，需要靠慎重选址、地基预处理或其他结构措施来预防或减轻危害。

建筑物地基沉降的原因 表 8.1

原　　因	机　　理	性　　质
建筑物荷重	土体形变	瞬时完成
	土体固结孔隙比发生变化	决定于土的应力应变关系，且随时间发展
环境荷载	土体干缩	取决于土体失水后的性质，不易计算
	地下水位变化	土层有效应力变化引起变形
不直接与荷载有关的其他因素，如环境原因等	振动引起土粒重排列	视振动性质与土的密度而异，不规则
	浸水湿陷或软化，结构破坏丧失黏聚力	随土性与环境改变的速率而变化，不规则
	地下洞穴及冲刷	不规则，有可能很严重
	化学或生物化学腐蚀	不规则，随时间变化
	矿井、地下管道垮塌	可能很严重
	整体剪切、形变—蠕变、滑坡	不规则
	膨胀土遇水膨胀、冻融变形	随土性及其湿度与温度而变，不规则

8.1.2 沉降的类型

可以从不同的角度对沉降和变形进行分类。

1. 按沉降发生的时间顺序区分

地基受建筑物荷重作用后的沉降过程如曲线 8.1 所示。为计算方便，常常按时间先后人为地将沉降分为三阶段，即三种分量：瞬时沉降 s_d、固结沉降 s_c 和次固结沉降 s_s。

瞬时沉降是指加荷后立即发生的沉降，对完全饱和的黏性土地基，在土中水尚未排出的条件下，瞬时沉降主要是土体（土骨架和孔隙水）的弹性变形，可以用弹性力学方法计算。

固结沉降是指超静孔隙水压强逐渐消散，使土体积压缩而引起的渗透固结沉降，也称

---

* 蠕变：在保持应力不变的条件下，应变随时间延长而增加的现象。

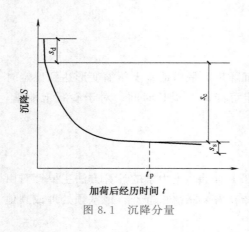

图 8.1 沉降分量

主固结沉降。它随时间而逐渐增长，可以用分层总和法计算。

次固结沉降是指超静孔隙水压强基本消散后，主要由土粒表面结合水膜发生蠕变等引起的。它将随时间极其缓慢地增长，可以用土流变理论计算或其他简化方法计算。

上述三种沉降分量相互关联，无法截然分开，只不过某时段以某一种沉降为主。对于无黏性土，例如砂土，瞬时沉降是最主要的；对于饱和无机粉土与黏土，固结沉降所占比重最大；而对高有机质土、高塑性黏土如泥炭等，次固结沉降也不容忽视。

因此，一般建筑物基础的最终沉降量为上述三种沉降之和，即

$$s = s_d + s_c + s_s \tag{8.1}$$

2. 按沉降发生的方式区分

按发生的方式，沉降可分为土体只有单向变形的沉降、平面变形的或三维变形的沉降。当地基土层的厚度与基础宽度相比较小时，或压缩层埋藏较深时，地基土层近似于侧限压缩。对于饱和土层，此时不产生瞬时沉降。当基础为厚土层上的单独基础时，地基的变形具有明显的三维性质，即土体不仅在 z 方向（竖直向），而且在 x、y 方向均有变形，地基沉降若按单向压缩计算，所得的值将会比实际值低。当基础荷载的长度比其宽度大得多时（一般要求长宽比大于 5），则土的变形具平面性质，即沿长度方向上的侧向变形较小，可以忽略。

沉降计算主要包括两方面的内容：

（1）最终沉降量。事实上，因为环境因素改变和次固结因素影响，土工结构的沉降并无终值。常说的最终沉降可认为是主固结沉降的最终值与瞬时沉降之和。

（2）沉降过程。它反映沉降随时间的变化。在深入研究和准确把握土的应力应变性质的条件下，无论是沉降量还是沉降过程，都可以通过土工结构的数值分析得到。在不采用数值分析方法时，可以根据土的压缩试验结果，估算土层的沉降变形。

在土的应力-应变性质一章中介绍了土的压缩试验、压缩曲线、土的压缩性指标、应力历史的影响等，其核心是通过试验得到可以用于计算土层沉降变形的土性指标。

8.2　地基沉降计算

计算地基沉降的目的是：

1）确定建筑物最大沉降量；

2）确定沉降差；

3）判断建筑物是否会倾斜或者局部倾斜；

4）判断沉降是否超过容许值，以便为建筑物设计采取相应的措施提供依据，保证建筑物的安全。计算地基沉降量的方法有弹性理论法、分层总和法、应力面积法、斯肯普顿

—比伦法和应力路径法等。本节主要介绍弹性理论法、分层总和法和应力面积法。

8.2.1 弹性理论法

1. 基本假设

本节介绍的计算地基沉降的弹性理论法是基于布西奈斯克（Boussinesq）课题的位移解（前面是应力解）。假定与上一章相同，即假设地基是均质、各向同性、线弹性的半无限体；此外，还假定基础整个底面和地基一直保持接触。需要指出的是。布西奈斯克课题是研究荷载作用于地表的情形，因此可以近似用来研究荷载作用面埋置深度较浅的情况。当荷载作用位置深度较大（如深基础）时，则应采用明德林（Mindlin）弹性理论课题的位移解进行沉降计算。

2. 计算公式

（1）点荷载作用下的地表沉降

如图 8.2 所示，在半无限地基中，当表面作用有一竖向集中力 Q 时，地表沉降 s 为：

$$s = \frac{Q(1-\mu^2)}{\pi E \sqrt{x^2+y^2}} = \frac{Q(1-\mu^2)}{\pi E r} \tag{8.2}$$

式中 s——竖向集中力 Q 作用下地表任意点沉降；

     r——集中力 Q 作用点与地表沉降计算点的距离，即 $\sqrt{x^2+y^2}$；

     E——弹性模量或变形模量；

     μ——泊松比。

理论上的点荷载实际上是不存在的，荷载总是作用在一定面积上的局部荷载。当沉降计算点离开荷载作用范围的距离与荷载作用面的尺寸相比很大时，可以用集中力 Q 代替局部荷载，利用式（8.2）进行近似计算。

（2）绝对柔性基础的沉降

由于绝对柔性基础的抗弯刚度趋近于零，无抗弯曲能力，由基底传至地基的荷载与作用于基础上的荷载分布完全一致。因此，当图 8.3 基础 A 上作用有分布荷载 $p_0(\xi, \eta)$ 时，基础任一点 $M(x, y)$ 的沉降 $s(x, y)$ 可以利用式（8.2），通过在荷载分布面积 A 上积分求得：

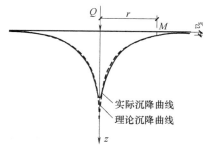

图 8.2   集中荷载作用下的地表沉降

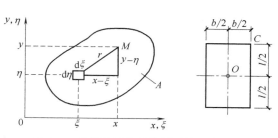

图 8.3   局部柔性荷载作用下的地表沉降

$$s(x, y) = \frac{1-\mu^2}{\pi E} \iint_A \frac{P_0(\xi, \eta) \mathrm{d}\xi \mathrm{d}\eta}{\sqrt{(x-\xi)^2 + (y-\eta)^2}} \tag{8.3}$$

当 $p_0(\xi,\eta)$ 为矩形面积上的均布荷载时，由式（8.3），角点的沉降 s_c 为：

$$s_c = \frac{(1-\mu^2)b}{\pi E}\left[m\ln\frac{1+\sqrt{m^2+1}}{m}+\ln(m+\sqrt{m^2+1})\right]p_0$$

$$= \delta_c p_0 = \frac{(1-\mu^2)}{E}\omega_c b p_0 \tag{8.4}$$

式中 $m=\dfrac{l}{b}$，即矩形面积的长宽比；

p_0——基底附加应力；

$\delta_c = \dfrac{(1-\mu^2)b}{\pi E}\left[m\ln\dfrac{1+\sqrt{m^2+1}}{m}+\ln(m+\sqrt{m^2+1})\right]$，称为角点沉降影响系数，是长宽比的函数，可由表 8.2 查得。

沉降影响系数 ω 值

表 8.2

		圆形	方形	矩形 l/b										
		—	1.0	1.5	2.0	3.0	4.0	5.0	7.0	7.0	8.0	9.0	10.0	100.0
柔性基础	ω_c	0.64	0.56	0.68	0.77	0.89	0.98	1.05	1.12	1.17	2.21	1.25	1.27	2.00
	ω_0	1.00	1.12	1.36	1.53	1.78	1.96	2.10	2.23	2.33	2.42	2.49	2.53	4.00
	ω_m	0.85	0.95	1.15	1.30	1.53	1.70	1.83	1.96	2.04	2.12	2.19	2.25	3.69
刚性基础	ω_r	0.79	0.88	1.08	1.22	1.44	1.61	1.72					2.12	3.40

可利用式（8.4）用角点法得到矩形柔性基础上均布荷载作用下地基任意点沉降。如基础中点的沉降 s_0 为：

$$s_0 = 4\frac{(1-\mu^2)}{E}\omega_c\frac{b}{2}p_0 = \frac{(1-\mu^2)}{E}\omega_0 b p_0 \tag{8.5}$$

式中 ω_0——中点沉降影响系数，是长宽比的函数，可由表 8.2 查得；对应某一长宽比，$\omega_0 = 2\omega_c$。

另外，还可以得到矩形绝对柔性基础上均布荷载作用下基底面积 A 范围内各点沉降的平均值，即基础平均沉降 s_m：

$$s_m = \frac{\iint_A s(x,y)\mathrm{d}x\mathrm{d}y}{A} = \frac{(1-\mu^2)}{E}\omega_m b p_0 \tag{8.6}$$

式中 ω_m——平均沉降影响系数，是长宽比的函数，可由表 8.2 查得；对应某一长宽比，$\omega_c<\omega_m<\omega_0$。

当 $P_0(\xi,\eta)$ 为圆形面积上的均布荷载时，可得到与式（8.4）～式（8.6）相似的圆形面积圆心点、周边点及基底平均沉降，沉降影响系数可由表 8.2 查得。

（3）绝对刚性基础的沉降

绝对刚性基础的抗弯刚度为无穷大，受弯矩作用不会发生挠曲变形，因此基础受力后，原来为平面的基底仍保持为平面，计算沉降时，上部传至基础的荷载可用合力来表示。

1）中心荷载作用下，地基各点的沉降相等。根据这个条件，可以从理论上得到圆形基础和矩形基础的沉降值。

对于圆形基础，基础沉降为：

$$s_0 = \frac{1-\mu^2}{E}\frac{\pi}{2}dp_0 = \frac{1-\mu^2}{E}\omega_r dp_0 \tag{8.7}$$

式中　d——圆形基础直径。

对于矩形基础，可以用无穷级数来表示基础沉降，结果为：

$$s = \frac{1-\omega^2}{E}\omega_r bp_0 \tag{8.8}$$

式中　ω_r——刚性基础的沉降影响系数，是关于长宽比的级数，近似地可由表 8.2 查得；

$p_0 = P/A$，P 为中心荷载合力，A 为基底面积。

2）偏心荷载作用下，基础要产生沉降和倾斜。沉降后基底为一倾斜平面，基底倾斜可由弹性力学公式求得。

对于圆形基础：

$$\tan\theta = \frac{1-\mu^2}{E} \times \frac{6Pe}{d^3} \tag{8.9}$$

对于矩形基础：

$$\tan\theta = \frac{1-\mu^2}{E} \times 8K\frac{Pe}{b^3} \tag{8.10}$$

式中　b——偏心方向的边长；

　　P——传至刚性基础上的合力大小；

　　e——合力的偏心距；

　　K——系数，按 l/b 由图 8.4 查得。

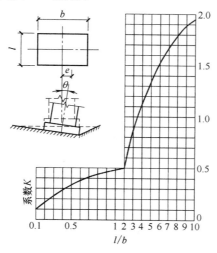

图 8.4　绝对刚性矩形基础倾斜计算系数 K 值

8.2.2 分层总和法

1. 计算假定和原理

1）将地基分为若干薄层，对于每一个薄层，认为适用胡克定律 $\varepsilon = \dfrac{\sigma}{E}$。

2）使用基底中心下的附加应力。此处的附加应力在整个基底面积内比较大，使用较大的附加应力，会使沉降偏大。

3）使用土力学室内试验的压缩模量 $E_s = \dfrac{1+e_1}{a}$，因为试验是完全侧限的，所以会使沉降偏小。综合假定2），两者可以消除部分误差。

4）根据理论计算和工程经验，确定一个所涉及深度的计算下限。规定当 $\sigma_z = (0.1 \sim 0.2)\sigma_c$ 时，沉降计算可停止，软土地基取0.1，一般地基取0.2。如在计算下限之上，有密实、坚硬的土层或基岩层，则到此为止。自基底处至计算下限的深度，称为地基压缩层厚度。

2. 计算方法与步骤

1）计算 p_0。根据基底附加压力计算公式：

$$p_0 = p - \sigma_c = \frac{F+G}{A} - \gamma_0 d \tag{8.11}$$

2）将地基分层，见图8.5。分层不能厚，每层为 $0.4b$ 或 $1 \sim 2\text{m}$，对每一个分层面编号 $0, 1, 2, \cdots, n$，0为基底中心，对每一分层面计算自重应力 σ_c（自天然地面算起）和附加应力 σ_z（自基底算起），并确定计算下限。

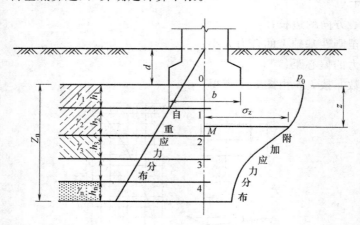

图 8.5 分层总和法计算地基沉降

3）对每一个分层（有厚度）计算 σ_c 和 σ_z 的平均值

$$\bar{\sigma}_c = (\sigma_{c上} + \sigma_{c下})/2 = p_1 \tag{8.12}$$

$$\bar{\sigma}_z = (\sigma_{z上} + \sigma_{z下})/2 \tag{8.13}$$

令 $p_1 + \bar{\sigma}_z = p_2$，在 $e\text{-}p$ 曲线上或在 $e\text{-}p$ 数表上查得 $p_1 \rightarrow e_1$，$p_2 \rightarrow e_2$。

4）计算每一个分层的压缩变形量

$$s_i = \frac{\overline{\sigma}_{zi}}{E_{si}}h_i = \frac{a_i(p_{2i}-p_{1i})}{1+e_{1i}}h_i = \frac{e_{1i}-e_{2i}}{1+e_{1i}}h_i \tag{8.14}$$

5）计算各分层压缩变量总和 $s = \sum s_i$。

按式（8.14）计算，工作量很大，工程地基勘察报告中都要给出每一种（类）土的 E_s 值。这样，应用式（8.14）时，就可以应用左边的式子，计算过程得到简化。

分层总和法概念明确、计算简单，只用到材料力学的知识。但由假定条件可知，计算结果必然存在较大误差，其中包括指标取值误差、积累误差、截断误差等。一般来说，分层总和法的计算结果对于密实的硬土偏大，对于松软土则偏小。可根据工程实践经验，乘一个适当的系数加以调整。

3. 简单讨论

（1）分层总和法假设地基土在侧向不能变形，而只在竖向发生压缩，这种假设在当压缩土层厚度同基底荷载分布面积相比很薄时才比较接近。如当不可压缩岩层上压缩土层厚度 H 不大于基底宽度之半（即 $b/2$）时，由于基底摩阻力及岩层层面阻力对可压缩土层的限制作用，土层压缩只出现很少的侧向变形。

（2）假定地基土侧向不能变形引起的计算结果偏小，取基底中心点下的地基中的附加应力来计算基础的平均沉降导致计算结果偏大，因此在一定程度上得到了相互弥补。

（3）当需考虑相邻荷载对基础沉降影响时，通过将相邻荷载在基底中心下各分层深度处引起的附加应力叠加到基础本身引起的附加应力中去来进行计算。

（4）当基坑开挖面积较大、较深以及暴露时间较长时，由于地基土有足够的回弹量，因此基础荷载施加之后，不仅附加压力要产生沉降，初始阶段基底地基土回复到原自重应力状态也会发生再压缩沉降。简化处理时，一般用 $p - \alpha\sigma_c$ 来计算地基中附加应力，α 为考虑基坑回弹和再压缩影响的系数，且 $0 \leqslant \alpha \leqslant 1$。对小基坑来说，由于再压缩量小，$\alpha$ 取 1；对宽度 10m 以上的大基坑 α 一般取 0。

【例 8-1】 某厂房柱下单独方形基础，已知基础底面积尺寸为 4m×4m，埋深 $d = 1m$，地基为粉质黏土，地下水位距天然地面 3.4m。上部荷重 $F = 1400kN$ 传至地面基础顶面，土的天然重度 $\gamma = 16.0kN/m^3$，饱和重度 $\gamma_{sat} = 17.2kN/m^3$，有关计算资料如图 8.6 和图 8.7 所示。试用分层总和法计算基础的最终沉降。

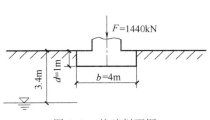

图 8.6 基础剖面图

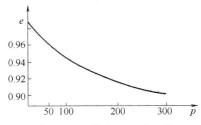

图 8.7 地基土的压缩曲线

【解】 （1）计算分层厚度

每层厚度 $h_i < 0.4b = 1.6m$，地下水位以上分两层，各 1.2m，地下水位以下按 1.6m 分层。

（2）计算地基土的自重应力

自重应力从天然地面起算，z 的取值从基础地面算起，具体计算见表 8.3，分布图如图 8.8 所示。

表 8.3

z/m	0	1.2	2.4	4.0	5.6	7.1
σ_{cz}/kPa	16	35.2	54.4	65.9	77.4	89.0

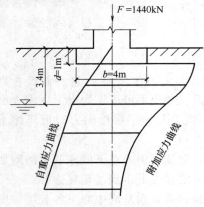

图 8.8　地基应力分布图

（3）计算基底压力

$$G = \gamma_G A d = 20 \times 4 \times 4 \times 1 kN = 320 kN$$

$$p = \frac{F+G}{A} = \frac{1440+320}{4 \times 4} kPa = 110 kPa$$

（4）计算基底附加压力

$$p_0 = p - \overline{\gamma_0} d = (110 - 16 \times 1) kPa = 94 kPa$$

（5）计算基础中点下地基中的附加应力

用角点法计算，过基底中点将荷载面分成四个相等的正方形，计算边长 $l = b = 2m$，$\sigma_z = 4\alpha_c p_0$，α_c 可查表确定，具体计算见表 8.4。

表 8.4

z/m	l/b	z/b	α_c	σ_z/kPa	σ_{cz}/kPa	σ_z/σ_{cz}	z_n/m
0	1	0	0.2500	94.0	16		
1.2	1	0.6	0.2229	83.8	35.2		
2.4	1	1.2	0.1516	57.0	54.4		
4.0	1	2.0	0.0840	31.6	65.9		
5.6	1	2.8	0.0502	18.9	77.4	0.24	
7.1	1	3.6	0.0326	12.3	89.0	0.14	7.1

（6）确定沉降计算深度 z_n

根据 $\sigma_z = 0.2\sigma_{cz}$ 的确定原则，由计算结果，取 $z_n = 7.2m$。

（7）最终沉降计算

根据 $e\text{-}p$ 曲线，计算各层的沉降量，具体计算见表 8.5。

表 8.5

z/m	σ_{cz} /kPa	σ_z /kPa	土层厚度 h/mm	平均自重力 $\overline{\sigma}_{cz}/kPa$	平均附加力 $\overline{\sigma}_z/kPa$	$(\overline{\sigma}_z+\overline{\sigma}_{cz})$ /kPa	由 σ_{cz} 查 e_1	由 $\overline{\sigma}_z+\overline{\sigma}_{cz}$ 查 e_2	各土层沉降量 $s_i = \frac{e_1-e_2}{1+e_1}h_i/mm$
0	16	94.0	1200	25.6	88.9	114.5	0.970	0.937	20.2
1.2	35.2	83.8							

续表

z/m	σ_{cz} /kPa	σ_z /kPa	土层厚度 h/mm	平均自重力 $\bar\sigma_{cz}$/kPa	平均附加力 $\bar\sigma_z$/kPa	$(\bar\sigma_z+\bar\sigma_{cz})$ /kPa	由 σ_{cz} 查 e_1	由 $\bar\sigma_z+\bar\sigma_{cz}$ 查 e_2	各土层沉降量 $s_i=\dfrac{e_1-e_2}{1+e_1}h_i/\mathrm{mm}$
2.4	54.4	57.0	1600	44.8	70.4	115.2	0.960	0.936	14.6
4.0	65.9	31.6	1600	60.2	44.3	104.5	0.954	0.940	11.5
5.6	77.4	18.9	1600	71.7	25.3	97.0	0.948	0.942	5.0
7.1	89.0	12.3	1600	83.2	15.6	98.8	0.944	0.940	3.4

按分层总和法求得基础最终沉降量为

$$s=\sum s_i = 54.7\,\mathrm{mm}$$

8.2.3 应力面积法

应力面积法以分层总和法的思想为基础，也采用侧限试验的压缩性指标，运用地基平均附加应力系数计算地基最终沉降量的。该方法确定地基沉降计算深度 z_n 的标准也不同于前面介绍的分层总和法。它引入了沉降计算经验系数，使得计算结果比分层总和法更接近于实测值。应力面积法是《建筑地基基础设计规范》GB 50007—2011 所推荐的地基最终沉降量计算方法，习惯上也称为规范法。

1. 计算公式

（1）基本计算公式的推导

如图 8.9 所示，若基底以下 $z_{i-1}\sim z_i$ 深度范围第 i 土层的侧限压缩模量为 E_{si}（可取该层中点处相应于自重应力至自重应力加附加应力段的 E_s 值），则在基础附加应力作用下第 i 分层的压缩量 $\Delta s'_i$ 为

$$\Delta s'_i=\int_{z_{i-1}}^{z_i}\varepsilon_z\mathrm{d}z=\int_{z_{i-1}}^{z_i}\frac{\sigma_z}{E_{si}}\mathrm{d}z=\frac{1}{E_{si}}\int_{z_{i-1}}^{z_i}\sigma_z\mathrm{d}z=\frac{1}{E_{si}}\left(\int_0^{z_i}\sigma_z\mathrm{d}z-\int_0^{z_{i-1}}\sigma_z\mathrm{d}z\right) \quad(8.15)$$

式中，$\int_0^{z_i}\sigma_z\mathrm{d}z$ 即为基底中心点以下 $0\sim z_i$ 深度范围附加应力面积，用 A_i 来表示；

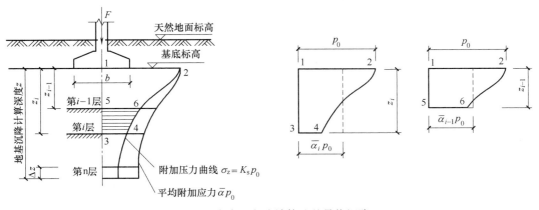

图 8.9　应力面积法计算地基最终沉降

183

$\int_0^{z_{i-1}} \sigma_z \mathrm{d}z$ 即为基底中心点以下 $0 \sim z_{i-1}$ 深度范围附加应力面积，用 A_{i-1} 来表示。

则 $\Delta A_i = A_i - A_{i-1}$ 为基底中心以下 $z_{i-1} \sim z_i$ 深度范围附加应力面积。式（8.15）可表示为：

$$\Delta s_i' = \frac{\Delta A_i}{E_{si}} = \frac{A_i - A_{i-1}}{E_{si}} \tag{8.16}$$

为了便于计算，将附加应力面积 A_i 及 A_{i-1} 分别改写成：

$$A_i = (\bar{\alpha}_i p_0) z_i$$

$$A_{i-1} = (\bar{\alpha}_{i-1} p_0) z_{i-1} \tag{8.17}$$

则式（8.16）可表示成：

$$\Delta s_i' = \frac{p_0}{E_{si}} (z_i \bar{\alpha}_i - z_{i-1} \bar{\alpha}_{i-1}) \tag{8.18}$$

这样，基础平均沉降量又可以表示为：

$$s' = \sum_{i=1}^n \Delta s_i' = \sum_{i=1}^n \frac{p_0}{E_{si}} (z_i \bar{\alpha}_i - z_{i-1} \bar{\alpha}_{i-1}) \tag{8.19}$$

式中　　　　n——沉降计算深度范围划分的土层数；

　　　　　　p_0——基底附加压力；

　　　$\bar{\alpha}_i$、$\bar{\alpha}_{i-1}$——平均竖向附加应力系数；

$\bar{\alpha}_i p_0$、$\bar{\alpha}_{i-1} p_0$——分别将基底中心以下地基中 z_i、z_{i-1} 深度范围的附加应力，按等面积化为相同深度范围内矩形分布时分布应力的大小。

表 8.6 给出了矩形面积上均布荷载作用下角点下平均竖向附加应力系数 $\bar{\alpha}$ 值，有关矩形面积上三角形分布荷载作用下角点下平均竖向附加应力系数 $\bar{\alpha}$ 值，这里从略。

均布矩形荷载角点下平均竖向附加应力系数 $\bar{\alpha}$ 表 8.6

z/b	L/b												
	1.0	1.2	1.4	1.6	1.8	2.0	2.4	2.8	3.2	3.6	4.0	5.0	10.0
0.0	0.2500	0.2500	0.2500	0.2500	0.2500	0.2500	0.2500	0.2500	0.2500	0.2500	0.2500	0.2500	0.2500
0.2	0.2496	0.2497	0.2497	0.2498	0.2498	0.2498	0.2498	0.2498	0.2498	0.2498	0.2498	0.2498	0.2498
0.4	0.2474	0.2479	0.2481	0.2483	0.2483	0.2484	0.2485	0.2485	0.2485	0.2485	0.2485	0.2485	0.2485
0.6	0.2423	0.2437	0.2444	0.2448	0.2451	0.2452	0.2454	0.2455	0.2455	0.2455	0.2455	0.2455	0.2456
0.8	0.2346	0.2372	0.2387	0.2395	0.2400	0.2403	0.2407	0.2408	0.2409	0.2409	0.2410	0.2410	0.2410
1.0	0.2252	0.2291	0.2313	0.2326	0.2335	0.2340	0.2346	0.2349	0.2351	0.2352	0.2352	0.2353	0.2353
1.2	0.2149	0.2199	0.2229	0.2248	0.2260	0.2268	0.2278	0.2282	0.2285	0.2286	0.2287	0.2288	0.2289
1.4	0.2043	0.2162	0.2140	0.2164	0.2180	0.2191	0.2204	0.2211	0.2215	0.2217	0.2218	0.2220	0.2221
1.6	0.1939	0.2006	0.2049	0.2079	0.2099	0.2113	0.2130	0.2138	0.2143	0.2146	0.2148	0.2150	0.2152
1.8	0.1840	0.1912	0.1960	0.1994	0.2018	0.2034	0.2055	0.2066	0.2073	0.2077	0.2079	0.2082	0.2084
2.0	0.1746	0.1822	0.1875	0.1912	0.1938	0.1958	0.1982	0.1996	0.2004	0.2009	0.2012	0.2015	0.2018
2.2	0.1659	0.1737	0.1793	0.1833	0.1862	0.1883	0.1911	0.1927	0.1937	0.1943	0.1947	0.1952	0.1955

续表

z/b	L/b												
	1.0	1.2	1.4	1.6	1.8	2.0	2.4	2.8	3.2	3.6	4.0	5.0	10.0
2.4	0.1578	0.1657	0.1715	0.1757	0.1789	0.1812	0.1843	0.1862	0.1873	0.1880	0.1885	0.1890	0.1895
2.6	0.1503	0.1583	0.1642	0.1686	0.1719	0.1745	0.1779	0.1799	0.1812	0.1820	0.1825	0.18332	0.1838
2.8	0.1433	0.1514	0.1574	0.1619	0.1654	0.1680	0.1717	0.1739	0.1753	0.1763	0.1769	0.1777	0.1784
3.0	0.1369	0.1449	0.1510	0.1556	0.1592	0.1619	0.1658	0.1682	0.1698	0.1708	0.1715	0.1725	0.1733
3.2	0.1310	0.1393	0.1450	0.1497	0.1533	0.1562	0.1602	0.1628	0.1645	0.1657	0.1664	0.1675	0.1685
3.4	0.1256	0.1334	0.1394	0.1441	0.1478	0.1508	0.1550	0.1577	0.1595	0.1607	0.1616	0.1628	0.1639
3.6	0.1205	0.1282	0.1342	0.1389	0.1427	0.1456	0.1500	0.1528	0.1548	0.1561	0.1570	0.1583	0.1595
3.8	0.1158	0.1234	0.1293	0.1340	0.1378	0.1408	0.1452	0.1482	0.1502	0.1516	0.1526	0.1541	0.1554
4.0	0.1114	0.1189	0.1248	0.1294	0.1332	0.1362	0.1408	0.1438	0.1459	0.1474	0.1485	0.1500	0.1516
4.2	0.1073	0.1147	0.1205	0.1251	0.1289	0.1319	0.1365	0.1396	0.1418	0.1434	0.1445	0.1462	0.1479
4.4	0.1035	0.1107	0.1164	0.1210	0.1248	0.1279	0.1325	0.1357	0.1379	0.1396	0.1407	0.1425	0.1444
4.6	0.1000	0.1070	0.1127	0.1172	0.1209	0.1240	0.1287	0.1319	0.1342	0.1359	0.1371	0.1390	0.1410
4.8	0.0967	0.1036	0.1091	0.1136	0.1173	0.1204	0.1250	0.1283	0.1307	0.1324	0.1337	0.1357	0.1379
5.0	0.0935	0.1003	0.1057	0.1102	0.1139	0.1169	0.1216	0.1249	0.1273	0.1291	0.1304	0.1325	0.1348
5.2	0.0906	0.0972	0.1026	0.1070	0.1106	0.1136	0.1183	0.1217	0.1241	0.1259	0.1273	0.1295	0.1320
5.4	0.0878	0.0943	0.0996	0.1039	0.1075	0.1105	0.1152	0.1186	0.1211	0.1229	0.1243	0.1265	0.1292
5.6	0.0852	0.0916	0.0968	0.1010	0.1046	0.1076	0.1122	0.1156	0.1181	0.1200	0.1215	0.1238	0.1266
5.8	0.0828	0.0890	0.0941	0.0983	0.1018	0.1047	0.1094	0.1128	0.1153	0.1172	0.1187	0.1211	0.1240
6.0	0.0805	0.0866	0.0916	0.0957	0.0991	0.1021	0.1067	0.1101	0.1126	0.1146	0.1161	0.1185	0.1216
6.2	0.0783	0.0842	0.0891	0.0932	0.0966	0.0995	0.1041	0.1075	0.1101	0.1120	0.1136	0.1161	0.1193
6.4	0.0762	0.0820	0.0869	0.0909	0.0942	0.0971	0.1016	0.1050	0.1076	0.1096	0.1111	0.1137	0.1171
6.6	0.0742	0.0799	0.0847	0.0886	0.0919	0.0948	0.0993	0.1027	0.1053	0.1073	0.1088	0.1114	0.1149
6.8	0.0723	0.0779	0.0826	0.0865	0.0898	0.0926	0.0970	0.1004	0.1030	0.1050	0.1066	0.1092	0.1129
7.0	0.0705	0.0761	0.0806	0.0844	0.0877	0.0904	0.0949	0.0982	0.1008	0.1028	0.1044	0.1071	0.1109
7.2	0.0688	0.0742	0.0787	0.0825	0.0857	0.0884	0.0928	0.0962	0.0987	0.1008	0.1023	0.1051	0.1090
7.4	0.0672	0.0725	0.0769	0.0806	0.0838	0.0865	0.0908	0.0942	0.0967	0.0988	0.1004	0.1031	0.1071
7.6	0.0656	0.0709	0.0752	0.0789	0.0820	0.0846	0.0889	0.0922	0.0948	0.0968	0.0984	0.1012	0.1056
7.8	0.0642	0.0693	0.0736	0.0771	0.0802	0.0828	0.0871	0.0904	0.0929	0.0950	0.0966	0.0994	0.1036
8.0	0.0627	0.0678	0.0720	0.0755	0.0785	0.0811	0.0853	0.0886	0.0912	0.0932	0.0948	0.0976	0.1020
8.2	0.0614	0.0663	0.0705	0.0739	0.0769	0.0795	0.0837	0.0869	0.0894	0.0914	0.0931	0.0959	0.1004
8.4	0.0601	0.0649	0.0690	0.0724	0.0754	0.0779	0.0820	0.0852	0.0878	0.0893	0.0914	0.0943	0.0938
8.6	0.0588	0.0636	0.0676	0.0710	0.0739	0.0764	0.0805	0.0836	0.0862	0.0882	0.0898	0.0927	0.0973
8.8	0.0576	0.0623	0.0663	0.0696	0.0724	0.0749	0.0790	0.0821	0.0846	0.0866	0.0882	0.0912	0.0959
9.2	0.0554	0.0599	0.0637	0.0670	0.0697	0.0721	0.0761	0.0792	0.0817	0.0837	0.0853	0.0882	0.0931
9.6	0.0533	0.0577	0.0614	0.0645	0.0672	0.0696	0.0734	0.0765	0.0789	0.0809	0.0825	0.0855	0.0905

z/b	L/b												
	1.0	1.2	1.4	1.6	1.8	2.0	2.4	2.8	3.2	3.6	4.0	5.0	10.0
10.0	0.0514	0.0556	0.0592	0.0622	0.0649	0.0672	0.0710	0.0739	0.0763	0.0783	0.0799	0.0829	0.0880
10.4	0.0496	0.0537	0.0572	0.0601	0.0627	0.0649	0.0686	0.0716	0.0739	0.0759	0.0775	0.0804	0.0857
10.8	0.0479	0.0519	0.0553	0.0581	0.0606	0.0628	0.0664	0.0693	0.0717	0.0736	0.0751	0.0781	0.0834
11.2	0.0463	0.0502	0.0535	0.0563	0.0587	0.0609	0.0644	0.0672	0.0695	0.0714	0.0730	0.0759	0.0813
11.6	0.0448	0.0486	0.0518	0.0545	0.0569	0.0590	0.0625	0.0652	0.0675	0.0694	0.0709	0.0738	0.0793
12.0	0.0435	0.0471	0.0502	0.0529	0.0552	0.0573	0.0606	0.0634	0.0656	0.0674	0.0690	0.0719	0.0774
12.8	0.0409	0.0444	0.0474	0.0499	0.0521	0.0541	0.0573	0.0599	0.0621	0.0639	0.0654	0.0682	0.0739
13.6	0.0387	0.0420	0.0448	0.0472	0.0493	0.0512	0.0543	0.0568	0.0589	0.0607	0.0621	0.0649	0.0707
14.4	0.0367	0.0398	0.0425	0.0448	0.0468	0.0486	0.0516	0.0540	0.0561	0.0577	0.0592	0.0619	0.0677
15.2	0.0349	0.0379	0.0404	0.0426	0.0446	0.0463	0.0492	0.0515	0.0535	0.0551	0.0565	0.0592	0.0650
16.0	0.0332	0.0361	0.0385	0.0407	0.0425	0.0442	0.0469	0.0492	0.0511	0.0527	0.0540	0.0567	0.0625
18.0	0.0297	0.0323	0.0345	0.0364	0.0381	0.0396	0.0422	0.0442	0.0460	0.0475	0.0487	0.0512	0.0520
20.0	0.0269	0.0292	0.0312	0.0330	0.0345	0.0359	0.0383	0.0402	0.0418	0.0432	0.0444	0.0468	0.0524

（2）沉降计算深度 z_n 的确定

《建筑地基基础设计规范》GB 50007—2011 用符号 z_n 表示沉降计算深度，并规定 z_n 应符合下列要求：

$$\Delta s'_n \leqslant 0.025 \sum_{i=1}^{n} \Delta s'_i \tag{8.20}$$

式中　$\Delta s'_n$——自试算深度往上 Δz 厚度范围的压缩量（包括考虑相邻荷载的影响），Δz 的取值按表 8.7 确定。

如确定的沉降计算深度下部仍有较软弱土层时，应继续往下进行计算，同样也应满足式（8.20）为止。

当无相邻荷载影响时，基础宽度在 1～50m 范围内，地基沉降计算深度也可按下列简化公式计算：

$$z_n = b(2.5 - 0.4\ln b) \tag{8.21}$$

式中　b——基础宽度。

在计算深度范围内存在基岩时，z_n 取至基岩表面。

Δz 值　　　　　　　　　　　　　　表 8.7

b(m)	$b \leqslant 2$	$2 < b \leqslant 4$	$4 < b \leqslant 8$	$8 < b \leqslant 15$	$15 < b \leqslant 30$	$b > 30$
Δz(m)	0.3	0.6	0.8	1.0	1.2	1.5

（3）沉降计算经验系数 ψ_s

规范规定，按上述公式计算得到的沉降 s' 尚应乘以一个沉降计算经验系数 ψ_s，以提高计算准确度。ψ_s 定义为根据地基沉降观测资料推算的最终沉降量 s_∞ 与由式（8.19）计算得到的 s' 之比，一般根据地区沉降观测资料及经验确定，也可按表 8.8 查取。

综上所述，规范推荐的地基最终沉降计算公式为

$$s_{\infty} = \psi_s s' = \psi_s \sum_{i=1}^{n} \frac{p_0}{E_{si}} (z_i \bar{\alpha}_i - z_{i-1} \bar{\alpha}_{i-1}) \qquad (8.22)$$

沉降计算经验系数 ψ_s 表 8.8

$\bar{E}_s$(MPa)	2.5	4.0	7.0	15.0	20.0
基底附加压力 $p_0 \geqslant f_k$	1.4	1.3	1.0	0.4	0.2
$p_0 \leqslant 0.75 f_k$	1.1	1.0	0.7	0.4	0.2

$$\bar{E}_s = \frac{\sum A_i}{\sum \dfrac{A_i}{E_{si}}} \qquad (8.23)$$

式中 A_i——第 i 层土附加应力面积，$A_i = p_0(z_i \bar{\alpha}_i - z_{i-1} \bar{\alpha}_{i-1})$；

        f_k——地基承载力标准值。

2. 与分层总和法的比较

同分层总和法相比，应力面积法主要有以下三个特点：

（1）由于附加应力沿深度的分布是非线性的，因此如果分层总和法中分层厚度太大，用分层上下层面附加应力的平均值来作为该分层平均附加应力将产生较大的误差；而应力面积法由于采用了精确的"应力面积"的概念，因而可以划分较少的层数。一般可以按地基土的天然层面划分，使得计算工作得以简化。

（2）地基沉降计算深度 z_n 的确定方法，较分层总和法更为合理。

（3）提出了沉降计算经验系数 ψ_s。由于 ψ_s 是从大量的工程实际沉降观测资料中，经数理统计分析得出的，它综合反映了许多因素的影响，如：侧限条件的假设；计算附加应力时对地基土均质的假设与地基土层实际成层的不一致对附加应力分布的影响；不同压缩性的地基土沉降计算值与实测值的差异等等。因此，应力面积法更接近于实际。

应力面积法也是基于同分层总和法一样的基本假设，由于它具有以上的特点，因此实质上它是一种简化并经修正的分层总和法。

【例 8-2】 如图 8.10 所示的基础底面尺寸为 $4.8m \times 3.2m$，埋深为 $1.5m$，传至地面的中心荷载 $F = 1800kN$，地基的土层分层及各层土的侧限压缩模量（相应于自重应力至自重应力加附加应力段）如图 8.10 所示，用应力面积法计算基础中点的最终沉降。

【解】 （1）基底附加应力

$$p_0 = \frac{1800 + 4.8 \times 3.2 \times 1.5 \times 20}{4.8 \times 3.2} - 18 \times 1.5$$

$$= 120 kPa$$

（2）应力面积法计算地基最终沉降，计算过程见表 8.9

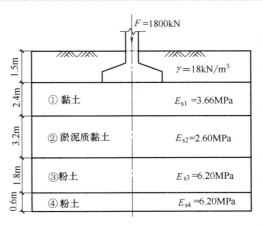

图 8.10   例题 8-2 图

表 8.9

z (m)	$\frac{L}{b}$	$\frac{z}{b}$	$\bar{\alpha}$	$z_i\bar{\alpha}_i$	$z_i\bar{\alpha}_i - z_{i-1}\bar{\alpha}_{i-1}$	E_{si} (MPa)	Δs_i (mm)	$\sum\Delta s_i'$ (mm)
0.0	4.8/3.2=1.5	0/1.6=0.0	4×0.2500 =1.0000	0.000				
2.4	1.5	2.4/1.6=1.5	4×0.2108 =0.8432	2.024	2.024	3.66	67.2	67.2
5.6	1.5	5.6/1.6=3.5	4×0.1392 =0.5568	3.118	1.094	2.60	50.5	117.8
7.4	1.5	7.4/1.6=4.625	4×0.1145 =0.4580	3.389	0.271	7.10	5.3	122.1
8.0	1.5	8.0/1.6=5.0	4×0.1080 =0.4320	3.456	0.067	7.10	1.3≤ 0.025×123.4	123.4

（3）确定沉降计算深度 z_n

上表中 $z=8\mathrm{m}$ 深度范围内的计算沉降量为 123.4mm，相应于 7.4～8.0m 深度范围（取 $\Delta z=0.6\mathrm{m}$）土层计算沉降量为 $1.3 \leqslant 0.025 \times 123.4\mathrm{mm}$，满足要求，故沉降计算深度 $z_n=8.0\mathrm{m}$。

（4）确定 ψ_s

$$\overline{E}_s = \frac{\sum_1^n A_i}{\sum_1^n \dfrac{A_i}{E_{si}}}$$

$$= \frac{p_0(z_n\bar{\alpha}_n - 0 \times \bar{\alpha}_0)}{p_0\left[\dfrac{(z_1\bar{\alpha}_1 - 0 \times \bar{\alpha}_0)}{E_{s1}} + \dfrac{(z_2\bar{\alpha}_2 - z_1 \times\bar{\alpha}_1)}{E_{s2}} + \dfrac{(z_3\bar{\alpha}_3 - z_2 \times\bar{\alpha}_2)}{E_{s3}} + \dfrac{(z_4\bar{\alpha}_4 - z_3 \times\bar{\alpha}_3)}{E_{s4}}\right]}$$

$$= \frac{p_0 \times 3.456}{p_0\left[\dfrac{2.024}{3.66} + \dfrac{1.094}{2.60} + \dfrac{0.271}{7.10} + \dfrac{0.067}{7.10}\right]} = 3.36\mathrm{MPa}$$

由表 8.5（当 $p_0 \leqslant 0.75f_k$）得：$\psi_s = 1.04$。

（5）计算基础中点最终沉降量

$$s = \psi_s s' = \psi_s \sum_1^4 \frac{p_0}{E_{si}}(z_i\bar{\alpha}_i - z_{i-1}\bar{\alpha}_{i-1}) = 1.04 \times 123.4 = 128.3\mathrm{mm}$$

8.3 饱和土的固结理论

当外荷载作用于透水性较差的地基时，地基中的孔隙水压强会升高。荷载引起的地基应力由土骨架和孔隙水分担，土骨架应力（有效应力）和孔隙水压强之间满足有效应力方程。地基孔隙水压强的升高会引起孔隙水的流动，使升高的孔隙水压强慢慢消散。受荷前，地基中的孔隙水一般处于静止或稳定渗流状态。此时，地基中的孔隙水压强称为静孔隙水压强。受荷引起的升高的孔隙水压强，称为超静孔隙水压强，简称超静孔压。随着超静孔压的消散，土体的有效应力逐渐增加。当完全消散后，荷载完全由土骨架承担。这一过程，就是土体的固结。

太沙基曾借助于一个弹簧，以假想的简单的渗流固结模型来形象地说明侧限条件下土体的固结，如图 8.11 所示。

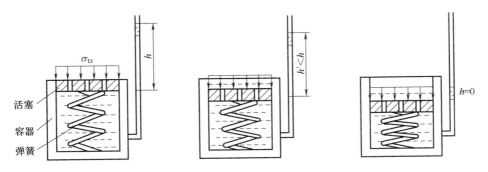

图 8.11　饱和土体渗流固结模型

如图 8.11 所示，在一个装满水的圆筒中，上部安装一个带细孔的活塞。此活塞与筒底之间安装一个弹簧，以此模拟饱和土层。弹簧可视为土的骨架，模型中的水相当于土体孔隙中的自由水。由试验可知：

1) 活塞顶面骤然施加压应力 σ_{tz} 的一瞬间，圆筒中的水尚未从活塞的细孔排出时，σ_{tz} 完全由水承担，弹簧没有变形和受力，即 $t=0$，孔隙水压强 $u=\sigma_{tz}$，有效应力 $\sigma_z=0$。

2) 经过时间 t 后，因水压力增大，筒中水不断从活塞底部通过细孔，向活塞顶面流出；从而使活塞下降，迫使弹簧收缩而受力。此时，有效应力逐渐增大，孔隙水压力逐渐减小，即 $0<t<+\infty$，$u+\sigma_z=\sigma_{tz}$，$\sigma_z>0$；u 逐渐减小。

3) 当经历很长时间 t 后，孔隙水压强趋近于 0，筒中水停止流出，σ_{tz} 完全作用在弹簧上，这时有效应力等于总应力 σ_{tz}，而孔隙水压强为 0，即 $t=\infty$，$u=0$，$\sigma_z=\sigma_{tz}$。

由此可见，饱和土体的渗流固结过程，是土中的孔隙水压强消散、逐渐转移为有效应力的过程。通常，地基土体在自重作用下已经固结结束，但是对于新填土和新近沉积土地基，也有自重作用固结的问题。

8.3.1　一般三维饱和土体的固结问题

对于干土层或者天然含水量土层的地基，前面两章已经介绍了可以用弹性力学方法，即应用平衡方程、变形协调方程和本构方程求解应力和变形。对于均质的饱和土地基的固结问题，同样可以联合应用上述方程，只是还需要用到渗流方程。

以有效应力表示的饱和土的平衡微分方程：

$$\begin{cases} \dfrac{\partial \sigma_x}{\partial x}+\dfrac{\partial \tau_{xy}}{\partial y}+\dfrac{\partial \tau_{xz}}{\partial z}+\dfrac{\partial u_w}{\partial x}=0 \\[2mm] \dfrac{\partial \tau_{yx}}{\partial x}+\dfrac{\partial \sigma_y}{\partial y}+\dfrac{\partial \tau_{yz}}{\partial z}+\dfrac{\partial u_w}{\partial y}=0 \\[2mm] \dfrac{\partial \tau_{zx}}{\partial x}+\dfrac{\partial \tau_{zy}}{\partial y}+\dfrac{\partial \sigma_z}{\partial z}+\dfrac{\partial u_w}{\partial z}=-\gamma' \end{cases} \qquad (8.24)$$

当自重引起的变形已经完成时，上式中 γ' 取 0，方程中的应力为外荷载引起的应力增量。

土体变形协调方程：

$$
\begin{cases}
\varepsilon_x = \dfrac{\partial u}{\partial x},\ \gamma_{xy} = \dfrac{\partial v}{\partial x} + \dfrac{\partial w}{\partial y} \\[2mm]
\varepsilon_y = \dfrac{\partial v}{\partial y},\ \gamma_{yz} = \dfrac{\partial w}{\partial y} + \dfrac{\partial v}{\partial z} \\[2mm]
\varepsilon_z = \dfrac{\partial w}{\partial z},\ \gamma_{xz} = \dfrac{\partial w}{\partial x} + \dfrac{\partial u}{\partial z}
\end{cases} \tag{8.25}
$$

应用线性弹性本构关系：

$$
\begin{cases}
\varepsilon_x = \dfrac{1}{E}\left[\sigma_x - \mu(\sigma_y + \sigma_z)\right] \\[2mm]
\varepsilon_y = \dfrac{1}{E}\left[\sigma_y - \mu(\sigma_x + \sigma_z)\right] \\[2mm]
\varepsilon_z = \dfrac{1}{E}\left[\sigma_z - \mu(\sigma_y + \sigma_x)\right] \\[2mm]
\gamma_x = \dfrac{\tau_{yz}}{G} = \dfrac{\tau_{yz}\cdot 2(1+\mu)}{E} \\[2mm]
\gamma_y = \dfrac{\tau_{xz}}{G} = \dfrac{\tau_{xz}\cdot 2(1+\mu)}{E} \\[2mm]
\gamma_z = \dfrac{\tau_{xy}}{G} = \dfrac{\tau_{xy}\cdot 2(1+\mu)}{E}
\end{cases} \tag{8.26}
$$

式中，弹性常数 E、μ、G 在第 5 章已有说明，分别是弹性模量、泊松比与剪变模量。

用 ε_v 表示土体的体积应变，$\varepsilon_v = \varepsilon_x + \varepsilon_y + \varepsilon_z$。由 (8.26) 可以导出：

$$
\begin{cases}
\sigma_x = 2G\left(\varepsilon_x + \dfrac{\mu}{1-2\mu}\varepsilon_v\right) \\[2mm]
\sigma_y = 2G\left(\varepsilon_y + \dfrac{\mu}{1-2\mu}\varepsilon_v\right) \\[2mm]
\sigma_z = 2G\left(\varepsilon_z + \dfrac{\mu}{1-2\mu}\varepsilon_v\right) \\[2mm]
\tau_{xy} = G\gamma_z,\ \tau_{yz} = G\gamma_x,\ \tau_{xz} = G\gamma_y
\end{cases} \tag{8.27}
$$

将式 (8.27) 及式 (8.26) 代入平衡方程 (8.24) 中，得到下式

$$
\begin{cases}
-\nabla^2 u - \dfrac{\lambda+G}{G}\dfrac{\partial \varepsilon_v}{\partial x} + \dfrac{1}{G}\dfrac{\partial u_w}{\partial x} = 0 \\[2mm]
-\nabla^2 v - \dfrac{\lambda+G}{G}\dfrac{\partial \varepsilon_v}{\partial y} + \dfrac{1}{G}\dfrac{\partial u_w}{\partial y} = 0 \\[2mm]
-\nabla^2 w - \dfrac{\lambda+G}{G}\dfrac{\partial \varepsilon_v}{\partial z} + \dfrac{1}{G}\dfrac{\partial u_w}{\partial z} = -\gamma'
\end{cases} \tag{8.28}
$$

上式中，$\lambda = \dfrac{\mu E}{(1+\mu)(1-2\mu)}$；$G = \dfrac{E}{2(1+\mu)}$；$\nabla^2 = \dfrac{\partial^2}{\partial x^2} + \dfrac{\partial^2}{\partial y^2} + \dfrac{\partial^2}{\partial z^2}$。

由第 4 章有饱和土体的渗流方程：

$$\frac{k_x}{\gamma_w}\frac{\partial^2 u_w}{\partial x^2}+\frac{k_y}{\gamma_w}\frac{\partial^2 u_w}{\partial y^2}+\frac{k_z}{\gamma_w}\frac{\partial^2 u_w}{\partial z^2}=-\frac{\partial \varepsilon_v}{\partial t} \tag{8.29}$$

解式（8.28）和式（8.29）组成的方程组，即可求得四个未知量位移 u、v、w 和孔隙水压力 u_w，进而得到土体应力。这样得到的结果既满足弹性材料的应力-应变关系和平衡条件，又满足变形协调条件与水流连续方程。

式（8.28）和式（8.29）最早由比奥（Biot）在 1941 年提出，称为比奥固结方程。当然，比奥是从土体的总应力方程出发，应用太沙基的有效应力方程导出的有效应力平衡方程。比奥固结方程也称比奥固结理论，它直接从弹性理论出发，满足土体的平衡条件、弹性应力应变关系和变形协调条件，此外还考虑了水流连续条件。因此，比奥理论是三维固结问题的精确表达式，后面讲到的太沙基单向固结理论可视为比奥固结理论的一种特殊情况。

在实际固结过程中，虽然外荷载保持不变，但是土体的有效应力不断变化，弹性参数也会不断变化。因比奥固结理论求解复杂，目前只有少数几种情况能获得解析解，多数情况需要用数值解法，故它多用于土体结构应力-应变分析的有限元法计算中。

8.3.2　一维固结问题

一维固结又称单向固结，它假定在荷载作用下土中水的流动与土体的变形沿一个方向。

1. 比奥一维固结问题

将比奥方程用于一维条件，即可求解一维固结问题，也称为比奥一维固结问题。对于一维问题，$\varepsilon_x = \varepsilon_y = 0$，则 $\varepsilon_v = \varepsilon_x + \varepsilon_y + \varepsilon_z = \varepsilon_z$。此时，式（8.28）简化为：

$$-\nabla^2 w-\frac{\lambda+G}{G}\frac{\partial \varepsilon_z}{\partial z}+\frac{1}{G}\frac{\partial u_w}{\partial z}=-\gamma' \tag{8.30}$$

式（8.29）简化为：

$$\frac{k}{\gamma_w}\frac{\partial^2 u_w}{\partial z^2}=-\frac{\partial \varepsilon_z}{\partial t} \tag{8.31}$$

式（8.30）和式（8.31）即为比奥一维固结方程。

在固结过程中，法向总应力和为

$$\Theta_t = \sigma_{tx}+\sigma_{ty}+\sigma_{tz}$$

由胡克定律把体积应变用有效应力表示出来，对于一维问题

$$\varepsilon_v = \varepsilon_z = \frac{(1-2\mu)(1+\mu)}{1-\mu}\cdot\frac{\Theta}{E} \tag{8.32}$$

式中　E——弹性模量；

　　　Θ——法向有效应力的和，对于一维问题 $\Theta = \sigma_z$。

根据有效应力原理

$$\Theta = \Theta_t - u_w \tag{8.33}$$

将式（8.33）代入式（8.32），再代入式（8.31），得

$$\frac{\partial u_{\mathrm{w}}}{\partial t} - \frac{\partial \Theta_{\mathrm{t}}}{\partial t} = C_{\mathrm{v}} \nabla^2 u_{\mathrm{w}} \tag{8.34}$$

式中 $C_{\mathrm{v}} = \dfrac{kE(1-\mu)}{\gamma_{\mathrm{w}}(1-2\mu)(1+\mu)}$。

从式（8.34）可见，若令 $\dfrac{\partial \Theta_{\mathrm{t}}}{\partial t} = 0$，即假定固结过程中法向总应力的和不随时间变化，则式（8.34）变为

$$\frac{\partial u_{\mathrm{w}}}{\partial t} = C_{\mathrm{v}} \nabla^2 u_{\mathrm{w}} \tag{8.35}$$

上式就是太沙基一维固结方程。由此可见，比奥一维固结方程在法向总应力和 Θ_{t} 不随时间变化的假定下，就成为太沙基的一维固结方程。

2. 太沙基单向固结理论

（1）基本假设

为了解决沉降与时间的关系问题，太沙基在 1924 年建立了单向固结理论，目前被广泛采用，适用条件为大面积均布荷载，地基中孔隙水主要沿竖向渗流。其基本假设是：

1）土层是均质完全饱和状态；在固结过程中，土粒和孔隙水是不可压缩的；土的压缩就是孔隙体积的压缩，压缩系数 a 保持常数。

2）土层仅在竖向产生排水固结；土层的渗透系数 k 为常数；水的渗流服从达西定律；土层的压缩速率取决于自由水的排除速率。

3）外荷载是一次瞬时施加的，大面积加荷且沿深度 z 呈均匀分布。

（2）固结微分方程的建立

在饱和土体渗透固结过程中，土层内任一点的孔隙水压力 u_{w} 所满足的微分方程式，称为固结微分方程式。

饱和黏性土层厚度为 H，土层上面是透水砂层，下面是不透水的非压缩层，作用于土层顶面的竖向荷载无限广阔分布，如图 8.12 所示。在任意深度 z 处，取一微元体进行分析。

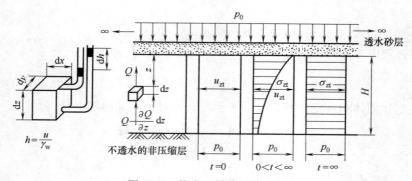

图 8.12　饱和土层的固结过程

在黏性土层中距顶面 z 处取一微元单元，厚度为 $\mathrm{d}z$，微分单元在渗流方向上的截面积 $\mathrm{d}x\mathrm{d}y$，土体初始孔隙比为 e_1，设在固结过程中的某一时刻 t，从底面流入的流量为

$Q+\dfrac{\partial Q}{\partial z}dz$，则从单元顶面流出的流量为 Q，在 dt 时间内，微分单元被挤出的孔隙水量为：

$$dQ = \left[\left(Q + \frac{\partial Q}{\partial z}dz\right) - Q\right]dt = \frac{\partial Q}{\partial z}dz\,dt \tag{8.36}$$

根据饱和土固结渗流的连续条件，水流量的变化应等于孔隙体积的变化。设渗透固结过程中时间 t 的孔隙比为 e_t，孔隙体积为：

$$V_v = nV = \frac{e_t}{1+e_t}dx\,dy\,dz \tag{8.37}$$

在 dt 时间内，微分单元的孔隙体积的变化量为：

$$dV_v = \frac{\partial V_v}{\partial t}dt = \frac{\partial}{\partial t}\left(\frac{e_t}{1+e_t}dx\,dy\,dz\right)dt$$

$$= \frac{1}{1+e_t}\frac{\partial e_t}{\partial t}dx\,dy\,dz\,dt \tag{8.38}$$

由于土体中土粒和水是不可压缩的，故此时间内流经微分单元的水量变化应该等于微分单元孔隙体积的变化量，即：

$$dQ = dV_v$$

或

$$\frac{\partial Q}{\partial z}dz\,dt = \frac{1}{1+e_t}\frac{\partial e_t}{\partial t}dx\,dy\,dz\,dt \tag{8.39}$$

根据渗流满足达西定律的假设，可得

$$Q = vA = kiA = k\frac{\partial h}{\partial z}dx\,dy = \frac{k}{\gamma_w}\frac{\partial u_w}{\partial z}dx\,dy \tag{8.40}$$

式中 A——微分单元在渗流方向上的截面积；

i——水头梯度，$i = \dfrac{\partial h}{\partial z}$，其中 h 为测压管水头高度；

u_w——孔隙压力，$u_w = \gamma_w h$，所以 $h = \dfrac{u_w}{\gamma_w}$。

于是得

$$\frac{\partial Q}{\partial z}dz\,dt = \frac{k}{\gamma_w}\frac{\partial^2 u_w}{\partial z^2}dx\,dy\,dz\,dt \tag{8.41}$$

根据压缩曲线和有效应力原理，压缩系数

$$a = -\frac{de}{dp}$$

有效应力

$$\sigma_z = \sigma_{tz} - u_w = \sigma - u_w（大面积荷载 \sigma 为常量）$$

所以

$$de = -a\,d\sigma_z = -a\,d(\sigma - u_w) = a\,du_w = a\frac{\partial u_w}{\partial t}dt$$

即

$$\frac{\partial e_t}{\partial t} = a \frac{\partial u_w}{\partial t} \qquad (8.42)$$

将式（8.41）和式（8.42）代入式（8.39），可得

$$\frac{k}{\gamma_w} \frac{\partial^2 u_w}{\partial z^2} dx\,dy\,dz\,dt = \frac{a}{1+e_1} \frac{\partial u_w}{\partial t} dx\,dy\,dz\,dt \qquad (8.43)$$

整理后得

$$\frac{\partial u_w}{\partial t} = \frac{k(1+e_1)}{a\gamma_w} \frac{\partial^2 u_w}{\partial z^2} \qquad (8.44)$$

令 $C_v = \dfrac{k(1+e_1)}{a\gamma_w}$，$C_v$ 称为竖向渗透固结系数。则得

$$\frac{\partial u_w}{\partial t} = C_v \frac{\partial^2 u_w}{\partial z^2} = C_v \nabla^2 u_w \qquad (8.45)$$

式（8.45）即为饱和土单向渗透固结微分方程式。

（3）固结微分方程的求解

对于式（8.45），可以根据不同的初始条件和边界条件求得它的解。如图 8.12 所示，考虑到饱和土体的渗流固结过程中 u_w、σ_z 的变化与时间 t 的关系，应有

初始条件：

$t=0$，$0 \leqslant z \leqslant H$ 时，$u_w = \sigma_{tz} = p_0$，$\sigma_{tz} = 0$；

$t=\infty$，$0 \leqslant z \leqslant H$ 时，$u_w = 0$，$\sigma_z = \sigma_{tz} = p_0$。

边界条件：

$0 < t \leqslant \infty$，$z=0$ 时，$u_w = 0$，$\sigma_z = \sigma_{tz} = p_0$；

$0 < t \leqslant \infty$，$z=H$ 时，土层不透水，$Q=0$，则 $\dfrac{\partial u_w}{\partial z} = 0$。

将固结微分方程（8.45）与上述初始条件、边界条件一起构成定解问题，用分离变量法可求微分方程的傅里叶级数解，即任一点的孔隙水压力。

$$u_w(z,t) = \frac{4}{\pi} \sigma_z \sum_{m=1}^{\infty} \frac{1}{m} e^{-\frac{m^2\pi^2}{4} T_v} \sin\frac{m\pi}{2H}z \qquad (8.46)$$

式中　m——正奇数（1，3，5，…）；

　　　e——自然对数的底；

　　T_v——时间因素，量纲为一，$T_v = \dfrac{C_v}{H^2} t$，t 是时间（年）；

　　H——压缩土层的透水面至不透水面的排水距离（cm）；当土层双面排水时，H 取土层厚度的一半。

8.3.3　孔隙水压力系数

在计算外荷载作用下土体的变形和稳定时，如果总应力比较明确，那么只要知道土体内的孔隙水压强，就可以知道有效应力。也就是说，此时需要知道外荷载作用下的孔隙水压强值，比较简单的办法是用孔隙水压力系数估算。所谓孔隙水压力系数就是土体在不排水、不排气的条件下，由外荷载引起的孔隙水压强增量与总应力增量的比值，或者说是单

位总应力增量引起的孔隙水压强增量。孔隙水压力系数也简称孔压系数。

1. 侧限应力状态的孔压系数

除了前面讲到的自重应力属于侧限应力状态外，如果地面上作用有较大面积连续均布荷载，而土层厚度又相对较薄时，在土层中引起的附加应力 σ_{tz} 也可以看成是侧限应力状态。这时，由于外荷载 p 在土层中引起的附加应力 σ_{tz} 将沿深度均匀分布，即在 z 轴上任意深度处各点的 σ_{tz} 均等于 p；而且在同一深度 z 处的水平面上各点的竖向附加应力 σ_{tz} 也都等于 p，水平向附加应力也均相等。显然，这种应力条件下土体侧向不能发生变形，属于侧限状态。

为了求出这种荷载条件下，土层中各点在任意时刻的孔隙水压强 u 和有效应力 σ_z，需要首先知道 $t=0$ 时的初始孔隙水压力 u_0。知道了 u_0 以后，即可根据一维渗流固结理论求出任意时刻 t 的 u 和 σ_z。下面介绍一个常用的渗流固结模型，用以模拟饱和土体受到连续均布荷载后，在土中所产生的孔隙压力 u_0 以及 u 和 σ_z 随时间 t 的变换规律。图 8.11 为太沙基最早提出的渗压模型。圆筒象征侧限条件；弹簧模拟当成弹性体的土骨架；筒中水模拟骨架四周的孔隙水；活塞上的小孔则代表土的渗透性，用以模拟排水条件。

当活塞板上未加荷载时，圆筒一侧的测压管中水位将与筒中静水位齐平。这时，代表土体受外荷载前的情况，土中各点的孔隙水压力值完全由静水压力确定；而且，由于任何深度处总水头都相等，土中没有渗流发生。

当活塞板上刚加上外荷载的瞬间，即 $t=0$ 时，容器内的水来不及排出，相当于活塞上小孔被堵死的不排水状态。水是不可压缩的流体，故模型内体积变化 $\Delta V=0$，活塞不能向下移动，弹簧不受力，外荷载全部由水所承担，测压管中水位将升高 h。它代表这时土中引起高于静水位的初始超静水压力 $u_0=\sigma_{tz}=\gamma_w h$，而作用于土骨架上的有效应力 $\sigma_z=0$。

当 $t>0$ 后，由于活塞上下有水头差 h，导致渗流发生。水从活塞小孔中不断排出，容器内水量减少，活塞向下移动，代表土骨架的弹簧逐渐受力，分担部分作用于活塞上的荷载。与此同时，容器内水压力逐渐减小，测压管水位逐渐降低。这一过程持续发展，直至超静水压力全部消散至 $u=0$，测压管水位又降至与容器内静水位齐平时，全部外荷载都转移给弹簧承担，活塞稳定到某一位置，渗流停止。这一过程代表饱和土体中的超静水压力逐渐消散，转移到土骨架上，骨架的有效应力逐渐增加，孔隙水压力的减小值等于有效应力的增加值。最后，土中水的超静水压力 $u=0$，而土骨架的有效应力 $\sigma_z=\sigma_{tz}$，土体的渗流固结过程结束，简称土体已经固结。

小结上述渗流固结过程，可得如下几点认识：

（1）整个渗流固结过程中 u 和 σ_z 都是在随时间而不断变化着的，即 $u=f(t)$，$\sigma_z=f(t)$。渗流固结过程的物理实质就是土中两种不同应力形态的转化过程。

（2）这里的 u 是指超静水压力。所谓超静水压力，是由外荷载引起的超出静水位以上的那部分孔隙水压力。它在固结过程中随时间不断变化，固结终了时应等于零。饱水土层中任意时刻的总孔隙水压力应是静孔隙水压力与超静水孔隙水压力之和。

（3）侧限条件下 $t=0$ 时，饱和土体的初始孔隙水压力系数 u_0 数值上就等于施加的外荷载强度 σ_{tz}（总应力）。习惯上用增量表示，写成 $\Delta u=\Delta\sigma_{tz}$。若用孔压系数表示加压瞬间，或不排水的条件下，饱和土体的孔隙水压力增量与总应力增量之比，则侧限条件下的

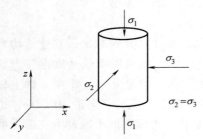

图 8.13　圆柱体均质饱和
土样三轴受力示意图

2. 轴对称（三轴）应力状态下的孔压系数

孔压系数为 $\Delta u / \Delta \sigma_{tz} = 1$。

在三维应力中，最简单的应力状态是轴对称应力状态。对于轴对称的固结沉降问题，以三轴应力状态为例简要介绍。圆柱状土体受到周围均等应力的作用，这样的受力状态称为三轴应力状态。三轴试验是土力学最重要的试验方法之一。

在直角坐标上，作用于三轴土样上的应力可表示如图 8.13 所示。其中 $\sigma_1 > \sigma_2 = \sigma_3$。如果写成应力矩阵，则表示为

$$\begin{bmatrix} \sigma_1 & 0 & 0 \\ 0 & \sigma_2 & 0 \\ 0 & 0 & \sigma_3 \end{bmatrix} = \begin{bmatrix} \sigma_3 & 0 & 0 \\ 0 & \sigma_3 & 0 \\ 0 & 0 & \sigma_3 \end{bmatrix} + \begin{bmatrix} \sigma_1 - \sigma_3 & 0 & 0 \\ 0 & 0 & 0 \\ 0 & 0 & 0 \end{bmatrix} \tag{8.47}$$

等式右侧的第一项表示土样上三个方向受相同的主应力压缩，称为等向压缩应力状态，或球应力状态；第二项称为偏差应力状态。当求外加载荷在土体中所引起的超静水压力时，土体中的应力是在自重应力的基础上增加一个附加应力，常用增量的形式表示，如图 8.14 所示。图中，将轴对称三维应力增量 $\Delta \sigma_1$ 和 $\Delta \sigma_3$ 分解成等向压应力增量 $\Delta \sigma_3$ 和偏差应力增量（$\Delta \sigma_1 - \Delta \sigma_3$）。这两种应力增量在加荷的瞬间在土样内所引起的初始孔隙水压力增量，可以分别计算如下。

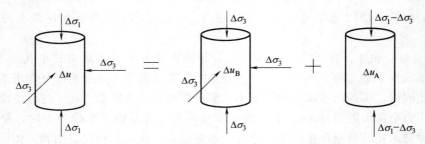

图 8.14　圆柱体均质饱和土样三轴应力状态下的孔隙压力

（1）等向压缩应力状态——孔压系数 B

考察如图 8.14 所示的圆柱体均质饱和土样。假设试样在前期应力作用下变形已经完成。现在不排水条件下施加周围压力增量 $\Delta \sigma_3$，根据以土骨架有效应力表示的平衡方程，可以得到试样的土骨架有效应力

$$\Delta \sigma_z + \Delta u_B = C_1 \tag{8.48}$$

$$\Delta \sigma_r + \Delta u_B = C_2 \tag{8.49}$$

式中　C_1、C_2——常数。结合边界条件可以得到

$$\Delta \sigma_z = \Delta \sigma_r = \Delta \sigma \tag{8.50}$$

$$\Delta \sigma + \Delta u_B = \Delta \sigma_3 \tag{8.51}$$

式中　Δu_B——孔隙水压强增量；

　　　$\Delta \sigma$——土骨架有效应力增量；

$\Delta\sigma_3$——边界上施加的围压增量。

忽略土颗粒本身的体积应变，可以得到 $\Delta\sigma_3$ 作用下的土体应变

$$\Delta\varepsilon_z = \Delta\varepsilon_r = \frac{1-2\mu}{E} \cdot (\Delta\sigma_3 - \Delta u_B) \tag{8.52}$$

体积应变

$$\Delta\varepsilon_v = \Delta\varepsilon_1 + \Delta\varepsilon_2 + \Delta\varepsilon_3 = 3\Delta\varepsilon_r = \frac{3(1-2\mu)}{E} \cdot (\Delta\sigma_3 - \Delta u_B) \tag{8.53}$$

式中　$\Delta\varepsilon_z$、$\Delta\varepsilon_r$——轴向及径向应变增量；

$\Delta\sigma_3$、Δu_B——施加的围压增量及孔隙水压强增量；

E、μ——土的弹性模量和泊松比。

试样体积改变量

$$\Delta V = \Delta\varepsilon_v \cdot V \tag{8.54}$$

孔隙水体在孔隙水压强增加 Δu_B 时的体积压缩量

$$\Delta V_w = nV \cdot \frac{\Delta u_B}{K_w} = nVC_w\Delta u_B \tag{8.55}$$

式中　ΔV_w——孔隙水体积压缩量；

K_w——孔隙水的弹性模量；

C_w——孔隙水的体积压缩系数；

V——试样体积；

n——孔隙率。

对于完全饱和土样，忽略土骨架颗粒的体积变形时，在不排水也不排气的条件下，试样的体积变化必等于孔隙水的体积变化。即

$$\Delta V = \Delta V_w，\text{亦即}　\Delta\varepsilon_v = C_w n\Delta u_B \tag{8.56}$$

故

$$[C_s + nC_w]\Delta u_B = C_s \cdot \Delta\sigma_3 \tag{8.57}$$

式中　$C_s = \dfrac{3(1-2\mu)}{E}$，为土的体积压缩系数。

令

$$B = \frac{\Delta u_B}{\Delta\sigma_3} = \frac{1}{1+n\dfrac{C_w}{C_s}} \tag{8.58}$$

称 B 为均匀围压条件下土的孔隙水压力系数，它表示单位围压增量引起的孔隙水压强增量。于是

$$\Delta u_B = B \cdot \Delta\sigma_3 \tag{8.59}$$

因为无气水在一般的压力下基本上可以认为是不可压缩的，所以当土体完全饱和并且不含气时，孔隙水的体积压缩系数 C_w 远小于土骨架的体积压缩系数，于是 B 近似等于 1。

同样的推导过程可以发现，对于干土，孔隙中全部为空气，B 近似等于 0。对于部分

饱和土，B 值介于 $0 \sim 1$ 之间。所以 B 值可用做反应土体饱和程度的指标。

（2）偏差应力状态——孔压系数 A

当土样（体积 V_0）在不排水、不排气的条件下受到轴向偏差应力 $(\Delta\sigma_1 - \Delta\sigma_3)$ 作用后，土中将相应产生孔隙压力 Δu_A（图 8.14），则轴向和径向有效应力增量分别为 $(\Delta\sigma_1 - \Delta\sigma_3) - \Delta u_A$ 和 $(0 - \Delta u_A) = -\Delta u_A$。在有效应力作用下，根据广义胡克定律，轴向骨架线应变 ε_1 和径向线应变 ε_2、ε_3 应分别为：

$$\varepsilon_1 = \frac{(\Delta\sigma_1 - \Delta\sigma_3) - \Delta u_A}{E} - 2\mu \frac{(-\Delta u_A)}{E} \tag{8.60}$$

$$\varepsilon_2 = \varepsilon_3 = \frac{(-\Delta u_A)}{E} - \mu \frac{(\Delta\sigma_1 - \Delta\sigma_3) - \Delta u_A}{E} - \mu \frac{(-\Delta u_A)}{E} \tag{8.61}$$

将式（8.60）式（8.61）代入式（8.53）并经整理，可得土骨架的体积应变 ε_v 为

$$\begin{aligned} \varepsilon_v &= \frac{1 - 2\mu}{E} \big[(\Delta\sigma_1 - \Delta\sigma_3) - 3\Delta u_A \big] \\ &= \frac{C_s}{3} \big[(\Delta\sigma_1 - \Delta\sigma_3) - 3\Delta u_A \big] \\ &= C_s \left[\frac{1}{3} (\Delta\sigma_1 - \Delta\sigma_3) - \Delta u_A \right] \end{aligned} \tag{8.62}$$

则 V_0 土体的骨架体积压缩量 $\Delta V_s = \varepsilon_v V_0$，即

$$\Delta V_s = C_s \left[\frac{1}{3} (\Delta\sigma_1 - \Delta\sigma_3) - \Delta u_A \right] V_0 \tag{8.63}$$

同理，孔隙压力增量 Δu_A 将引起孔隙流体体积减小，其体积变化量为 ΔV_v

$$\Delta V_v = C_f \Delta u_A n V_0 \tag{8.64}$$

同理，$\Delta V_s = \Delta V_v$，即

$$C_s \left[\frac{1}{3} (\Delta\sigma_1 - \Delta\sigma_3) - \right] V_0 = C_f \Delta u_A n V_0 \tag{8.65}$$

$$\Delta u_A = \frac{1}{1 + n \dfrac{C_f}{C_s}} \left[\frac{1}{3} (\Delta\sigma_1 - \Delta\sigma_3) \right] \tag{8.66}$$

$$\Delta u_A = B \cdot \frac{1}{3} (\Delta\sigma_1 - \Delta\sigma_3) \tag{8.67}$$

值得注意的是，上式是把土体当成弹性体所得出的。弹性体的一个重要特点是剪应力只引起受力体形变化而引起体积变化。土则不一样，在受剪后，体积要发生膨胀或收缩，称为剪胀性。当土体剪缩时，产生正的超孔隙水压力；当土体剪胀时，产生负的超孔隙水压力。

因此，式（8.67）中，偏差应力 $(\Delta\sigma_1 - \Delta\sigma_3)$ 前面的系数 $1/3$ 只适用于弹性体而不符合实际土体的情况。经过研究，英国学者斯开普敦（A. W. Skempton）首先引入了一个经验系数 A 来替代 $1/3$，并将式（8.67）改写为如下形式：

$$\Delta u_A = BA(\Delta\sigma_1 - \Delta\sigma_3) \tag{8.68}$$

称式中 A 为孔压系数 A。对于饱和土，因为 $B=1$，故

$$\Delta u_A = A(\Delta\sigma_1 - \Delta\sigma_3) \tag{8.69}$$

$$A = \frac{\Delta u_A}{\Delta\sigma_1 - \Delta\sigma_3} \tag{8.70}$$

所以，孔压系数 A 是饱和土体在单位偏差应力增量（$\Delta\sigma_1 - \Delta\sigma_3$）作用下产生的孔隙水压力增量，可用来反映土体剪切过程中的胀缩特性，是土的一个很重要的力学指标。

孔压系数 A 值的大小，对于弹性体是常量，$A=1/3$；对于土体则不是常量。它取决于偏差应力增量（$\Delta\sigma_1 - \Delta\sigma_3$）所引起的体积变化，其变化范围很大，主要与土的类型、状态、过去所受的应力历史和应力状况以及加载过程中所产生的应变量等因素有关，在试验过程中 A 值是变化的。孔隙水压力系数 A、B 测定的方法在第 8 章中有详细介绍。如果 $A<1/3$，属于剪胀土，如密实砂和超固结黏性土等；如果 $A>1/3$，则属于剪缩土，如较松的砂和正常固结黏性土等。

这样，土样受图 8.14 所示的轴对称三维应力增量所引起的孔隙水压力增量 Δu，即为等向压缩应力状态所引起的孔压增量 Δu_B 与偏差应力状态所引起的孔压增量 Δu_A 之和，即

$$\Delta u = \Delta u_B + \Delta u_A = B\Delta\sigma_3 + AB(\Delta\sigma_1 - \Delta\sigma_3) \tag{8.71}$$

或

$$\Delta u = B[\Delta\sigma_3 + A(\Delta\sigma_1 - \Delta\sigma_3)] \tag{8.72}$$

式（8.72）称为 Skempton 公式。因此，只要知道了土体中任一点的大小主应力变化，就可以根据在三轴不排水试验中测出的孔压系数 A、B，利用式（8.72）计算出相应的初始孔隙压力。

如果不是轴对称三维应力状态，而是一般三维应力状态，则主应力增量为 $\sigma_1 > \sigma_2 > \sigma_3$。这种情况下，亨开尔（Henkel，1966）等提出了一个确定饱和土孔隙压力的修正公式为：

$$\Delta u = \frac{1}{3}(\Delta\sigma_1 + \Delta\sigma_2 + \Delta\sigma_3) + \frac{a}{3}\sqrt{(\Delta\sigma_1 - \Delta\sigma_2)^2 + (\Delta\sigma_2 - \Delta\sigma_3)^2 + (\Delta\sigma_3 - \Delta\sigma_1)^2}$$

$$\tag{8.73}$$

式中　a——亨开尔孔压系数。一般认为，采用式（8.73）定义的孔压系数 a 除了能反映中主应力影响外，更能反映剪应力所产生的孔隙压力变化的本质，具有更普遍的适用性。

8.3.4　地基沉降与时间关系计算

1. 固结度及应用

固结度是指在某一固结应力作用下，经某一时间 t 后，土体固结过程完成的程度或孔隙水压力消散的程度，通常用 U 表示。对于土层任一深度 z 处经时间 t 后的固结度，可用式（8.74）表示

$$U = \frac{\sigma}{\sigma_t} = \frac{\sigma_t - u_w}{\sigma_t} = 1 - \frac{u_w}{\sigma_t} \tag{8.74}$$

式中　σ_t——在外荷载的作用下，土体中某点的总应力，kPa；

　　　σ——土体中该点的有效应力，kPa；

u_w——土体中该点的超静孔隙水压力，kPa。

在实际工程中，土层平均固结度显得更为重要，当土层为均质时，地基在固结过程中任一时刻 t 时的固结变形量 S_{ct} 与地基的最终固结变形量 S_c 之比称为地基在 t 时刻的平均固结度，即

$$U = \frac{S_{ct}}{S_c} = 1 - \frac{\int_0^H u_w(z,t)\,\mathrm{d}z}{\int_0^H \sigma_t(z)\,\mathrm{d}z} \tag{8.75}$$

式中 $\int_0^H u_w(z,t)\,\mathrm{d}z$、$\int_0^H \sigma_t(z)\,\mathrm{d}z$——土层在外荷作用下 t 时刻孔隙水压力面积与固结应力的面积。

当地基的固结应力、土层性质和排水条件已定的前提下，U 仅是时间 t 的函数。对于附加应力呈矩形分布的饱和黏土的单向固结情形，将式（8.46）代入式（8.75）得到

$$U = 1 - \frac{8}{\pi^2}\left[e^{-\frac{\pi^2}{4}T_v} + \frac{1}{9}e^{-\frac{9\pi^2}{4}T_v} + \frac{1}{25}e^{-\frac{25\pi^2}{4}T_v} + \cdots \right]$$

$$= 1 - \frac{8}{\pi^2}\sum_{m=1}^{\infty}\frac{1}{m^2}e^{-\frac{m^2\pi^2}{4}T_v} \quad (m = 1,\ 3,\ 5,\ 7,\ \cdots) \tag{8.76}$$

从式（8.76）可看出，土层的平均固结程度 U 是时间因数 T_v 的单值函数，它与所加的固结应力的大小无关，但与土层中固结应力的分布有关。对于单面排水，各种直线型附加应力分布的土层平均固结程度与时间因数的关系理论上均可采用上述方法求得。

典型直线型附加应力分布，如图 8.15 所示，共包含"0"型、"1"型、"2"型、"0～1"型、"0～2"型 5 种，并用透水面的附加应力 p_1 与不透水面的附加应力 p_2 之比 α 表示附加应力的分布形态，即 $\alpha = \dfrac{p_1}{p_2}$，对于上述 5 种情况的 α 值各不相同。

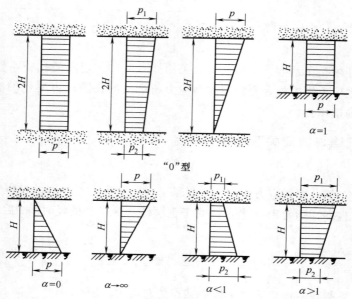

图 8.15　典型直线型附加应力分布

情况 1（"0"型）：薄压缩层地基，或大面积均布荷载作用下。

情况 2（"1"型）：土层在自重应力作用下的固结。

情况 3（"2"型）：基础底面积较小，传至压缩层底面的附加应力接近零。

情况 4（"0～1"型）：在自重应力作用下尚未固结的土层上作用有基础传来的荷载。

情况 5（"0～2"型）：基础底面积较小，传至压缩层底面的附加应力不接近零。

由式（8.75）可得到单面排水情况下，土层中任一时刻 t 的固结度 U_t 的近似值：

$$U_t = 1 - \frac{\left(\frac{\pi}{2}\alpha - \alpha + 1\right)}{1 + \alpha} \cdot \frac{32}{\pi^3} \cdot e^{-\frac{\pi^2}{4}T_v} \tag{8.77}$$

α 取 1，即 "0" 型，附加应力分布图为矩形，代入式（8.77）得到：

$$U_0 = 1 - \frac{8}{\pi^2} \cdot e^{-\frac{\pi^2}{4}T_v} \tag{8.78}$$

α 取 1，即 "0" 型，附加应力分布图为矩形，代入上式（8.77）得到：

$$U_1 = 1 - \frac{32}{\pi^3} \cdot e^{-\frac{\pi^2}{4}T_v} \tag{8.79}$$

不同 α 值时的固结度可以按式（8.77）来求，也可利用式（8.78）及式（8.79）求得的 U_0 和 U_1，按下式来计算：

$$U_\alpha = \frac{2\alpha U_0 + (1 - \alpha)U_1}{1 + \alpha} \tag{8.80}$$

为了方便查用，表 8.10 给出了不同的 $\alpha = \dfrac{p_1}{p_2}$ 下的 $U_t \sim T_v$ 关系。

单面排水，不同 $\alpha = \dfrac{p_1}{p_2}$ 下 $U_t \sim T_v$ 关系　　　　　　表 8.10

α	U_t / T_v	0.0	0.1	0.2	0.3	0.4	0.5	0.6	0.7	0.8	0.9	1.0
0.0	"1"型	0.0	0.049	0.100	0.154	0.217	0.290	0.380	0.500	0.660	0.950	∞
0.2		0.0	0.027	0.073	0.126	0.186	0.26	0.35	0.46	0.63	0.92	∞
0.4	"0～1"型	0.0	0.016	0.056	0.106	0.164	0.24	0.33	0.44	0.60	0.90	∞
0.6		0.0	0.012	0.042	0.092	0.148	0.22	0.31	0.42	0.58	0.88	∞
0.8		0.0	0.010	0.036	0.079	0.134	0.20	0.29	0.41	0.57	0.86	∞
1.0	"0"型	0.0	0.008	0.031	0.071	0.126	0.20	0.29	0.40	0.57	0.85	∞
1.5		0.0	0.008	0.024	0.058	0.107	0.17	0.26	0.38	0.54	0.83	∞
2.0		0.0	0.006	0.019	0.050	0.095	0.16	0.24	0.36	0.52	0.81	∞
3.0		0.0	0.005	0.016	0.041	0.082	0.14	0.22	0.34	0.50	0.79	∞
4.0	"0～2"型	0.0	0.004	0.014	0.040	0.080	0.13	0.21	0.33	0.49	0.78	∞
5.0		0.0	0.004	0.013	0.034	0.069	0.12	0.20	0.32	0.48	0.77	∞
7.0		0.0	0.003	0.012	0.030	0.065	0.12	0.19	0.31	0.47	0.76	∞
10.0		0.0	0.003	0.011	0.028	0.060	0.11	0.18	0.30	0.46	0.75	∞
20.0		0.0	0.033	0.010	0.026	0.060	0.11	0.17	0.29	0.45	0.74	∞
∞	"2"型	0.0	0.002	0.009	0.024	0.048	0.09	0.16	0.23	0.44	0.73	∞

为了便于实际应用，将上述"0"型、"1"型、"2"型的平均固结程度与时间因数绘制成图 8.16 所示的 $U \sim T_v$ 关系曲线，图中（0）、（1）、（2）分别对应于"0"型、"1"型、"2"型的情形。

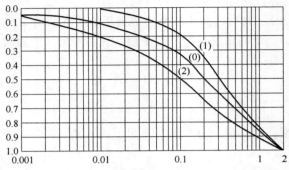

图 8.16　平均固结度 U 与时间因数 T_v 的关系曲线

从固结度的计算公式可以看出，固结度是时间因数的函数，时间因数 T_v 越大，固结度 U_t 越大，土层的沉降越接近于最终沉降量。从时间因数 $T_v = \dfrac{C_v t}{H^2} = \dfrac{k(1+e_1)}{a\gamma_w} \cdot \dfrac{t}{H^2}$ 的各个因子，可以清楚地分析出固结度与这些因数的关系：

（1）渗透系数 k 越大，越易固结，因为孔隙水易排出；

（2）$\dfrac{1+e_1}{a} = E_s$ 越大，即土的压缩性越小，越易固结，因为土骨架发生较小的压缩变形即能分担较大的外荷载，因此孔隙体积无需变化太大（不需挤较多的水）；

（3）时间 t 越长，显然固结越充分；

（4）渗流路径 H 越大，显然孔隙水越难排出土层，越难固结。

2. 根据上述几个公式及土层中的固结应力、排水条件可解决下列两类问题

（1）已知土层的最终沉降量 s，求某时刻历时 t 的沉降 s_t。

由地基资料的渗透系数 k，压缩系数 a，初始孔隙比 e_1，土层厚度 H 和所经历的时间 t，按式 $C_v = \dfrac{k(1+e_0)}{a\gamma_w}$，$T_v = \dfrac{C_v}{H^2}t$ 求得 T_v 后，再求出最终沉降量 s_∞；然后，利用图 8.16 中的曲线查出或按相应公式计算相应的固结度 U_t，再根据 $U_t = \dfrac{s_t}{s_\infty}$ 求得 s_t。

（2）已知土层的最终沉降量 s，求土层达到某一沉降 s_t 时，所需的时间 t。

根据已知的最终沉降量和要达到的某一沉降量，可算出平均固结度 U_t；再通过图 8.16 得到相应的时间因子 T_v；最后，由式 $T_v = \dfrac{C_v}{H^2}t$ 可求得所需的时间 t。

计算固结度问题时，需注意，由于对于单面排水及双面排水情形，采用同一计算公式。故压缩土层厚度 H 指透水面至不透水面的排水距离，对于单向排水，H 为土层厚度；对于双面排水，H 为土层厚度的一半。而计算地基最终固结沉降采用压缩土层的实际厚度，即总厚度。只不过要达到相同的固结度，对单面排水、双面排水情形所需的时间不同。

【例 8-3】 某饱和黏土层，厚 10m，在外荷作用下产生的附加应力沿土层深度分布简化为梯度如图 8.17 所示，下为不透水层。已知初始孔隙比 $e_0 = 0.85$，压缩系数 $a = 2.5 \times 10^{-4} \text{m}^2/\text{kN}$，渗透系数 $k = 2.5 \text{cm/a}$。求：

（1）加荷 1 年后的沉降量；

（2）土层沉降 15.0cm 所需时间。

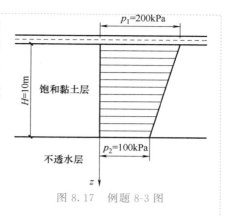

图 8.17　例题 8-3 图

【解】　（1）$s_t = U_t s$

固结应力 $\sigma_z = \dfrac{1}{2}(100 + 200) = 150 \text{kPa}$

最终沉降量 $s = \dfrac{a}{1 + e_0} \sigma H = \dfrac{2.5 \times 10^{-4}}{1 + 0.85} \times 150 \times 1000 = 20.27 \text{cm}$

固结系数 $C_v = \dfrac{k(1 + e_0)}{a \gamma_w} = \dfrac{2.5 \times 10^{-2}(1 + 0.85)}{10 \times 2.5 \times 10^{-4}} = 1.85 \times 10^5 \text{cm}^2/\text{a}$

时间因数 $T_v = \dfrac{C_v}{H^2} t = \dfrac{1.85 \times 10^5}{1000^2} \times 1 = 0.185$

$$\alpha = \frac{p_1}{p_2} = \frac{200}{100} = 2$$

$$U_0 = 1 - \frac{8}{\pi^2} \cdot e^{-\frac{\pi^2}{4} T_v} = 1 - \frac{8}{\pi^2} \cdot e^{-\frac{\pi^2}{4} \times 0.185} = 48.649\%$$

$$U_1 = 1 - \frac{32}{\pi^3} \cdot e^{-\frac{\pi^2}{4} T_v} = 1 - \frac{32}{\pi^3} \cdot e^{-\frac{\pi^2}{4} \times 0.185} = 34.618\%$$

$$U_{02} = \frac{2\alpha U_0 + (1 - \alpha)U_1}{1 + \alpha} = \frac{2 \times 2 \times 48.649\% + (1 - 2) \times 34.618\%}{1 + 2} = 53.33\%$$

$$s_t = U_{02} s = 53.33\% \times 20.27 = 10.81 \text{cm}$$

（2）$s_t = 15.0 \text{cm}$

$$U_{02} = \frac{s_t}{s} = \frac{15.0}{20.27} = 74.0\%$$

因为　$U_{02} = \dfrac{2\alpha U_0 + (1 - \alpha)U_1}{1 + \alpha} = \dfrac{2\alpha\left(1 - \dfrac{8}{\pi^2} \cdot e^{-\frac{\pi^2}{4} T_v}\right) + (1 - \alpha)\left(1 - \dfrac{32}{\pi^3} \cdot e^{-\frac{\pi^2}{4} T_v}\right)}{1 + \alpha}$

所以　$e^{-\frac{\pi^2}{4} T_v} = \dfrac{(1 + \alpha)(1 - U_{02})}{\dfrac{8}{\pi^2} \cdot 2\alpha + \dfrac{32}{\pi^3}(1 - \alpha)} = \dfrac{(1 + \alpha)2(1 - 74\%)}{\dfrac{8}{\pi^2} \cdot 2 \times 2 + \dfrac{32}{\pi^3}(1 - 2)} = 0.352905$

故　$T_v = -\dfrac{4}{\pi^2} \ln(0.352905) = 0.4221$

即　$t = \dfrac{T_v H^2}{C_v} = \dfrac{0.4221 \times 1000^2}{1.85 \times 10^5} \approx 2.282$ 年

【例8-4】 某饱和黏土土层，在三种不同排水条件下进行固结，如图8.18所示。设三种情况下的饱和黏土土层的 e_0、C_v、a 均相同。求：

（1）要达到相同的固结度，试计算三种情况下所需的固结时间 t_a、t_b、t_c 之间的比值；

（2）试确定三种情况下地基最终沉降量 s_a、s_b、s_c 之间的比值。

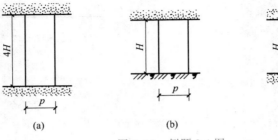

图8.18　例题8-4图

【解】 （1）对上述三种情况均属于"0"型，其平均固结度为

$$U = 1 - \frac{8}{\pi^2} \left[e^{-\frac{\pi^2}{4}T_v} + \frac{1}{9} e^{-\frac{9\pi^2}{4}T_v} + \frac{1}{25} e^{-\frac{25\pi^2}{4}T_v} + \cdots \right]$$

因此，要达到相同固结度 U_t，时间因数均相同，由于三者 C_v 相同，故有

$$\frac{t_a}{\left(\frac{4H}{2}\right)^2} = \frac{t_b}{H^2} = \frac{t_c}{\left(\frac{H}{2}\right)^2}$$

所以 $t_a : t_b : t_c = 16 : 4 : 1$。

（2）地基的最终沉降量为

$$s = \frac{e_0 - e_1}{1 + e_0} H = \frac{a \cdot \Delta p}{1 + e_0} \cdot H$$

对上述三种情况，由于地基中附加应力均为 p，三者的 e_0、a 均相同，故有

$$s_a : s_b : s_c = (p \cdot 4H) : (p \cdot H) : (p \cdot H) = 4 : 1 : 1。$$

🔍 思考题

1. 引起土体沉降的主要原因及类型是什么？

2. 压缩系数与压缩模量之间有什么关系？

3. 如何利用压缩系数和压缩模量这两个指标来评价土压缩性的高低？

4. 应力历史对土的沉降有何影响？如何考虑？

5. 分层总和法和应力面积法的基本思想是什么？他们在计算过程中有什么异同？

6. 太沙基一维固结理论的基本假设是什么？土层在固结过程中孔隙水压力和有效应力是如何转换的？它们之间有什么关系？

7. 太沙基一维固结理论与比奥固结理论有什么区别和联系？

🔍 习题

1. 一饱和黏土试样，初始高度 $H_0 = 2\text{cm}$，初始孔隙比 $e_0 = 1.12$，放在侧限压缩仪中按下表所示级数加载，并测得各级荷载作用下变形稳定后试样相对于初始高度的压缩量 S 如表 8.11 所示。

(1) 计算 e_i 并在 $e\text{-}p$ 坐标上绘出压缩曲线；

(2) 确定压缩系数 $a_{1\text{-}2}$，并判别该土压缩性高低；

(3) 确定压缩模量 $E_{s1\text{-}2}$。

表 8.11

p/MPa	0.05	0.1	0.2	0.3	0.4
S/mm	1.20	2.15	3.11	3.62	3.98

2. 把一个原状黏土试样切入压缩环刀中，使其在原自重应力下预压稳定，测得试样高度为 1.99cm，然后施加竖向应力增量 $\Delta\sigma_z = 0.1\text{MPa}$，固结稳定后测得相应的竖向变形 $S = 1.25\text{mm}$，侧向应力增量 $\Delta\sigma_x = 0.048\text{MPa}$，求土的压缩模量 E_s、侧压力系数 K_0、变形模量 E、泊松比 μ。

3. 某柱下独立基础为正方形，边长 $l = b = 4\text{m}$，基础埋深 $d = 1\text{m}$，作用在基础顶面的轴心荷载 $F = 1500\text{kPa}$。地基为粉质粘土，土的天然重度 $\gamma = 17.5\text{kN/m}^3$。地下水位深度 3.5m，水下土的饱和重度 $\gamma = 18.5\text{kN/m}^3$。地基土的天然孔隙比 $e_1 = 0.95$，地下水位以上土的压缩系数为 $a_1 = 0.30\text{MPa}^{-1}$，地下水位以下土的压缩系数为 $a_2 = 0.25\text{MPa}^{-1}$，地基土承载力特征值 $f_{ak} = 96\text{kPa}$。试采用传统单向压缩分层总和法计算该基础沉降量。

4. 如习题 3 中的条件，用应力面积法来计算该基础的沉降量。

5. 有一黏土层，厚度 4m，层顶和层底各有一排水砂层，地下水位在黏土层的顶面。取土进行室内固结试验，试样固结度达到 80% 时所需时间为 7min。若在黏土层顶面瞬时施加无限均布荷载 $p = 100\text{kPa}$，则黏土层固结度达到 80% 时，需要多少天？

6. 如图 8.19 所示，厚度为 8m 的黏土层，上下层面均为排水砂层，已知黏土层孔隙比 $e_0 = 0.8$，压缩系数 $a = 0.25\text{MPa}^{-1}$，渗透系数 $k = 7.3 \times 10^{-8}\text{cm/s}$，地表瞬时施加一无限分布均布荷载 $p = 180\text{kPa}$。试求：(1) 加荷半年后地基的沉降；(2) 黏土层达到 50% 固结度所需的时间。

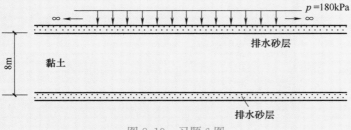

图 8.19　习题 6 图

9

岩土结构稳定分析的
有限元极限平衡法

　　岩石和土作为工程材料单独或与其他材料共同组成的稳定承载体，称为岩土结构，主要包括地基、基础、堤坝、挡土结构、土坡、地下洞室等。岩土结构整体或局部在自然或人为因素的影响下沿某一曲面发生剪切破坏出现滑动的现象称为失稳。在堤坝、高速公路、铁路、城市地铁、基坑开挖，露天采矿和土（石）坝等工程建设中都有可能发生失稳，轻者影响工程进度，重者造成事故，危及生命和财产安全，带来巨大损失。除了滑动稳定性，在许多情况下还要对岩土结构的变形量提出要求，超出允许的变形量，可能导致岩土结构不能正常工作甚至失事。因此，为了保证岩土结构正常工作，既要保证其稳定性，还要保证其不能发生影响正常工作的大变形。岩土结构的应力变形和稳定分析是岩土工程的重要课题，其基本原理和方法是岩土工作者必须掌握的本领。第8章介绍了岩土结构的应力变形分析，本章介绍一种可以用于几乎所有岩土结构的稳定分析方法——有限元极限平衡法。

　　传统的土工结构稳定分析方法主要有刚体极限平衡法、极限分析法和滑移线法，其基础都是刚体极限平衡。刚体极限平衡法将土体作为刚体计算内力，不引入土的本构关系和变形协调条件；通常将土体划分为若干垂直刚性土条，建立作用在这些垂直土条上的力和力矩平衡方程，求解内力和安全系数，称为条分法；该方法需引入一些简化假定（如条间力大小和方向）使问题变得静定可解；这些假定一般对计算结果的精度损害不大，因而在工程中获得广泛应用。刚体极限平衡法主要有满足力矩平衡的瑞典圆弧法、Bishop 法、简化 Bishop 法等；满足力平衡的滑楔法、Lowe & Karafiath 法、Janbu 法、陆军工程师团法等；既满足力平衡又满足力矩平衡的 Spencer 法、Morgenstern-Price 法等。

　　稳定分析的基础和最大的困难是内力分析。分条、刚体和其他简化计算的假设都是为了求解内力，不同的假设导致不同的稳定分析方法。有限单元法为土工结构的内力分析提供了强有力的手段，其应用也越来越普遍。在有限元应力应变分析的基础上确定土工结构的滑动稳定性主要有两种方法：一是有限元强度折减法；二是有限元极限平衡法。

　　有限元强度折减法将抗剪强度折减、极限平衡原理与弹塑性有限元计算相结合。在进行有限元应力应变计算时设定抗剪强度折减系数，通过逐级加载的弹塑性有限元数值计算确定土工结构的应力场、应变场或者位移场，并且对应力、应变或位移的某些分布特征以及有限元计算过程中的某些数学特征进行分析。不断增大抗剪强度折减系数，直至根据计算结果判定结构已经发生失稳破坏。将此时的抗剪强度折减系数作为稳定安全系数。与传统边坡稳定分析方法相比，有限元强度折减法有以下优点：

　　（1）不必假设滑面形状位置；

　　（2）不必假设条间力，在整体失稳前土体都处于整体稳定状态；

　　（3）能够查看破坏过程。

　　该方法的缺点也很明显，主要是：

　　（1）需要反复迭代，计算工作量大；

　　（2）滑动破坏的判据不统一，主要如塑性应变区贯通、区域位移突变、迭代计算是否收敛；

　　（3）强度参数折减是否影响土的应力应变性质，不同材料折减系数是否统一。

　　岩土结构稳定分析的有限元极限平衡法是在有限元应力分析的基础上，基于极限平衡条件判定稳定性的方法，解决在应力分析的基础上确定岩土结构的稳定性，包括整体和局部的滑动稳定性的问题。它是一种确定性分析方法，其基本思路是：定义边坡稳定安全系数，根据有限元计算得到的实际应力分布确定最危险滑动面及其相应的安全系数，以此评价岩土结构的稳定性。该方法适用于以剪切破坏为特征的材料组成的所有岩土结构。为简单计，本章以边坡结构为主，介绍有限元极限平衡法的原理、方法、计算程序及其应用。

通过本章的学习，要理解滑动稳定安全系数的物理意义，熟练掌握土坡稳定安全系数的公式及推导过程；理解和把握有限元极限平衡法的基本思想，并且能够在学会使用已有的有限元程序进行土工数值计算后，利用该方法进行一般岩土结构的稳定分析。

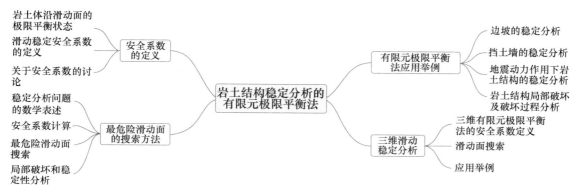

第 9 章　学习导图

9.1 安全系数的定义

在荷载作用下，岩土材料有出现剪切破坏和滑动失稳的可能性，这种破坏和失稳通常在局部发生，然后可能通过滑移调整达到新的稳定（多见于砂土），也可能迁延扩展形成贯穿整个结构的滑动面。岩土结构中所有可能的滑动面都称为潜在滑动面，也简称滑动面，一般是连续光滑的曲面，其中最不利的滑动面称为最危险滑动面。

安全系数是表示岩土结构沿着某一潜在滑动面失稳的可能性的指标，传统上用沿滑动面的阻滑力矩与滑动力矩之比来定义，即沿着最危险滑动面整体达到极限平衡时滑面上阻滑力矩与滑动力矩的比。对于正常工作的岩土结构，其在任意一个曲面上都不会达到极限平衡状态，也不会出现滑动。因此，评价稳定性有两种途径：一是增加荷载使岩土体沿着某一曲面整体达到极限平衡状态，此时的荷载值称为极限荷载（如地基极限承载力），极限荷载与原有设计荷载或实际作用荷载的比值称为超载系数；二是计算岩土体沿着最危险潜在滑动面整体达到极限平衡状态时的强度折减系数，也称为强度储备系数。超载系数与强度储备系数，统称为安全系数。根据曲面上岩土体的极限平衡条件定义安全系数，超载系数与强度储备系数两者完全相同。

9.1.1 岩土体沿滑动面的极限平衡状态

岩土体的破坏形式主要为剪切破坏。土的摩尔-库仑强度理论指出：在一定压力范围内，土的抗剪强度可以用库仑公式表示，当土体中一点的某一平面的某一方向上剪应力达到土的抗剪强度时，就认为该点发生剪切破坏。土体一点出现剪切破坏也称在该点达到极限平衡状态。此时，从应力角度讲，该点处于极限状态；从力的平衡角度来说，该点剪切破坏方向微元面上的土体内力达到极限平衡，即微元土体在破坏平面的破坏方向上剪切力等于抗剪力。一点某一方向上的剪应力等于抗剪强度，就是土体的强度条件，或者称为极限平衡条件。

将土一点的极限平衡条件推广，可以得到土体沿曲面局部或整体达到极限平衡的条件。以平面问题为例，设 l 为土工结构内的任意形状的连续曲面（线），土体沿 l 达到极限平衡是指在曲面任意微元长度上，沿曲面切线方向土体的剪切力（称滑动力）与抗剪力（称阻滑力）相等。由此，在曲面上滑动力的合力与阻滑力的合力相等，对曲面外任意一点，滑动力矩与阻滑力矩相等，如图 9.1 所示。即若

$$\tau_i - \tau_{fi} = 0 \tag{9.1}$$

则曲面上每一点对应的微元长度土体的滑动力与阻滑力相平衡，

$$\vec{T_i} - \vec{T_{fi}} = 0 \tag{9.2}$$

且曲面 l 上土体滑动力的合力与阻滑力的合力相平衡，对于曲面外任意一点，滑动力矩与阻滑力矩的合力矩也平衡。用公式表示为：

$$\sum_{i=1}^{n} \vec{T_i} - \sum_{i=1}^{n} \vec{T_{fi}} = 0 \quad \text{和} \quad \sum_{i=1}^{n} \vec{M}_{\vec{T_i}} - \sum_{i=1}^{n} \vec{M}_{\vec{T_{fi}}} = 0 \tag{9.3}$$

式中，$\vec{T_i} = \tau_i \cdot \vec{\Delta l_i}$，$\vec{T_{fi}} = \tau_{fi} \cdot \vec{\Delta l_i}$ 分别是曲面上一点土体微元长度上的滑动力和阻滑力；τ_i 和 τ_{fi} 是土体的剪应力和抗剪强度；n 代表整个曲面上土体微元的数量。

因为考察的是处于平衡状态的土体，所以以曲面为底的任意形状的土体（图中实线和

虚线分别表示不同的土块）均满足平衡
条件，如图 9.1 所示。若沿曲面 l 任意
一点土体都处于极限平衡状态，则以此
曲面为底的任意形状的土体在曲面上都
处于极限平衡状态。此时，曲面上相应
方向上的剪应力和抗剪强度之间的关系
称为曲面上土体的极限平衡条件。

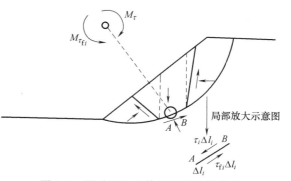

  土体沿滑动面的极限平衡条件与滑
动方向有关。对于平面问题，滑动方向
由滑动面规定；对于实际的三维滑动问

图 9.1 滑动面上土体的极限平衡状态

题，可以规定一致的滑动方向，即主滑动方向；也可以搜索确定最不利的滑动面及其相应
的滑动方向，此时各点的滑动方向并不一致。

9.1.2 滑动稳定安全系数的定义

  在土的抗剪强度理论一章曾经讲过曲面上土体的极限平衡条件，复述如下：曲面上土
体的极限平衡条件是指任意一个潜在的局部或整体滑动面上任意形状的土体（岩石也一
样）沿着曲面达到极限平衡状态的条件，其充分必要条件是：

$$\int_l \tau \, dl = \int_l \tau_f \, dl \tag{9.4}$$

  如前所述，对于正常工作的土体结构，在其任意一个曲面上，土体都不会达到极限平
衡状态。因此，稳定性评价有两种途径：一是增加荷载使土体沿某一曲面整体达到极限平
衡状态，此时的荷载值可以称为极限荷载，极限荷载与原有设计荷载或实际作用荷载的比
值称为超载系数；二是计算土体沿最危险潜在滑动面整体达到极限平衡状态时的强度折减
系数，也称为强度储备系数。强度折减系数和超载系数是统一的。

  假设存在函数 $R_{(l)}$，用 $R_{(l)}$ 沿着曲面每一点折减抗剪强度时，均在这一点使得土达
到极限平衡，$R_{(l)}$ 即为沿曲面 l 使土体各点均达到极限平衡状态的抗剪强度参数折减函
数，那么土体沿曲面 l 达到极限平衡的充要条件是：

$$\int_l \frac{\tau_f}{R_{(l)}} dl = \int_l \tau \, dl \tag{9.5}$$

应用积分中值定理，令

$$\frac{1}{K} \int_l \tau_f \cdot dl = \int_l \frac{\tau_f}{R_{(l)}} \cdot dl \tag{9.6}$$

则有

$$K = \frac{\int_l \tau_f \, dl}{\int_l \tau \, dl} \tag{9.7}$$

  K 是使土体沿曲面整体达到极限平衡的强度折减系数（函数）的中值。如果式
（9.5）成立，则有式（9.7）成立；反之，如果式（9.7）成立，则必有一函数 $R(l)$ 使之
满足式（9.6），进而使式（9.5）成立。因此，式（9.8）是在整体平均（中值）意义上土

体沿曲面 l 达到极限平衡的充分必要条件。

K 也是通常在有限元边坡稳定分析中，根据土体强度定义的安全系数。因为 $R(l)$ 是沿曲面 l 使土体各点均达到极限平衡状态的强度折减系数，也可以理解为土体各点极限抗剪强度与实际发挥强度的比值，所以 K 的物理意义是沿曲面土体整体达到极限平衡时的平均强度折减系数，或称为强度储备系数。

上面的讨论表明：式（9.7）定义的安全系数与传统的极限平衡分析方法，如简单条分法、毕肖普法等安全系数的定义是一致的，具有相同的物理意义。式（9.15）安全系数的定义在本质上也可以理解为一种强度折减法，其土体沿滑动面破坏的判别标准是土体沿滑动面整体达到极限平衡，因此，它与强度折减法在物理本质上是相同的。

另一方面，设 $P_{(l)}$ 是沿曲面 l 使土体各点均达到极限平衡状态的剪应力放大系数，即超载系数（函数），那么土体沿曲面 l 达到极限平衡的充要条件是：

$$\int_l \tau_f \mathrm{d}l = \int_l P_{(l)} \tau \mathrm{d}l \tag{9.8}$$

应用积分中值定理，令：

$$\int_l P_{(l)} \tau \mathrm{d}l = K \int_l \tau \mathrm{d}l \tag{9.9}$$

于是有，

$$K = \frac{\int_l \tau_f \mathrm{d}l}{\int_l \tau \mathrm{d}l} \tag{9.10}$$

可见，K 也是使土体沿曲面达到极限平衡的剪应力放大系数函数的中值。如果上面式（9.8）成立，则有式（9.10）成立；反之，如果式（9.10）成立，则必有一函数 $R_{(l)}$ 使之满足式（9.9），进而满足式（9.8）。因此，K 是在整体平均（中值）意义上土体沿曲面达到极限平衡的超载系数的估计。

9.1.3 关于安全系数的讨论

1. 安全系数定义的合理性

在传统的极限平衡法中，安全系数定义为沿整个滑动面阻滑力矩和滑动力矩之比。在滑动为圆弧的假定下，因为力臂长度相等，所以演化为阻滑力和滑动力的代数和之比。而这里安全系数的定义是对任意形状滑动面的，滑动面上的滑动力（矩）和阻滑力（矩）是矢量，因此，有岩土工程专家质疑用滑动力和阻滑力的代数和（积分）之比定义的安全系数的物理意义。但是如果从曲面上岩土体的极限平衡的角度去理解，就不会再存有这样的质疑，此时安全系数的本质是岩土体沿曲面整体达到极限平衡时的平均强度折减系数或者超载系数，或者说是土体沿滑动面达到极限平衡状态的平均强度折减系数或超载系数的估计。

这种估计以土体结构处于稳定或处于临界平衡状态为条件，对于失稳滑动的土坡不适用，因为此时，土体的内力分布会改变，并且在前面的讨论中，我们设定对土体每一点都必须有 $\tau \leqslant \tau_f$ 或者 $\tau \leqslant \tau_f / R_{(l)}$，即要求土体处于稳定或者临界平衡状态。事实上，当土体内一点发生剪切破坏时，土体的内力（应力）会发生调整，不会出现 $\tau \geqslant \tau_f$ 的情况。

仅以强度储备系数为例，在有限元极限平衡法中对土体的抗剪强度进行折减或增加荷载是一个假定。如果我们真的对土体的强度进行折减和增加荷载，土体结构的应力分布会发生变化，这反过来会影响土体结构的稳定性；另一方面，如果土的抗剪强度参数发生变化，则土的应力应变本构模型参数也会发生变化，这势必会影响土的内力分布，进而影响到土体结构的稳定性。即便如此，这种估计仍然是合理和适用的，因为在计算土体的应力分布时，并没有折减土体的抗剪强度，其内力分布在有限元分析的精度意义上是"真实"的。边坡稳定性的估计是基于这一真实的内力分布的。初步的研究还表明：如果采用折减后的抗剪强度参数再次进行应力分析，以此为基础再进行边坡稳定计算，得到的最危险安全系数仍然大于 1.0，表明上述安全系数的估计是偏于安全的。

如果滑动面的切向剪应力都沿着同一个方向，上面安全系数的定义没有任何问题，但若切向剪应力有正负时（实际的土体结构会有这样的情况出现），此时不能应用中值定理，仍用上面的公式定义安全系数是不合适的。为此，作者提出了分段法，即剔除剪切力逆滑出方向的部分，只考虑剪切力顺滑出方向的一段。计算这一段的安全系数 K'，搜索相应的"最危险滑动面"，以此估计边坡的稳定性：若 $K' \geqslant [K]$，边坡稳定且趋于保守；若 $K' < [K]$，不能确定边坡的稳定性。

2. 明确安全系数物理意义的意义

从前面的讨论可以知道：抗剪强度沿滑动面的积分与剪应力沿滑动面的积分之比，也就是沿滑动面阻滑力和滑动力的代数和之比，其物理意义是土体沿滑动面整体达到极限平衡状态时的平均强度储备系数或平均超载系数。

在讨论中并没有要求滑动面必须为圆弧。事实上，对于任意形状滑动面，K 都具有同样的物理意义。也就是说，对于任意形状的滑动面，用式（9.7）定义的安全系数都具有明确的物理意义。这也意味着，传统的条分法也适用于任意形状的滑动面。

无论是按照力平衡或者力矩平衡定义安全系数，传统的刚体极限平衡法安全系数公式都可以由前述强度折减的概念得到。钱家欢、殷宗泽编著的《土工原理与计算》书中说明了简单条分法中阻滑力矩与滑动力矩之比安全系数，如何等价于式（9.7）定义的安全系数。可以看到，传统条分法中安全系数的定义与式（9.7）具有完全相同的物理意义，两者是一致的。事实上，稳定分析的刚体极限平衡法与基于有限元应力分析的极限平衡法是同一种方法，两者的区别仅仅在于内力计算方法不同。

从前面的讨论还可以了解，极限平衡法在本质上可以理解为一种强度折减方法，它的滑动面破坏判别标准是土体沿滑动面整体达到极限平衡。它与有限元强度折减法的物理本质相同，但是滑动面破坏判别标准不同。

在前面的讨论中我们设定对每一点都必有 $\tau \leqslant \tau_f$ 或者 $\tau \leqslant \tau_f/R_{(1)}$，这要求岩土体处于稳定或者临界平衡状态，处于滑动状态不能满足上述条件。因此，按照式（9.7）计算安全系数的条件是岩土体处于稳定或者临界平衡状态。

9.2　最危险滑动面的搜索方法

在这里我们介绍以离散的滑动面节点坐标为优化变量搜索最危险滑动面的方法。其要点是把稳定分析问题转化为数学规划问题，以离散后滑动面的节点坐标为搜索变量求解最危险滑动面。

9.2.1 稳定分析问题的数学表述

在定义了滑动稳定安全系数后，土体结构的滑动稳定分析问题可以表述为：在已知应力分布的土体内寻找曲面 l 使安全系数 K 达到最小。这是一个数学规划问题，目标函数是安全系数 K，待求解变量是曲线 l，约束条件是曲线 l 在区域 S 内。因为待求解变量是一条曲线，具有无穷多自由度，所以可以视为带有约束条件的广义数学规划问题。在数学上，可以表示为：

$$\begin{cases} \min K = \dfrac{\displaystyle\int_l (\sigma_n \tan\varphi + c)\,\mathrm{d}l}{\displaystyle\int_\Gamma \tau\,\mathrm{d}l} \\ s.t. \quad l \in S \end{cases} \tag{9.11}$$

为求解方便，将应力场拓广到整个平面，即令，

$$\sigma_{ij}(x,y) = \begin{cases} \sigma_{ij}^0(x,y) & (x,y) \in S \\ 0 & (x,y) \notin S \end{cases} \tag{9.12}$$

式中 σ_n、τ——分别为滑动面上任意微元体法向应力和沿滑动方向切向剪应力；

$\quad\quad \sigma_{ij}$——坐标为 (x,y) 处的应力；

$\quad\quad \sigma_{ij}^0$——对应坡体的真实应力场。

这样，约束条件可以消除，上述稳定分析问题化成无约束的广义数学规划问题。

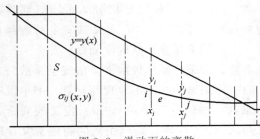

图 9.2 滑动面的离散

用有限数目的坐标节点 (x_i,y_i) 和曲线单元将 l 离散，如图 9.2 所示。在离散的曲线单元内构造适当的坐标插值函数，当所取的坐标节点足够密时，曲线 l 完全可以由坐标点 (x_i,y_i)（$i=1,2,\cdots,m$）近似确定。这样如果求得了各点的坐标值，便可以认为求得了曲线 l。进一步分析可以知道，由于坐标点可以任意取定，如果事先给定节点 (x_i,y_i) 的 x_i 值，那么曲线 l 的变化就表现为 y_i 的变化。换而言之，求解得到了节点坐标 y_i，也就等于求解得到了曲线 l。

于是，土体结构的滑动稳定分析问题可以进一步表述为：在已知的应力场内，根据给定的一组节点横坐标 $x_i(i=1,2,\cdots,m)$，求解确定节点的纵坐标 $y_i(i=1,2,\cdots,m)$，这组节点坐标规定的曲线 l 使安全系数 K 达到最小。此时，目标函数是 K，待求变量是节点的纵坐标 $y_i(i=1,2,\cdots,m)$。其数学表达式为：

$$\min K(y_1, y_2, \cdots, y_m) \tag{9.13}$$

求解时，如果考虑约束条件，则约束条件是待求的坐标节点在 S 域内。

9.2.2 安全系数计算

一般情况下，土体的抗剪强度可以用莫尔-库仑公式计算，即

$$\tau_f = \sigma_n \tan\varphi + c \tag{9.14}$$

此时，土体结构沿曲面（线）l 的滑动稳定安全系数可以写成：

$$K = \frac{\int_0^l (\sigma_n \tan\varphi + c) \mathrm{d}l}{\int_0^l \tau \mathrm{d}l} \qquad (9.15)$$

式中　σ_n——曲线上一点土体的法向应力；

　　　φ——土体的内摩擦角；

　　　c——黏聚力；

　　　τ——沿曲线 l 任意一点的剪应力。

要计算土体结构沿某一滑动面的安全系数，首先需要已知其应力分布。土体结构的应力分布是作为已知量输入的，本教材中不讨论土体结构的应力-应变计算问题。

土体结构的应力分布通常由有限元应力-应变分析得到。有限元应力-应变分析一般给出的是单元高斯积分点的应力。在安全系数计算中，需要用到单元节点的应力值。如果有限元应力计算采用的是四节点等参元，那么可以利用精度较高的高斯积分点的应力值来确定单元节点的应力。

以平面二次等参元为例，若应力应变计算中取的是 2 阶高斯积分，并且计算结果给出在 2×2 个高斯积分点上的应力值 σ^*。要得到该单元 4 个节点的应力值，可以采用双线性插值函数 $\widetilde{N}_i$，即

$$\sigma = \sum_{i=1}^4 \widetilde{N}_i \sigma_i, \quad \widetilde{N}_i = \frac{1}{4}(1 + \xi_i \xi)(1 + \eta_i \eta) \qquad (9.16)$$

再把相关单元求得的节点应力值取平均，作为最后的节点应力值。

就给定的滑动面求解安全系数，就是按照式（9.16）计算 K 值。对滑动面进行了离散化处理，安全系数 K 可以写成：

$$K = \sum_{e=1}^{m-1} \int_{-1}^{+1} (\sigma_n \tan\varphi + c) \mid J \mid \mathrm{d}\xi \Big/ \sum_{e-1}^{m-1} \int_{-1}^{+1} \tau \mid J \mid \mathrm{d}\xi \qquad (9.17)$$

式中　e——离散后曲线上的单元；

　　$\mid J \mid$——雅可比行列式值。

应用高斯积分，取积分阶数为 N_e，上式可以写成：

$$K = \sum_{e=1}^{m-1} \sum_{j-1}^{N_e} (\sigma_n \tan\varphi + c)_\xi \mid J_\xi \mid H_j \Big/ \sum_{e=1}^{m-1} \sum_{j-1}^{N_e} \tau_\xi \mid J_\xi \mid H_j \qquad (9.18)$$

式中　ξ_j——在单元 e 中取到的高斯积分点的局部坐标值；

　　H_j——曲线高斯积分权数。

9.2.3　最危险滑动面搜索

使安全系数 K 达到最小的曲面 l 就是最危险滑动面，求解上面所述的数学规划问题，也就是搜索最危险滑动面。因为目标函数比较复杂，并且难于对其求导数，所以选择直接搜索方法。一般情况下，在可能的滑动区域内会有若干个局部最危险滑动面（即局部极值），要得到整个区域内的最危险滑动面，需要进行全区域的搜索。

直接搜索法一般需要给定初始滑动面，在全区域内指定若干条初始滑动面，对应于每一条初始滑动面得到最危险滑动面及相应的稳定安全系数。比较对每个初始滑动面搜索得

到的稳定安全系数，其中最小安全系数对应的滑动面即为全区域的最危险滑动面，即全局最危险滑动面。

9.2.4 局部破坏和稳定性分析

由土体的极限平衡条件，以安全系数 K 作为土体内部任意曲面（包括微元长度、局部曲面和整体曲面）是否达到极限平衡状态的判别准则，若 $|K-1.00|\leqslant\varepsilon$（$\varepsilon$ 是考虑计算误差和一定安全储备的一个量），则认为土体沿曲面（局部或整体）达到极限平衡状态。

土体的局部破坏一般是伴随加载过程或者土的强度降低而发生的。采用弹塑性或非线性弹性（非线性弹性时要考虑应力调整）有限元法，计算土体结构的应力。根据每一次的应力计算结果，计算沿局部或整体曲面的安全系数。当上式小于或等于 ε 的条件得到满足时，认为达到极限平衡状态。

以土工结构的逐级加载过程为例。为了确定局部破坏区域，对于每一级荷载，先以连接每一个相邻节点的微小线段作为局部滑动曲面，逐一计算每一个线段上的安全系数。当满足 $|K-1.00|\leqslant\varepsilon$ 时，即认为出现剪切破坏，标志出剪切破坏的线段。在进行下一级荷载计算时，除逐一计算每一个线段上的土体安全系数外，再把安全系数计算扩展到每两个相连的线段，同样以 $|K-1.00|\leqslant\varepsilon$ 为标准判断是否出现剪切破坏。以此类推，直到连成整体曲面为止。

搜索确定土体内达到极限平衡状态的曲面仍然采用上面介绍的方法：即将待搜索的曲面（线）离散，以直线线段连接相邻的节点近似地代表曲面（线），搜索节点坐标确定曲面（线）。

9.3 有限元极限平衡法应用举例

9.3.1 边坡的稳定分析

（1）自重作用下边坡的稳定分析

图 9.3 所示的均质边坡，坡高 $H=20\text{m}$，内摩擦角 $\varphi=17°$，土体重度 $\gamma=20\text{kN/m}^3$，黏聚力 $c=42\text{kPa}$，土弹性模量 $E=10\text{MPa}$，泊松比 $\mu=0.3$，坡角 β 分别取为 $30°$、$35°$、$40°$、$45°$、$50°$。

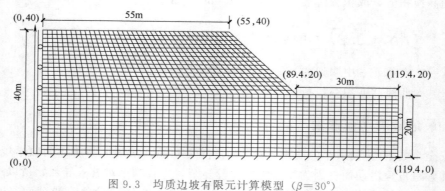

图 9.3 均质边坡有限元计算模型 $(\beta=30°)$

利用大型有限元商业软件 ANSYS，本构模型选用理想弹塑性模型，屈服准则选用莫尔—库伦强度准则，采用非相关联流动法则。按照平面应变问题建立有限元模型得到坡体内应力分布，边界条件坡底为固定约束，左右为水平简支约束。

稳定安全系数计算结果　　　　　　　　　　　表 9.1

方法	重度取 20kN/m³，不同坡角下的安全系数				
	30°	35°	40°	45°	50°
有限元极限平衡法	1.565	1.425	1.322	1.214	1.125
有限元强度折减法	1.560	1.420	1.310	1.210	1.120
简化 Bishop 法	1.557	1.416	1.302	1.204	1.118
Spencer 法	1.556	1.413	1.300	1.204	1.120

由表 9.1 可见，有限元极限平衡法与其他分析方法得到的安全系数十分接近。图 9.4

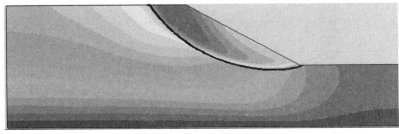

(a) 位移突变表示的最危险滑动面

(b) 大主应变表示的最危险滑动面

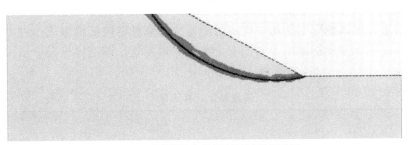

(c) 等效塑性应变表示的最危险滑动面

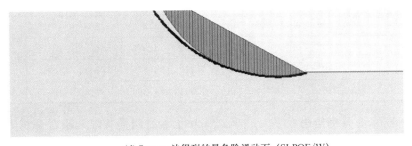

(d) Spencer法得到的最危险滑动面（SLPOE/W）

图 9.4　坡角 30°下最危险滑动面形状

给出了基于上述稳定分析方法得到的坡角为 30°时的最危险滑动面形状。图中，黑实线是有限元极限平衡法得到的最危险滑动面，有限元强度折减法则通过位移突变、大主应变及等效塑性应变等值云图表现临界滑动面形状。

（2）存在软弱夹层边坡的稳定分析

赵杰采用有限元极限平衡法对文献中所给包含软弱夹层的边坡进行稳定分析，计算剖面如图 9.5 所示，该黏土边坡中包含一软弱夹层带，$c_{u1}/\gamma H = 0.25$。夹层黏聚力 c_{u2} 为变量。

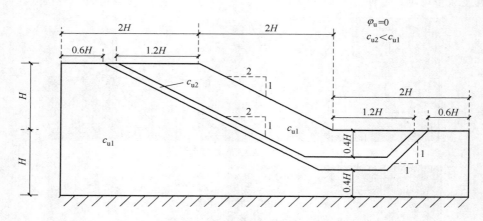

图 9.5　有软弱夹层的黏土边坡

随着 c_{u2}/c_{u1} 的变化，安全系数及相应的滑动面也随之变化。当 $c_{u2}/c_{u1}>0.6$ 时，滑动面贯穿通过边坡底部，发生"深层"滑动；当 $c_{u2}/c_{u1}<0.6$ 时，滑动面主要通过软弱夹层带；当 $c_{u2}/c_{u1}\approx0.6$ 时，滑动面位置发生突变，会出现"深层"滑动和"通过软弱夹层带"且安全系数非常接近的两条临界滑动面。表 9.2 列出了不同 c_{u2}/c_{u1} 条件下的安全系数计算结果，刚体极限平衡法中假定滑动面为圆弧和三段折线组成。可以看出有限元极限平衡法同有限元强度折减法得到的安全系数非常接近，而刚体极限平衡法在某些情况下得不到正确解。

安全系数计算结果　　　　　　　　　　表 9.2

方法	不同 c_{u2}/c_{u1} 下的安全系数								
	0.2	0.3	0.4	0.5	0.6	0.7	0.8	0.9	1.0
有限元极限平衡法	—	—	—	1.166	1.373	1.409	1.430	1.446	1.456
ANSYS	0.514	0.745	0.980	1.205	1.365	1.405	1.425	1.445	1.450
Z_Soil	0.520	0.750	0.990	1.215	1.370	1.400	1.420	1.440	1.455
Morgenstern-Price	0.480	0.732	0.973	1.210	1.459	1.702	1.946	2.170	2.388
Spencer	1.246	1.303	1.338	1.364	1.390	1.413	1.438	1.459	1.482

图 9.6、图 9.7 分别给出在 $c_{u2}/c_{u1}=0.5$ 和 1.0 时两类有限元稳定分析方法得到的临界滑动面。图中，黑实线表示有限元极限平衡法所得最危险滑动面形状，两者得到的最危险滑动面位置非常接近。

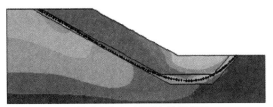

(a) 用位移突变表示的最危险滑动面

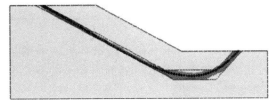

(b) 用等效塑性应变表示的最危险滑动面

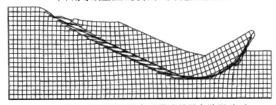

(c) Griffiths用单元网格变形描述的最危险滑动面

图 9.6　$c_{u2}/c_{u1}=0.5$ 条件下的滑动面

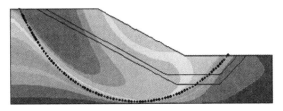

(a) 用位移突变表示的最危险滑动面

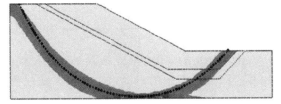

(b) 用等效塑性应变表示的最危险滑动面

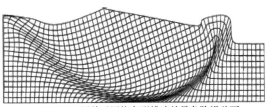

(c) Griffiths用单元网格变形描述的最危险滑动面

图 9.7　$c_{u2}/c_{u1}=1.0$ 条件下的滑动面

（3）极限承载力作用下边坡和地基的稳定分析

土体结构的极限承载力是土体结构破坏失稳时所能承受的极限荷载。

图 9.8 和图 9.9 所示边坡和地基，$c=10\text{kPa}$，弹性模量 $E=30000\text{kPa}$，泊松比 $\mu=0.3$，土体内摩擦角 $\varphi=25°$。采用 ANSYS 软件计算在极限承载力作用下的应力场分布，再应用有限元极限平衡法确定最危险滑动面和稳定安全系数。表 9.3 是滑动稳定安全系数计算结果。

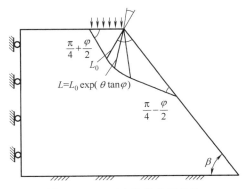

图 9.8　Prandtl 边坡破坏机构

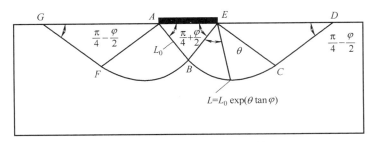

图 9.9　Prandtl 地基破坏机构

极限荷载作用下边坡稳定安全系数计算结果　　　　　　表 9.3

坡角(°)	Prandtl	Mohr-Coulomb 匹配圆 有限元极限平衡法 F_s	Mohr-Coulomb 内切圆 有限元极限平衡法 F_s
0	207.2	1.038	1.015
30	118.7	1.060	1.011
35	107.9	1.066	1.010
40	97.8	1.058	1.006
45	88.5	1.058	1.006
50	79.9	1.047	1.003

注：极限承载力单位为 kPa。

图 9.10 给出了有限元极限平衡法得到的临界滑动面、Prandtl 解下的破坏机构和增量加载有限元法得到的滑动带。其中，实线为有限元极限平衡法搜索得到的临界滑动面，虚线为经典 Prandtl 解的破坏机构形状，三者具有较好的一致性。

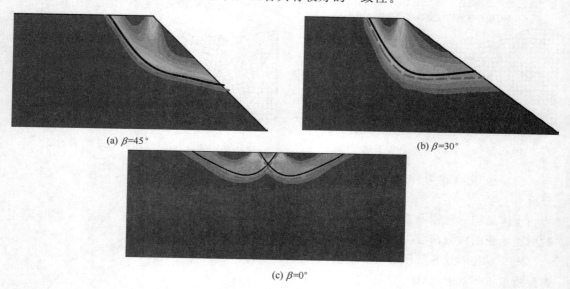

(a) $\beta=45°$　　　　　　　　　　(b) $\beta=30°$

(c) $\beta=0°$

图 9.10　极限状态下各种方法滑动面形状比较

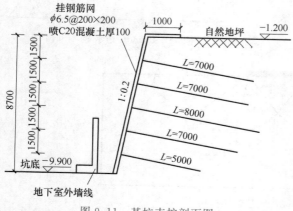

图 9.11　基坑支护剖面图

（4）土钉支护基坑边坡的稳定分析

图 9.11 某拟建综合楼，基坑西侧、北侧西半部按照 1：0.2 放坡，坡角 78.7°，采用土钉支护。基坑长 61.4m，宽 58.2m，开挖深度 8.7m，土钉分 5 排布置，长度 4.0～8.0m，垂直间距 1.5m，水平间距 1.5m，呈梅花形布置。钉杆采用 $\phi22$ 钢筋，钻孔直径 100mm，水平倾角 $\theta=10°$。注浆采用纯水泥浆，水灰比为 0.5～0.6，水泥采用 42.5 级普通硅酸盐水泥。坡面铺设 $\phi6.5$@200×

200 钢筋网，表面喷射 100mm 厚的混凝土，强度等级为 C20。坡顶荷载 $q=15kN/m^3$。

地层自上而下分别为：

（1）人工堆积层：黏质粉土、粉质黏土填土①层和房渣土①$_1$层、碎石填土①$_2$层、粉砂填土①$_3$层、砂质粉土填土①$_4$层，含有机质黏土填土①$_5$层，厚 2.7～4.2m；

（2）第四纪沉积层：标高 41.3～43.69m 以下为粉质黏土、重粉质黏土②层，黏质粉土、砂质粉土②$_1$层；

（3）标高 38.39～39.55m 以下为细砂、中砂③层，圆砾③$_1$层；

（4）标高 34.79～37.22m 以下为圆砾、卵石④层，细砂、粉砂④$_1$层，卵石混黏土、黏土混卵石④$_2$层，砾砂④$_3$层，粉质黏土④$_4$层；

（5）标高 30.52～32.06m 以下为黏质粉土、粉质黏土⑤层，砂质粉土、黏质粉土⑤$_1$层，重粉质黏土⑤$_2$层，黏土⑤$_3$层；

（6）标高 28.60～29.09m 以下为卵石、圆砾⑥层，细砂⑥$_1$层。

计算采用的各层土体力学参数见表 9.4。

基坑支护地基土体计算参数　　　　　　　　　表 9.4

土层号	厚度	摩阻力	γ	c	φ	k	N	Y
	m	kPa	kN/m³	kPa	°			
1	3.7	34.0	18.5	14.0	14.0	200	0.4	0.3
2	3.5	60.0	19.5	22.0	20.0	250	0.5	0.3
3	2.5	60.0	20.0	4.0	34.0	300	0.5	0.3
4	4.5	100.0	21.0	0.0	38.0	350	0.6	0.3
5	4.0	50.0	20.0	24.0	23.0	300	0.5	0.3
6	4.0	100.0	21.0	0.0	40.0	500	0.7	0.3

设定基坑分六步开挖，每次开挖深度分别为 2.0m、1.7m、1.3m、1.5m、1.5m、0.7m。

首先，对于无支护的素土边坡采用基于刚体极限平衡的 Bishop 法得到最小安全系数为 0.760，滑动面如图 9.12①所示；土钉支护后，其最小安全系数为 1.381，滑动面如图 9.12②所示；采用有限元极限平衡法得到的安全系数为 1.510，滑动面如图 9.12③所示。从图中可以看出，基坑边坡置入土钉后，潜在的滑动面的位置向边坡后移动。这是由于钉土间的相互作用使外荷载和主动滑动区土体产生的滑动力向素土边坡最危险滑动面后的土体传递，位于滑动面后的土体将通过土钉引起的附加凝聚力和拉力阻止滑动区土体的滑动。因此，土钉支护的边坡失稳时，滑动面和素土边坡最危险滑动面相比，临界滑坡的位置将向土体内部移动。

图 9.12 给出了有限元极限平衡法得到的潜在滑动面与土钉最大拉力作用点连线位置的比较，可以看出两者基本吻合。这表明，有限元极限平衡法所得到的土钉加固边坡稳定分析的结果是合理的。

9.3.2 挡土墙的稳定分析

以重力式挡土墙稳定分析为例。某浆砌块石挡土墙，砌体重度 22kN/m³，墙顶宽 0.5m，

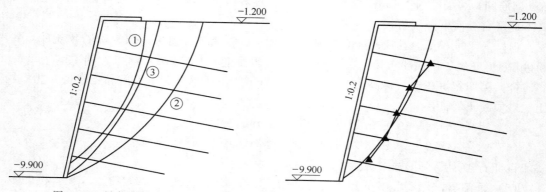

图 9.12　最危险滑动面形状比较　　　图 9.13　基坑潜在滑动面与土钉最大拉力位置

底宽 1.5m，填土高度 $H=4$m，重度 $\gamma=18$kN/m³，挡墙基底摩擦系数 0.45，填土与墙背摩擦角 13°，墙底和墙背设置接触单元，其法向刚度和切向刚度采用系统默认值，其他各组成部分的物理参数指标见表 9.5。有限元计算模型如图 9.14 所示。

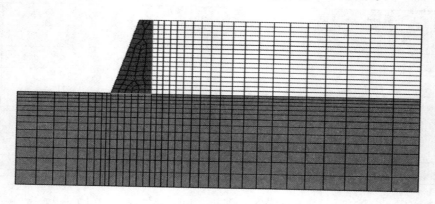

图 9.14　有限元计算模型

土料物理力学特性参数　　　　　　　　　　　　　　　　　　表 9.5

材料名称	重度 （kN/m³）	弹性模量 （MPa）	泊松比	黏聚力 （kPa）	内摩擦角 （°）
填土	18	20	0.3	2	26
地基	17	40	0.3	10	20
挡墙	22	5650	0.25	线弹性材料	

　　采用有限元极限平衡法和有限元强度折减法，在平面应变条件下，基于莫尔-库仑强度屈服准则对挡土墙结构进行深层抗滑稳定分析，并与刚体极限平衡法计算结果进行比较。

　　圆弧滑动面法采用 GEO-SLPOE 的边坡稳定分析软件 SLPOE/W，利用 Spencer 法对结构进行整体稳定分析，在该方法中仅对墙后土体进行条分，主动土压力采用集中力的方式施加（采用文献中的方法求得：水平土压力为 40.7kN/m，竖向土压力为 9.4kN/m，作用点取在 1/3 墙高），地基施加摩擦力（与水平土压力大小相等，方向相反），挡土墙的自重作为地面荷载，施加于地基上；有限元极限平衡法采用有限元软件 ANSYS 计算挡墙整体结构的应力场（理想弹塑性模型，D-P 准则和非相关联流动法则），以 Hooke-Jeeves 模式搜索法搜索最危险滑面及其对应的安全系数；有限元强度折减法，仅对填土和地基进行等比例折减，以有限元数值计算是否收敛作为挡土墙整体结构失稳破坏标准。安全系数计算结果如表 9.6 所示。

用不同方法求的安全系数 表 9.6

方　　法	安 全 系 数
Spencer 法	1.21
有限元极限平衡法	1.10
有限元强度折减法	1.04

由表 9.6 可知，两类有限元方法得到的安全系数较为一致，均稍大于 1.0；Spencer 法计算得到的安全系数为 1.21，大于 1.2。

图 9.15 和图 9.16 给出三种方法得到的最危险滑动面形状，结果表明有限元极限平衡法与强度折减法得到的滑动面形状保持一致；并且，位于墙后土体内的滑面形状均近似直线滑面。

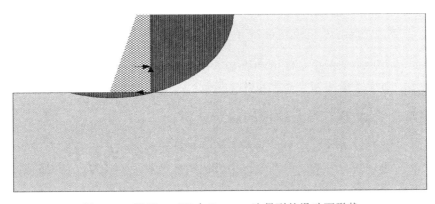

图 9.15　用 Slope/W 中 Spencer 法得到的滑动面形状

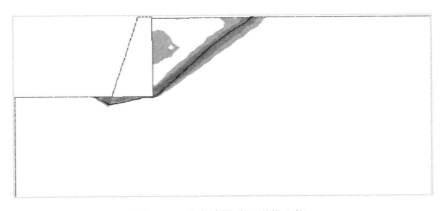

图 9.16　最危险滑动面形状比较

两类基于有限元分析的稳定分析方法得到的计算结果较为一致，而与刚体极限平衡法-圆弧法差异较大。对于非黏性填土材料，墙后滑动面为直线形状更为合理，而工程上采用的圆弧法在此处则并不合适。

采用 GEO-SLPOE 的边坡稳定分析软件 SLPOE/W，采用 SLPOE/W 提供的 Fully Specified（指定滑弧位置和形状）搜索模式，利用 Spencer 法对结构整体稳定进行重新分析，搜索得到最危险滑动面如图 9.17 所示，对应的安全系数为 1.08。

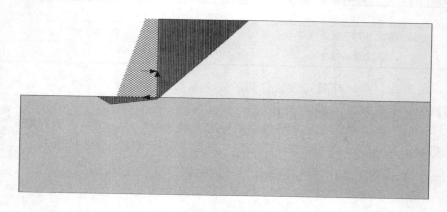

图 9.17　用 SLPOE/W 中 Spencer 法得到的非圆弧滑动面

由此，三种方法得到的最危险滑动面基本一致。墙后土体内的滑面形状均呈直线形状且破裂角相等，对应的最小安全系数也非常接近。

9.3.3　地震动力作用下岩土结构的稳定分析

以土坡在地震作用下的稳定分析为例介绍基于确定性随机地震响应分析的有限元边坡稳定分析方法。通过动力分析，得到岩土边坡的随机地震动力反应。根据随机地震动应力分布，应用有限元极限平衡法确定边坡的动力稳定安全系数和相应的最危险滑动面，借此评价坝体边坡的地震动力稳定性。

在地震动力反应计算的基础上，应用有限元极限平衡法进行稳定分析，需要把坝体单元的动应力与静应力叠加。因为坝体随机地震动力反应分析只能得到动应力的均方值与平均最大值，方向是未知的，所以叠加动应力之后最危险滑动面的搜索较为复杂，需要进行专门的处理。

边坡稳定分析有限元极限平衡法是一种在有限元应力分析基础之上，假定初始滑动面，采用胡克-捷夫（Hooke-Jeeves）方法，逐点、逐步搜索求解最危险滑动面和最小安全系数的方法。为叠加随机动应力而又不至于增加太多的计算量，经过分析，采用了在搜索到每一点时，考虑三个动应力（σ_{dx}、σ_{dy}、τ_{dxy}）按不同方向随机组合的方法。

静力分析得到滑动面上一点的法向应力和切向应力，

$$
\begin{cases}
\sigma_n = \dfrac{1}{2}(\sigma_x + \sigma_y) + \dfrac{1}{2}(\sigma_x - \sigma_y)\cos 2\alpha + \tau_{xy}\sin 2\alpha \\[2mm]
\tau = \dfrac{1}{2}(\sigma_x - \sigma_y)\sin 2\alpha - \tau_{xy}\cos 2\alpha
\end{cases}
\tag{9.19}
$$

式中，$\sin 2\alpha = 2y'_n/(1+y'^2_n)$，$\cos 2\alpha = (1-y'^2_n)/(1+y'^2_n)$，$y'_n$ 为沿曲线方向的法线斜率。

在叠加动应力分析边坡的动力稳定性时，法向应力和切向应力可表示为：

$$
\begin{cases}
\sigma_n = \dfrac{1}{2}[(\sigma_x + m\sigma_{dx}) + (\sigma_y + n\sigma_{dy})] + \dfrac{1}{2}[(\sigma_x + m\sigma_{dx}) - (\sigma_y + n\sigma_{dy})]\cos 2\alpha + (\tau_{xy} + l\tau_{dxy})\sin 2\alpha \\
\tau = \dfrac{1}{2}[(\sigma_x + m\sigma_{dx}) - (\sigma_y + n\sigma_{dy})]\sin 2\alpha - (\tau_{xy} + l\tau_{dxy})\cos 2\alpha
\end{cases}
$$

(9.20)

式中，$m=\pm 1$、$n=\pm 1$、$l=\pm 1$，它们的取值实际上代表了动应力的方向。其他符号意义同上。当 m、n、l 分别取值时，形成各种不同的应力组合，这些应力组合一共有 $2^3=8$ 组。由每组算得的 σ_n、τ 代入目标函数，取其中对目标函数值贡献最小的应力组合为此点的计算应力。因为地震作用是随机的，对某一点来说出现这样那样的应力方向是完全可能的。我们无法从某一点作出判断，也不能拿它与某一确定性地震作用下边坡破坏时的应力作比较。但以往大量的确定性地震反应分析表明，边坡破坏时沿破坏面的应力分布是有一定规律的。根据随机地震动响应分析来评价边坡的动力滑动稳定性，也应反映这种规律性。

这里引用的算例是一面板堆石坝的地震动力稳定性分析。坝高 100m，顶宽 10m，坝体上下游边坡坡比为 $1:1.4$，坝体为均质材料，见图 9.18。为简便计，静动力计算时没有专门考虑面板的作用。

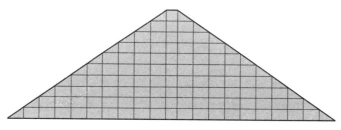

图 9.18　坝体轮廓图

静力计算时，坝体材料的应力-应变关系模型采用修改的邓肯非线性双曲线 E—B 模型，其所用参数如表 9.7。

E—B 模型参数 表 9.7

γ (kN/m³)	K	n	R_f	K_{ur}	K_b	m	c (kPa)	φ (°)	$\Delta\varphi$ (°)	K_0
20.0	1000	0.50	0.70	1800	400	0.18	0.0	52	13.0	0.34

动力特征曲线见图 9-19，泊松比 $\mu=0.25$，最大动剪变模量 $G_{max}=69.9(K_2)_{max}\sigma_0^{0.5}$。其中，$\sigma_0$ 为平均有效应力，按平面应变问题，有

$$\sigma_0 = (\sigma_1 + 2\sigma_3)/3 \tag{9.21}$$

式中　σ_1、σ_3——分别为最大、最小主应力。$(K_2)_{max}=150$，动摩擦角 $\varphi=42°$。

随机地震反应分析时输入材料的最大剪变模量，由 $G_{max}=69.9(K_2)_{max}\sigma_0^{0.5}$ 确定，

最大阻尼比取为 $\xi_{max}=0.28$，参考剪应变对每个单元均取为 2.5×10^{-4}，动力泊松比取为 $\mu=0.25$。计算时，初始剪变模量及阻尼比均取为最大值的一半。

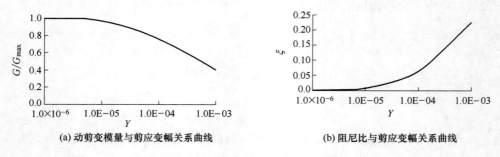

(a) 动剪变模量与剪应变幅关系曲线　　　　　　(b) 阻尼比与剪应变幅关系曲线

图 9.19　动力特性参数与剪应变幅关系曲线

随机地震反应分析需要输入加速度功率谱。对于已经记录到的某加速度波形，可以将其看成是一平稳地震动过程的一个样本的实现。按照 Vanmarcke 介绍的寻求等价平稳运动的方法，对这一历时曲线作快速 Fourier 变换，求出相应的 Fourier 谱；然后，利用谱窗对波动杂乱的 Fourier 谱进行平滑；最后，可由平滑的 Fourier 谱转换出与历时曲线相应的等价平稳运动的功率谱；同时，也可求得这一平稳运动的持续时间。输入地震曲线引用塔夫脱波，将地震波历时曲线用上述方法转换为功率谱曲线，作为加速度功率谱的输入，见图 9.20。

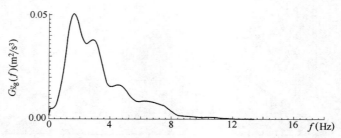

图 9.20　输入地震加速度功率谱曲线塔夫脱波（0.2g）

计算过程如下：

（1）将加速度功率谱在频率域内离散，对频率离散点用确定性稳态强迫振动方法求解，求得体系的位移反应，并进而求得各应变分量反应，由平面应变的应力-应变关系求得各动应力分量。

（2）对每一频率离散点进行上述求解，则可得动应力反应的功率谱曲线，由此通过对动应力反应的功率谱进行数值积分可求得动应力反应量的均方值、方差和谱参数。

（3）在（2）的基础上求得平均动应力幅值及最大动应力值的中值（平均最大值）。

（4）分别取动应力的平均幅值和平均最大值与静应力叠加进行堆石坝的随机动力稳定性分析，求出相应的最危险滑动面及相应的抗滑安全系数。

图 9.21 中，STAL 为静力状态下的最危险滑动面，安全系数 $K=1.96$；TAFL 为输入塔夫脱波动应力取平均幅值时计算得到的最危险滑动面，安全系数 $K=1.13$；TMFL 为输入塔夫脱波动应力取平均最大值时计算得到的最危险滑动面，安全系数 $K=0.64$。

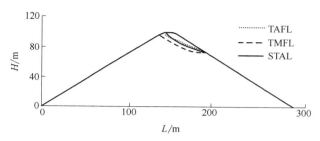

图 9.21　塔夫脱波（0.2g）

9.3.4　岩土结构局部破坏及破坏过程分析

某均质边坡，如图 9.22 所示，坡高 $H＝20\text{m}$，内摩擦角 $\varphi＝17°$，土体重度为 $20\text{kN}/\text{m}^3$，黏聚力 $c＝42\text{kPa}$，$E＝10\text{MPa}$，$\nu＝0.3$，坡角为 $40°$，距坡顶 20m 作用均布荷载，递增荷载 P 分别为 0、50、75、85、100、150、160、170、175（单位：kPa）。

取坡体底边界为固定约束，左右边界为水平约束，其他边界自由。

本书基于非关联流动法则，采用与 M-C 准则精确匹配的 D-P 准则计算边坡的应力场。

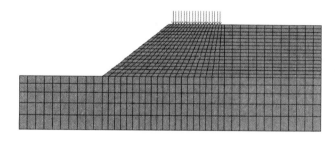

图 9.22　有限元网格划分

图 9.23 给出随外荷载递增所产生的达到极限平衡状态的曲面微元及局部或整体曲面。坡角处最先出现达到极限平衡状态的区域，随荷载增加，极限平衡状态的区域逐步扩展。当荷载为 175kPa 时，滑动面贯穿整个边坡，对应的安全系数为 1.03。滑动面的形状与位置与 ANSYS 计算所得的等效塑性应变区域基本一致（图 9.24）。

在经典塑性力学中，岩土体材料假定为无重的理想弹塑性体，在此基础上可以得到一系列的解析解（理论解）。

对于图 9.25 所示的地基，宽 30m，深 15m，荷载作用宽度为 2m，地基底边边界为固定约束，左右边界为水平约束。取 $c＝10\text{kPa}$，$\varphi＝10°$，弹性模量 $E＝30000\text{kPa}$，泊松比 $\nu＝0.3$，递增荷载 P 分别为 40、50、60、70、80、83、83.5（单位：kPa）。

同样基于非关联流动法则，采用与 M-C 准则精确匹配的 D-P 准则计算地基的应力场。

图 9.26 给出随外荷载递增所产生的达到极限平衡状态的曲面微元及局部或整体曲面。达到极限平衡状态的区域逐步向下扩展，但由于下部两侧土体的约束并无向下的带状贯通区域。荷载由 70kPa 增加至 83.5kPa 时，逐步形成带状的极限平衡状态的区域，即滑动面或剪切带。极限荷载 83.5kPa 为 Prandtl 理论解，与本书所得结果一致。滑动面的形状和位置，与 ANSYS 计算所得的等效塑性应变区域及 Prandtl 解也一致，如图 9.27 所示。

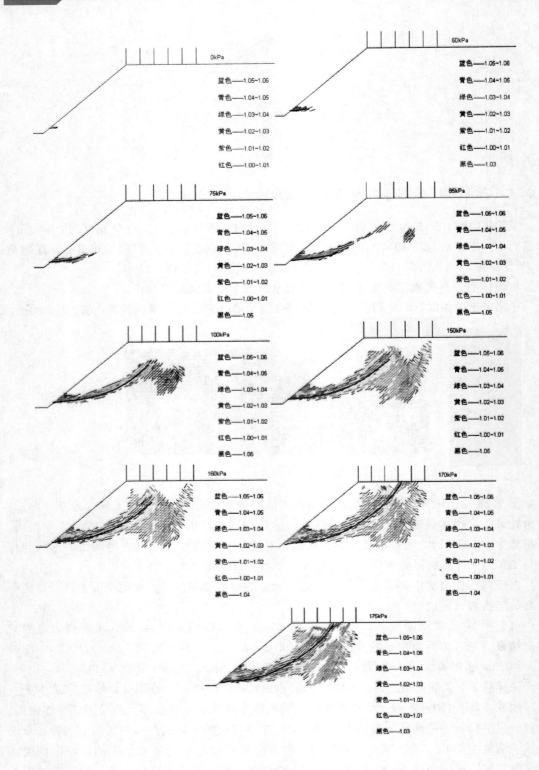

图 9.23　不同荷载下滑动面的形状及安全系数

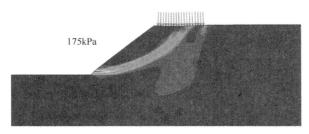

图 9.24　等效塑性应变分布

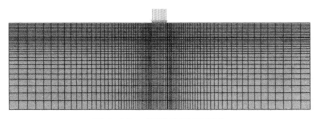

图 9.25　有限元网格划分

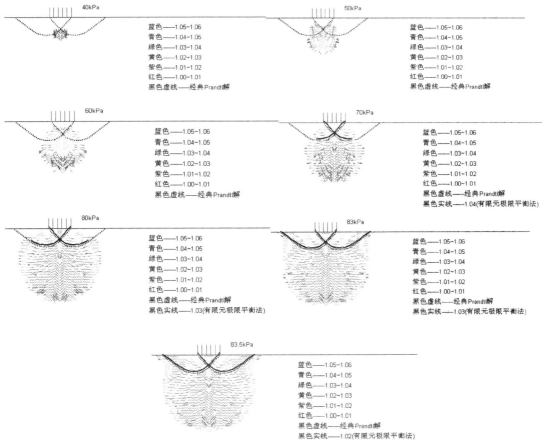

图 9.26　不同荷载下滑动面的形状及安全系数

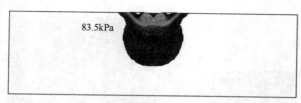

图 9.27　等效塑性应变分布

9.4　三维滑动稳定分析

9.4.1　三维有限元极限平衡法的安全系数定义

冯树仁等在采用三维刚体极限平衡法进行边坡稳定分析时指出当空间滑动面上各土体

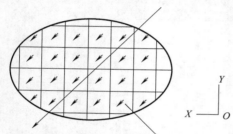

主滑动方向 l'　剪应力在滑动方向上的投影 τ'_l

图 9.28　空间任意滑面主滑方向示意图

单元达到极限平衡状态，即滑动体发生初始滑动破坏时，滑动面上各曲面单元在 XOY 平面内的剪应力的投影方向保持一致。该投影方向即为空间滑动体的主滑方向或整体滑动趋势，如图 9.28 所示。

平面问题中，滑动面上任意微元体的剪应力均与该点的切向平行，各微元体最大剪应力在水平轴上的投影保持一致。对于空间问题而言，滑动面上微元体的最大剪应力方向在 XOY 平面上的投影存在一定差异，即滑动体的滑动方向存在不确定性。因此，滑动面上的滑动力不仅取决于滑动面的空间位置且与滑动体的整体滑动方向相关。当整个滑动体沿滑动面在某一方向上的抗滑力小于滑动力时，滑动体将沿该"主滑方向"发生滑动破坏。

其安全系数定义与平面问题一致，如式（9.23）所示。

$$F_s = \frac{\oint_s \tau_f \, \mathrm{d}S}{\oint_s \tau_l \, \mathrm{d}S} \tag{9.22}$$

$$\tau_f = \sigma_n \tan\varphi + c \tag{9.23}$$

式中　σ_n——曲面上微元体的法向应力；

　　　φ——有效内摩擦角；

　　　c——有效黏聚力；

　　　τ_l——沿主滑方向 $\vec{l'}$ 曲面上微元体的剪应力在 XOY 平面的投影；

　　　τ_f——曲面上微元体的抗剪强度。

应用高斯积分，求解安全系数

$$F_s = \sum_{e=1}^{m} \sum_{i=1}^{N_e} \sum_{j=1}^{N_e} (\sigma_n \tan\varphi + c)_{\xi,\eta} |J_{\xi,\eta}| H_i H_j \bigg/ \sum_{e=1}^{m} \sum_{i=1}^{N_e} \sum_{j=1}^{N_e} \tau_{\xi,\eta}^l |J_{\xi,\eta}| H_i H_j \tag{9.24}$$

式中　e——离散后滑动面上的任一曲面单元；

J——雅可比转换矩阵；

N_e——高斯点积分阶数；

(ξ, η)——在单元 e 中高斯积分点的局部坐标值；

H_i 和 H_j——高斯积分权数。

9.4.2   滑动面搜索

土体结构的空间滑动稳定分析问题可描述为：在已知的空间应力场内寻找曲面 S 和主滑方向 $\vec{l'}$ 使安全系数 F_s 达到最小。优化目标函数为安全系数 F_s，优化变量为空间曲面控制点坐标和主滑方向，其数学形式与平面问题相同，可表示为

$$\begin{cases} \min F_s = \dfrac{\oint_S (\sigma_n \tan\varphi + c)\,\mathrm{d}s}{\oint_S \tau_l\,\mathrm{d}s} \\ s.t. \quad S \in V \end{cases} \tag{9.25}$$

式中 σ_n、τ_l——分别为滑裂面上任意微元曲面法向应力和沿主滑方向剪应力。

用有限数目的坐标节点 (x_i, y_i, z_i) 和曲面单元将 S 离散，在离散的曲面单元内构造适当的坐标插值函数，当所取的坐标节点足够密时，曲面 S 可以由控制点 (x_i, y_i, z_i)（$i=1, 2, \cdots, m$）和曲面单元近似确定。求得了各点的坐标值，就等于求得了曲面 S。进一步分析可知，如果事先给定控制点 (x_i, y_i, z_i) 的 (x_i, y_i) 值，那么曲面 S 的变化就表现为 z_i 的变化，即将安全系数仅为控制点 z_i 的函数。

因此，空间滑动面优化问题可进一步简化为：在已知的空间应力场内，根据给定 XOY 平面内的一组节点坐标 (x_i, y_i)（$i=1, 2, \cdots, m$），求解确定节点的纵坐标 z_i（$i=1, 2, \cdots, m$），这组节点坐标规定的曲面 S 使安全系数 F_s 在主滑方向 $\vec{l'}$ 上达到最小。即，

$$\min F_s(z_1, z_2, \cdots, z_m, l') \tag{9.26}$$

因此，三维滑动稳定分析问题的求解就演化成确定 z_i（$i=1, 2, \cdots, m$）。根据已有的不同优化方法的特点，采用组合优化方法搜索空间最危险滑裂面的位置及其相应的安全系数，主要包括三个步骤：

（1）采用简单滑面（如平面、球面、椭球面、抛物面、双曲面和柱面等）随机产生满足实际情况的初始滑面。

（2）利用启发性算法（微粒群算法、遗传算法、模拟退火算法、禁忌算法等）全局寻优且搜索效率高的特点确定若干最危险初始滑面。

（3）最后利用模式优化搜索算法（胡克-捷夫算法）对构成初始滑面的控制节点进行优化搜索，直至得到最危险滑裂面的位置及其相应的安全系数。

9.4.3   应用举例

某黏土均质边坡，其几何参数和强度参数如图 9.29 所示，坡高 1.0m，有限元计算模型如图 9.30 所示，轴向延伸 10m，有限元应力分析采用理想弹塑性模型，屈服准则采用莫尔-库仑等面积圆 DP3 准则。弹性模量为 3500kPa，泊松比为 0.3。坡体有限元计算模型和滑面

搜索区域有限元模型如图 9.30 和图 9.31 所示，坡体剖分采用六面体实体单元，单元总数为 7500，节点总数为 9282，滑面搜索区域采用平面三角形壳体单元模拟，搜索间距为 0.1m，单元总数为 10200，节点总数为 5252。坐标系如图 9.29 所示。其中，X 轴为垂直于纸面指向外，Y 轴为顺坡向，Z 轴为垂直方向。图 9.29 中，给出了 Hungr（1989）基于三维刚体极限平衡法得到的空间最危险滑动面及其 A-A 剖面。计算中，考虑两种荷载工况：

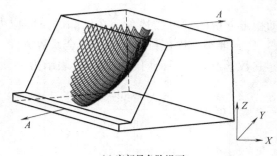

(a) 空间最危险滑面

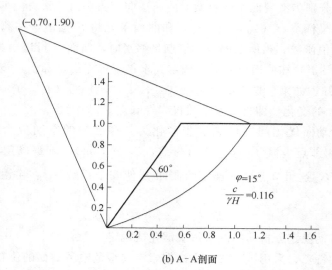

(b) A-A 剖面

图 9.29　均质土坡

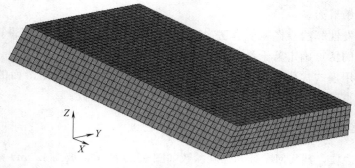

图 9.30　坡体有限元计算模型

图 9.31 滑面搜索区域有限元剖分

（1）自重作用。

（2）自重＋轴向即 X 向地震荷载 $0.3g$。表 9.8 给出了该坡体的三维稳定分析比较结果。表 9.8 给出了两种荷载工况下三维有限元极限平衡法基于 Hungr（1989）得到的最危险滑面和组合优化方法搜索得到的最危险滑面的安全系数。工况 1 中，Hungr 和 Cheng 等均假定各刚体条注底部剪应力具有相同方向，基于三种常用刚体极限平衡法得到的最小安全系数分别为 1.23、1.22、1.262 和 1.223；而 Huang 等则假定各条柱底部剪应力方向不同，基于简化法和严格方法得到的最小安全系数分别为 1.204 和 1.243。基于两种不同剪应力假定方向的有限元极限平衡法得到的安全系数分别为 1.239 和 1.206，与上述三维刚体极限平衡法分析结果保持一致，最大误差为 2%。而利用组合优化方法得到的最危险滑动面如图 9.32 所示，其最小安全系数为 1.222（统一主滑方向）和 1.153，主滑方向与 X 轴夹角为 90°。

三维稳定分析结果比较   表 9.8

工况	Hungr（1989）	Cheng and Yip（2007）	Huang and Tsai（2002）	有限元极限平衡法（统一主滑方向）		有限元极限平衡法（最大剪应力方向）	
1	1.23	1.22/1.262/1.223[*]	1.204/1.243[**]	1.239	1.222	1.206	1.153
2	—	1.099/1.103	无法收敛	1.154	1.130	1.088	1.007

注：[*] 表示分别为基于 Bishop 法、Janbu 法和 Morgenstern-Price 法得到的稳定分析结果；[**] 表示 Huang 基于简化法和严格方法得到的稳定分析结果。

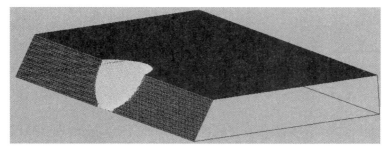

图 9.32 三维有限元极限平衡法搜索空间滑动面（工况 1）

在地震荷载工况中，基于 Hungr（1989）所得最危险滑动面，利用三维简化 Bishop 法和简化 Janbu 法得到的最小安全系数为 1.099 和 1.103，主滑方向与 X 轴夹角分别为 63.43°和 61.03°；而 Huang（2000）等建立的假定不同剪应力方向的三维刚体极限平衡法则无法收敛。利用三维有限元极限平衡法计算该滑面的安全系数分别为 1.154（统一主滑方向）和 1.088（最大剪应力方向），其中统一主滑方向与 X 轴夹角为 63.6°。安全系数与主滑方向均与 Cheng 等得到的稳定分析结果保持一致。另外，利用组合优化方法得到的最危险滑动面如图 9.33 所示，空间滑面向坡内发展，其最小安全系数为 1.130（统一主滑方向）和 1.007（最大剪应力方向），统一主滑方向与 X 轴夹角为 66.2°。图 9.34 给出了工况 1 和工况 2 最危险滑面最大剪应力在 XOY 平面上的投影矢量图。另外，图 9.35

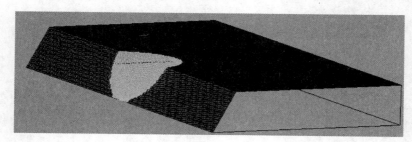

图 9.33　三维有限元极限平衡法搜索空间滑动面（工况 2）

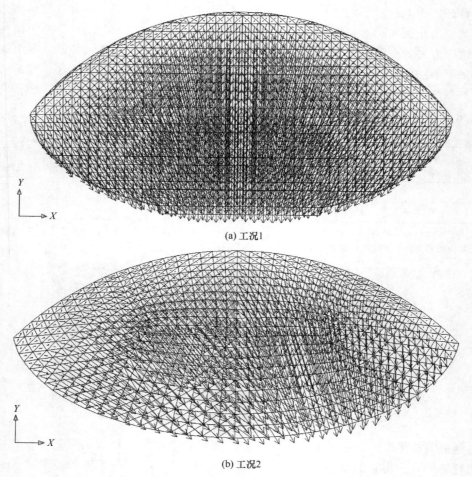

(a) 工况1

(b) 工况2

图 9.34　空间滑面最大剪应力在 XOY 平面投影矢量图

—最危险滑动画（工况 2）—Hungr（1989）球形滑面（工况 2）—Hungr（1989）球形滑面（工况 1）

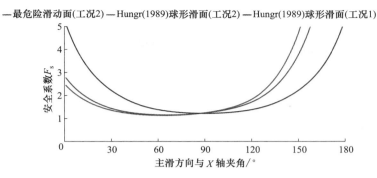

图 9.35   空间滑动面主滑方向与安全系数的关系

给出了工况 2 中 Hungr 得到的最危险球型滑面及有限元极限平衡法所得最危险滑面安全系数与主滑方向关系曲线。图 9.36 给出了两种工况荷载下坡体结构 X 向应力分布图。为便于比较分析，图 9.37 比较了各空间滑动面在 $X=0$ 处 YOZ 平面上的投影。由二维滑面位置分布特征和空间最小安全系数计算结果可知，基于组合优化搜索算法的三维有限元极限平衡法可得到更危险的空间滑裂面及其安全系数。

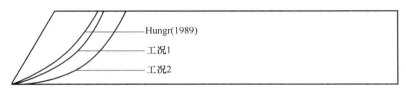

图 9.36   空间滑动面最大截面在 YOZ 平面的投影

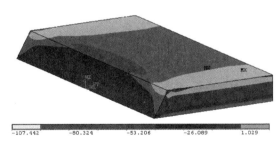

(a) X向应力分布图-工况1

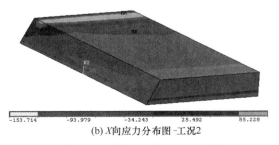

(b) X向应力分布图-工况2

图 9.37   坡体 X 向应力分布图

稳定问题是土力学研究的重要课题之一。在有限元方法应用于岩土结构的应力应变分析之前，因为难于计算内力，所以在稳定分析时一般假定土体为刚性体。在有限元广泛应用于岩土结构的应力应变计算之后，近年来发展了判断土体结构的稳定性的有限元强度折减法，即在对土体结构采用有限元法进行应力应变分析时，将土的抗剪强度逐次折减，通过反复计算直到出现整体滑动面，以此时的强度折减系数作为滑动稳定安全系数。为什么不能根据有限元计算得到的土体结构的应力或者应变分布直接评价其稳定性呢？主要原因是没有确定的评价标准，即稳定评价安全系数。作者通过对土体沿着某一曲面达到极限平衡充分必要条件的讨论，将土中一点的强度条件推广到曲面，再假设沿曲面折减土的抗剪强度以满足充分必要条件，进而得到安全系数的定义，从而揭示了安全系数的物理意义。

解释了安全系数定义的物理意义，接下来就是如何确定最危险滑动面。作者发展的以曲面坐标节点为搜索变量的数学规划方法非常便捷、有效。

因为这种基于有限元应力分析结果评价土体结构稳定性的方法的基础是土体的极限平衡条件，所以称之为有限元极限平衡法。《土工结构稳定分析——有限无极限平衡法及其应用》中更多的算例说明了该方法的适用性和有效性。因为安全系数的定义并不要求针对土坡，所以有限元极限平衡法不仅对土坡适用，而且对其他各种岩土结构，如支挡结构和地基基础等也都适用。

要想把该方法用于实际工程，还必须要解决如何确定允许（许用）安全系数的问题。因为该方法与传统的极限平衡法，如条分法是一致的，所以可以比照传统方法确定允许（许用）安全系数。

10
土工试验

10.1 概述

土力学试验在土力学的发展过程中发挥了重要作用。土的特殊性，使得这门学科很大程度上依赖于实践，包括室内试验和现场试验以及工程经验积累。不仅岩土工程的设计、施工、运行监测离不开土工试验提供的指标和数据，土力学理论的建立和发展也离不开土工试验。土力学试验是确定各种理论和工程设计参数的基本手段。由于土的多样性和复杂性，目前土力学理论还不能完善地解决所有的复杂工程问题，采取原位测试与室内试验相结合、离心模型试验与数值计算相结合、原型观测与理论分析相结合的研究方法，是解决岩土工程问题的有效手段。

本章主要介绍土的基本物理性质试验、击实试验、渗透试验、侧限压缩试验、抗剪强度试验及现场平板载荷试验，侧重介绍室内土工试验和部分现场原位试验，为进行土力学计算提供必要的指标和参数，为实际工程设计提供重要依据。应掌握各种试验方法、试验原理和试验结果的应用。首先，介绍土的基本物理性质试验，包括颗粒分析试验、基本物理性质指标试验和土的物理状态指标试验。除了进行土的工程分类以外，可以为土中应力计算和土体力学性质评价提供依据，应重点掌握试验方法及其应用。接下来，介绍土的击实试验，试验结果为填土的施工质量评价提供支持，重点掌握击实试验结果的规律、影响因素和应用。接着，介绍土体的三大力学性质的试验，其中渗透试验为渗流计算提供必要的参数，重点掌握试验结果的一般规律；侧限压缩试验为变形与固结计算提供依据，重点掌握侧限压缩试验的条件、试验结果和应用；抗剪强度试验是进行地基承载力确定、挡土墙土压力计算和土坡稳定分析的重要基础，应侧重各种试验方法的关系、试验结果的规律。最后，介绍现场平板载荷试验，其是确定地基承载力的重要途径，也是了解地基破坏规律的重要手段。

10.2 土的基本物理性质试验

如前所述，土是由固相、液相和气相三相所组成的松散颗粒集合体。固相部分即为土粒，由矿物颗粒或有机质组成。颗粒之间有许多孔隙，而孔隙可为液体（相）、气体（相）或两者所填充。这些组成部分的相互作用和数量上的比例关系，将决定土的物理和力学性质。

土的固相是土的主体，决定着土的性质，是一种土区别于另一种土的重要依据。土力学中，习惯上把土区分为黏性土与无黏性土两大类。这就是根据固体颗粒的大小与矿物成分来区分的。这两类土的变形性质、强度性质、渗透性质有极明显的差别。学习中应特别要注意加以区分，实际工程应用中应注意区别对待。本节主要介绍确定土的固相的颗粒大小和级配的颗粒级配分析试验，然后介绍土的基本物理性质指标的试验确定方法以及物理状态指标的各种试验。

10.2.1 颗粒分析试验

为了确定土的颗粒级配，实验室采用颗粒分析试验，将各粒组区分开。在土工试验中，最常用的颗粒分析试验方法有**筛分法**和**密度计法**（又称**比重计法**、**水分法**）两种。

1. 筛分法试验

筛分法适用于粒径大于 0.075mm 的土粒。采用一套孔径不同的标准筛由上到下按照由粗到细的顺序排列好，标准筛分为粗筛和细筛两类，其中粗筛的孔径分别为 60mm、40mm、20mm、10mm、5mm、2mm，细筛的孔径分别为 2.0mm、1.0mm、0.5mm、0.25mm、0.1mm、0.075mm。

对于无黏性土，可将一定数量（取样数量取决于土中最大颗粒粒径的大小）的干土样先过 2mm 细筛，分别称出筛上和筛下土的质量；然后，分别将 2mm 筛上土样放在粗筛的顶层，将 2mm 筛下土样放在细筛的顶层。分别盖上盖子，在摇筛机上摇 10～15min 以后，各筛上将留存土颗粒，依次称出留在各筛上的土粒质量，就可以算出这些土粒质量占总土粒质量的百分数。摇筛机和标准筛如图 10.1 所示。2mm 筛上和筛下土样的质量小于总质量的 10% 时，可分别省略粗筛和细筛的筛析试验过程。

对于含黏粒的砂砾土，需要先用 2mm 筛进行碾散、水洗、过筛，将 2mm 以上颗粒烘干后进行粗筛的筛析；再将过 2mm 的悬液用 0.075mm 的筛同样操作，将 0.075mm 以上土样烘干后，再采用细筛进行筛析。

图 10.1　摇筛机和标准筛

2. 密度计法试验

密度计法适用于粒径小于 0.075mm 的土粒。根据大小不同的土粒在水中下沉的速度各不相同，大颗粒下沉快而小颗粒下沉慢，由 Stokes 定理：球状的细颗粒在水中下沉速度与粒径的平方成正比。试验中，通过测量水中不同时间的溶液密度，可以计算小于某一粒径的土粒质量占总土质量的百分数。

具体方法简述如下：取小于 0.075mm 的干土粒 30g 倒入三角烧杯中，注入适量的水并浸泡 24h，放入砂浴上煮沸约 1h。冷却后，将土水一起全部倒入 1000mL 的量筒内，并注纯水至 1000mL，用搅拌器在量筒中沿整个悬液深度上下搅拌约 1min，往复约 30 次。取出搅拌器后，立即放入密度计，同时开动秒表，分别测量经 1、5、30、120、1440（单位：min）时密度计的读数和相应水温。获得不同时刻溶液的密度和温度。

若土中同时含有粒径大于和小于 0.075mm 的土粒时，则需联合采用筛分法和密度计两种方法试验。若小于 0.075mm 的干土粒含量小于 10%，则不需要进行密度计法试验。

由颗粒分析试验，可以绘制土的颗粒级配曲线，绘制方法及应用见第 2.2 节。

10.2.2　土的基本物理性质指标试验

土的物理性质指标共有 9 个。其中，有 3 个基本指标需要采用试验测定，分别为天然密度、土粒相对密度和含水量，统称为基本物理性质指标或直接测定指标。其余 6 个指标则可根据这三个基本指标换算得出，统称换算指标。第 2 章已经给出了各自的定义。下面着重介绍基本试验指标的试验确定方法。

1. 天然密度 ρ 试验

在实验室，通常用"环刀法"测定原状土样的天然密度 ρ。"环刀法"就是用质量固定为 m_1、容积固定为 V 的刚性环刀，切取与环刀容积相同的原状土样，在天平上称环刀和土

样的质量 M，可得土样质量 $m=M-m_1$。土样质量除以容积可算得土样的天然密度 ρ，并由重力加速度计算天然重度 γ。需进行两次平行测定，其平均差值不得大于 $0.03\mathrm{g/cm^3}$，取其算术平均值。

天然密度也可采用蜡封法进行试验。在现场测定天然密度，还可以采用灌水法和灌砂法测定现场的土的体积，从而确定天然密度。

2. 土粒相对密度（土粒比重）G_s 试验

土粒相对密度常用"比重瓶法"测定。"比重瓶法"的试验原理是通过确定浮力来确定土粒的体积 V_s。试验方法如下：将称好质量 m_s 的干土颗粒放入比重瓶中，一般干土颗粒需过 $5\mathrm{mm}$ 筛，瓶内加水并煮沸使颗粒充分分散，在瓶内加满水，晾凉以后称出固定体积瓶内水和土粒的全部质量 m_2；洗干净比重瓶，再灌满纯净水，称同体积瓶内水的质量 m_1；由排开同体积水的重量即为浮力的原理，获得土颗粒的体积 $V_s=(m_1+m_s-m_2)/\rho_w$。比重试验中，需量测试验中的水温 t。由下式计算土粒相对密度

$$G_s=\frac{m_s}{m_1+m_s-m_2}G_{wt} \tag{10.1}$$

式中　G_{wt}——温度为 t℃时纯水的相对密度（可查物理手册），准确至 0.001。

需进行两次平行试验测定，其平均差值不得大于 0.02，取其算术平均值。

3. 含水量（含水率）w 试验

土的含水量通常用"烘干法"测定。"烘干法"就是取出代表性天然土样放入铝盒内称出湿土质量 m_1；然后，将打开盖的铝盒放入烘箱中加热烘干，并保持在温度 $100\sim105$℃范围内，将土样烘干后称得干土质量 m_s；由于烘干而失去的质量为 (m_1-m_s)，即为土中水的质量 m_w，于是可由 m_w/m_s 计算含水量。需进行两次平行试验测定，其平均差值按含水量的大小在 $0.5\sim2.0$ 之间，取其算术平均值。

10.2.3　土的物理状态指标的试验

土的物理性质主要是指土的轻重、干湿、软硬和松密程度。其中，土体的松密和软硬等物理状态对工程性质具有十分重要的影响。对于无黏性土，其密实程度即松密状态是评定力学性质的重要依据；对于黏性土，其软硬程度即稠度状态则是评定力学性质的重要依据。显然，较密实、较硬的土具有较高的强度和较低的压缩性。

1. 砂土的相对密实度试验

相对密实度的定义在第 2 章已经给出，确定相对密实度需要的最大孔隙比 e_{max} 或最小干密度 ρ_{dmin} 和最小孔隙比 e_{min} 或最大干密度 ρ_{dmax}，可由实验室试验确定，合称为砂土的相对密实度试验。

最大孔隙比或最小干密度试验需制备最疏松状态的土样，将固定干质量的砂土采用底端头可控制流量的长颈漏斗轻轻撒入玻璃量筒内，用量筒量测最松状态砂样的最大体积；另外，用手掌或橡皮板堵住量筒口，将量筒倒转，然后缓慢地转回原来位置也可以获得比较松散状态的砂样。如此反复几次，记录下体积的最大值。最小干密度采用上述两种方法测得的较大体积值计算。再由土粒相对密度计算得到最大孔隙比。

最小孔隙比或最大干密度试验需制备最密实状态的土样，在固定容积的钢容器内分三层装入干土样，每层联合采用敲击和捶击的方法制备土样至体积不变的最密实状态，称量

容器内干土的最大质量，计算最大干密度。再根据土粒相对密度计算相应的最小孔隙比。容器的容积与最大颗粒的尺寸有关。

最大和最小干密度，均需进行两次平行试验测定，其平均差值按不得超过 0.03g/cm³，取其算术平均值。

用相对密实度评价砂土松密状态时，可综合地反映土粒级配、土粒形状和结构等因素影响。但对于易扰动的砂土天然状态的孔隙比 e，并不易确定，而且按规程方法室内测定 e_{max} 和 e_{min} 时，人为误差也较大，所以工程部门较多采用原位测试方法来判定砂土的松密状态。国内很多规范推荐采用标准贯入试验（SPT）的锤击数 N，作为评价砂土的密实度的重要指标，已经得到了广泛的应用。

标准贯入试验是一种广泛应用的现场试验方法，采用 63.5kg 重的穿心锤，以 76cm 的固定落距锤击管状探头，先击入土中 15cm，不计锤击数，再锤击 30cm 所需要的锤击数计为 N，可以由标准贯入击数评价砂土的密实度。显然，锤击数 N 越大，则土体越密实。标准贯入试验也可以用于评价黏性土的软硬程度。在有地区经验的情况下，标贯击数在工程中得到非常广泛的应用，还可用于地基承载力、强度指标、变形参数的确定。此外，工程中常采用该项参数评价土体的液化势。

2. 黏性土的界限含水量试验

黏性土从液态过渡到可塑态、从可塑态过渡到半固态是一个渐变的过程，很难找到一个突变的界限。因而要测定液限 w_L 和塑限 w_P，就要规定标准试验方法。目前，国家标准《土工试验方法标准》GB/T 50123—2019 等各种标准多推荐采用光电式液、塑限联合测定仪联合测定液限 w_L 和塑限 w_P，试验设备如图 10.2 所示。也可以采用搓条法确定塑限，同时采用圆锥液限仪测定液限。但后者试验结果更加依赖于试验者的经验，这里只介绍液、塑限联合测定法。

液、塑限联合测定法的具体试验过程如下：取某含水量的适量土样调至均匀后压实装入盛土盒内表面抹平，采用液、塑限联合测定仪测定此时圆锥自由落体落入土中的深度，并取适量土样测定此时的含水量 w，依次调配不同含水量的土样进行类似试验，可得到 3～4 组不同含水量及所对应的圆锥入土深度的数据。将数据点绘在双对数坐标中，如图 10.3 所示，基本过一条直线，由规定的圆锥下落深度即可确定液限 w_L 和塑限 w_P。

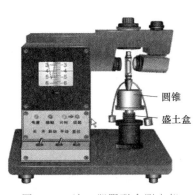

图 10.2   液、塑限联合测定仪

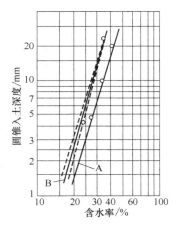

图 10.3   圆锥入土深度与含水量的关系曲线

由联合测定仪测定液限 w_L 和塑限 w_P 时，采用 76g 的圆锥在土样中的下沉深度为 2mm 确定塑限。采用 17mm 确定液限。该液限为土体的真实液限，即土体处于该含水量时，不排水强度极小，接近零。同时，沿用至今的还存在一个 10mm 液限，该液限非土体的真实液限，是某些规范中专门进行黏性土和粉土分类定名时所特别采用的液限。因此，规范中均特别加以说明，应注意两个液限的差别。

根据液限和塑限可以确定塑性指数和液性指数，其定义见第 2 章。由于黏性土的可塑性是与黏粒的表面引力有关的一个现象，因此，黏粒含量越多，土的比表面积越大，塑性指数就越大；同时，亲水性大的矿物（如蒙脱石）的含量增加，塑性指数也就相应地增大。所以，塑性指数能综合地反映土的矿物成分和颗粒大小的影响。塑性指数常作为黏性土和粉土工程分类的重要依据。可见，要进行细粒土的分类定名，需要进行液限和塑限试验。

土的天然含水量在一定程度上说明土的软硬与干湿状况。对于同一种细粒土，含水量越大，土体越软。但是，仅有含水量的绝对数值却不能说明不同土体处在什么状态。例如，有几个含水量相同的土样，若它们的塑限、液限不同，则这些土样所处的稠度状态就可能不同。因此，黏性土的稠度状态需要一个表征土的天然含水量与界限含水量之间相对关系的指标，即液性指数 I_L 来加以判定。细粒土的软硬程度直接影响其变形与强度特性。可见，评价细粒土的软硬程度，也需要进行液、塑限试验。

【例题讨论】

相对密实度和标准贯入锤击数是评价砂土等粗粒土的重要物理状态参数，决定粗粒土的工程力学特性；液限、塑限以及塑性指数和液性指数是评价细粒土的重要物理状态参数，不仅决定细粒土的工程力学特性，而且是进行细粒土工程分类定名重要依据。获得这些参数的有效途径是通过试验。

10.3 击实试验

人们很早就知道用土作为建筑材料，而且已认识到土的密度和土的工程特性之间的关系。合理施工的填方（填筑起来的土体）如路堤、土坝、回填土地基等，都需要压实；疏松、软弱的地基也可用压实方法加以改善；某些建筑物（如挡土墙、地下室）周围的回填土，也要经过压实。所以，就有必要研究在外加的击实功作用下，土的密度变化的特性，这就是土的击实性。土的击实性的研究目的，是研究如何用最小的功把土击实到所要求的密度。这里，只介绍采用标准击实仪进行室内击实试验的原理、方法和结果。土的击实特性也可以采用现场试验来确定。

实验室用以研究土的击实性的试验称为标准击实试验，试验采用标准击实仪，击实筒和击锤如图 10.4 所示。具体试验方法如下：首先人工配制五六种含水量相差 2% 左右的适量土样，并保湿 24h 以上，使土样充分湿润。将某一含水量的试样分三层（或五层）放入固定容积的击实筒内。每放一层，用固定重量的击锤以固定落高打击固定击数，这样对每层土所做的击实功即为：锤重、锤落高与每层击数的乘积，乘以分层数再除以击实筒的容积，即为单位容积的击实功。将土击实至满筒后，削平两端，使试样与击实筒容积一致，称量试样体与击实筒的质量 M。在已知击实筒容积 V 和质量 m_1 的情况下，可求得试样的密度 $\rho=(M-m_1)/V$；再将部分土样取出，测定击实后土的含水量 w，采用下式便可算出试样的干密度

$$\rho_\mathrm{d}=\frac{\rho}{1+w} \tag{10.2}$$

以同样方法对所有配置不同初始（试验前）含水量的土料进行击实试验。于是，每一土样都可得出相应的击实后含水量 w 与干密度 ρ_d 的数据。将 5 组以上试验数据绘入图 10.5 中，连接这些数据点就可获得反映所试验土击实特性的曲线，称击实曲线（又称干密度—含水量曲线）。

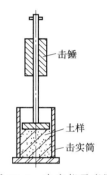

图 10.4　击实仪示意图

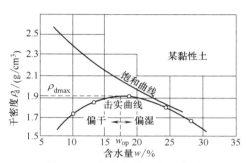

图 10.5　击实曲线与饱和曲线

由图 10.5 可见，一般土的击实曲线具有峰值，峰值所对应的含水量称最优含水量 w_op，对应的干密度称最大干密度 ρ_dmax。该峰值表明：该种土当其含水量达到最优含水量时，可以被击实到最密实状态。一般黏性土的最优含水量接近该土的塑限。

填土在现场碾压后的干密度 ρ_d 与实验室击实试验测得的最大干密度 ρ_dmax 之比，称为压实系数，记为 λ_c。

$$\lambda_\mathrm{c}=\frac{\rho_\mathrm{d}}{\rho_\mathrm{dmax}} \tag{10.3}$$

压实系数是控制现场填土碾压施工质量的重要指标，压实填土地基常控制压实系数在 0.91~0.98 的范围内。控制数值越高，碾压控制标准越高，填土的力学性质越好。

10.4　渗透试验

10.4.1　渗透规律的试验研究

图 10.6 为一常水头渗透试验装置示意图。试样高度为 L，试样横截面积为 F，均为常量。水向上通过试样渗流。因为上下游水面高差不因由下至上的渗流而变化，所以称为常水头渗透试验。如果把基准面选在试样底端 A 点处，则 A 点的总水头为 H_A，B 点的总水头为 H_B，总水头差为 $H_\mathrm{A}-H_\mathrm{B}$。假定水流只有在通过试样时才有能量损失，则水力坡降 i 为总水头差比渗径，即

$$i=\frac{H_\mathrm{A}-H_\mathrm{B}}{L} \tag{10.4}$$

试验时，只要记取 t 时段内流出水量 Q（体积单位），则可由下式算得渗透速度

$$v = \frac{Q}{Ft} \tag{10.5}$$

由此算得的渗透速度 v 是相对于试样全截面 F 的平均流速，并不是水质点在土的孔隙中的真实流速。显然，平均流速小于真实流速。至此，得到一对数据 (v, i)，对第一个给定 H_A 值，把这对试验数据记为 (v_1, i_1)。然后，改变 H_A 值，即改变总水头差重新试验，可得 (v_2, i_2)。

以渗透速度 v 为纵坐标，水力坡降 i 为横坐标，把所得的一组试验数据点在上面。则对大多数土可得到一条通过原点的直线，如图 10.7 所示，该直线的方程为

$$v = ki \tag{10.6}$$

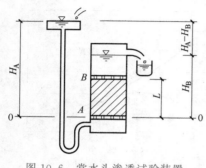

图 10.6 常水头渗透试验装置

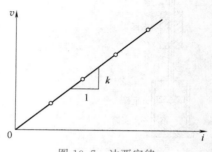

图 10.7 达西定律

式（10.6）就是达西定律（1856 年），它表明土的渗透速度 v 正比于水力坡降 i。比例系数 k 称为渗透系数，其单位为 cm/s 或 m/d。

渗透系数是一个表征土的渗透性质的重要力学指标。其物理意义为单位水力坡降的渗透速度。k 值大，表示土透水性强，k 值大的土体可以用作排水材料；k 值小表示土透水性弱，可用于做挡水、防渗材料。

10.4.2 渗透系数的试验测定

土的渗透系数可通过室内试验测定，也可以通过现场实验测定。室内试验简便易行，但由于土的不均匀性，常难以获得有代表性的土样。而现场试验则能反应较大尺度土体的渗透性，但不如室内试验简便。并且室内试验可测定加载后渗透系数随孔隙比的变化情况。所以，即使有了现场试验资料，室内试验也是需要的。常用的室内试验装置可分为常水头与变水头两种。都是在认为达西定律适用于被测土体的前提下，推导出求渗透系数的公式。对图 10.6 所示的常水头渗透试验装置，理论上只要通过试验求得一对 v、i，便可由达西定律 $v = ki$ 算出渗透系数 k。但是，为了使试验数据更为可靠，通常要改变水头差，测出多个渗透系数值，然后取容许误差范围内的三四个值的平均值。

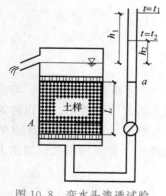

图 10.8 变水头渗透试验装置示意图

下面简介室内常用的变水渗透试验的原理。图 10.8 为变水头渗透试验装置示意图。试验过程中出水口水位保持不变，进水管中水位随渗透过程不断下降，所以称变水头渗透

试验。试样高度为 L、截面面积为 F，进水管截面积为 a，对一个确定的试验装置，a、L、F 保持不变。试验开始时，$t=t_1$，试样两端水头差为 h_1；结束时，$t=t_2$，水头差为 h_2，则可由下式计算渗透系数：

$$k=2.3\frac{aL}{F(t_2-t_1)}\lg\frac{h_1}{h_2} \qquad (10.7)$$

渗透试验中需测量水温，获得的渗透系数需统一修正为温度 20℃时的数值。

10.5 侧限压缩试验

图 10.9 为侧限压缩仪主要部分示意图，侧限压缩仪也称为侧限固结仪。试样尺寸为高 $H=2cm$，面积 $A=30cm^2$，试样上下放置透水石允许试样上下界面排水，因此是双面排水条件。试样在环刀和外侧刚性护环的约束下，处在无侧向变形（即侧限）条件，只能在荷载作用下产生竖向压缩变形，故侧限压缩试验也称单向压缩试验。是土力学中最基本的力学试验之一。由于试样的应力状态总是 $\sigma_3/\sigma_1=K_0$，所以不会发生破坏。针对饱和土进行的试验，称为固结试验。

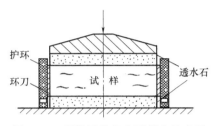

图 10.9 侧限压缩仪主要部分示意图

侧限压缩试验的具体试验过程如下：用环刀制备好土样，土样和环刀一起装入图 10.9 试验容器内，对试样施加第一级竖向荷载 p_1，通过向试样顶部施加竖向力 P_1，则 $p_1=P_1/A$，等待变形稳定以后测读竖向变形量 S_1，再施加第二级荷载 p_2，变形稳定以后测读竖向变形量 S_2，依次施加 4 级或以上的荷载测读相应的累积竖向变形量。荷载一般分级成倍施加，4 级一般依次为 50、100、200、400（单位：kPa）。

如果试样为室内制备的含水量大于液限的饱和黏性土，则其加载前的应力为 $\sigma=\sigma'=u=0$。加载后，其孔隙水压力与有效应力存在相互转化的过程，即渗透固结过程。对于 4 级依次加到 50、100、200、400（单位：kPa）的荷载，则竖向荷载 p、压缩量 S、试样内一点的孔隙水压力 u 随时间的变化过程如图 10.10 所示。对常规侧限压缩试验所用 2cm 高的黏性土试样，每级荷载约需 24h 变形才能稳定，每小时变形量小于 0.005mm 即认为变形稳定。

在某一级加荷条件下，还可以通过量测试样竖向变形量 D 与时间的关系获得该级荷载条件下的固结系数 C_v。实际工程中常采用时间平方根法获得，具体方法如下：对某一级压力，以试样的变形为纵坐标，时间平方根为横坐标，绘制变形 D 与时间平方根关系曲线，如图 10.11 所示，延长曲线开始段直线，交纵坐标于 d_s 理论零点。过 d_s 做另一直线，令其横坐标为前一直线横坐标的 1.15 倍，则后一直线与 $D\sim\sqrt{t}$ 曲线交点所对应的时间的平方即为试样固结度达 90%所需的时间 t_{90}(s)，该级压力下的固结系数应按下式计算：

$$C_v=\frac{0.848\overline{h^2}}{t_{90}} \qquad (10.8)$$

式中 C_v——固结系数（cm^2/s）；

$\overline{h^2}$——最大排水距离，等于某级压力下试样的初始和终了高度的平均值之半（cm）。

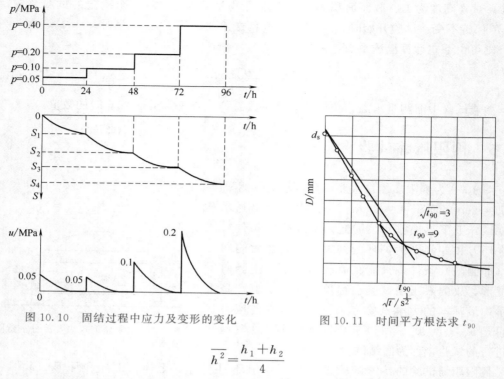

图 10.10　固结过程中应力及变形的变化　　　图 10.11　时间平方根法求 t_{90}

$$\overline{h^2} = \frac{h_1 + h_2}{4}$$

根据试验结果可以绘制侧限压缩试验曲线，并确定土的压缩性指标。

10.6　抗剪强度试验

地基承受基础以及上部建筑物的所有荷载，在此荷载作用下，地基中的应力状态必然发生改变。一方面附加应力引起地基内土体变形，导致建筑物沉降，这一问题已在第 6 章阐述；另一方面，当土中一点的某一面上的剪应力等于该点地基土的抗剪强度时，该点就达到极限平衡，发生剪切破坏。抗剪强度是土的重要力学性质之一，与土体稳定性相关的所有计算分析，抗剪强度指标都是其中最重要的参数。能否正确确定土的抗剪强度指标，往往决定设计质量和工程成败。土的抗剪强度指标主要依赖室内试验和原位试验测定。室内试验有直剪试验、三轴剪切（压缩）试验、无侧限压缩试验等试验方法。原位试验主要有现场十字板剪切试验。采用的仪器设备种类和试验方法对确定强度指标具有非常显著的影响。

10.6.1　直剪试验测定土的抗剪强度

1. 直剪仪、直剪试验与库仑定律

直剪仪是土力学中最古老的仪器之一，1776 年法国军事工程师库仑用它进行土的强度试验，建立了土强度的库仑公式。直剪仪的试验设备和原理比较简单、操作简单，主要构造如图 10.12（a）所示。试验时，将上下盒对正并用销钉固定，放入透水石、试样、透水石及刚性传压板。试样尺寸与侧限压缩试验一样，高为 2cm，截面面积为 $30cm^2$。向传压板上施加竖向压力 P，则试样水平面所受法向应力 $p = P/A$，A 为试样横截面积。

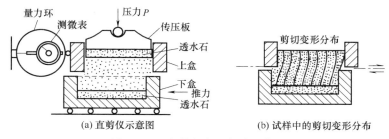

图 10.12　直剪仪主要部分示意图

施加水平剪应力前拔掉销钉，上盒固定，向下盒施加水平推力，与上盒相接触的量力环可测得水平推力 T，则加于试样的剪应力为 $\tau = T/A$。试验过程中，竖向压力保持不变。

一组试验通常需采用 4 个试样，对每个试样施加不同的法向应力 p 值，p 值的选择宜考虑工程的实际应力变化范围。一般工程，常用 100、200、300、400（单位：kPa）；然后，对每一个试样以固定的剪切速率逐渐增加剪应力 τ，并测定剪应力 τ 与剪切位移 δ（上下盒的相对水平位移）的关系，如图 10.13（a）所示。

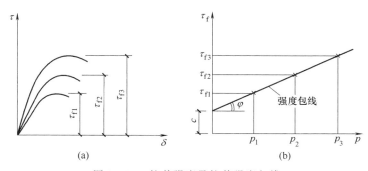

图 10.13　抗剪强度及抗剪强度包线

取图 10.13（a）所示 τ-δ 各关系曲线的峰值作为抗剪强度 τ_f。如无峰值，则取剪切位移 $\delta = 4\text{mm}$ 时的剪应力作为抗剪强度。这样，每剪破一个试样便得到一对数据（p，τ_f），剪破 4 个试样则得 4 对数据。把这一组数据点在 τ_f-p 坐标上，如图 10.13（b）所示。可见，各试验点基本呈直线关系，此线称为强度包线。强度包线与横轴的夹角 φ 称为内摩擦角，在纵轴上的截距 c 称为黏聚力，单位为 kPa。这样，抗剪强度 τ_f 便可表示为

$$\tau_f = p \tan\varphi + c \tag{10.9}$$

上式即为抗剪强度定律，也称为库仑定律（1776 年），c、φ 称为土的抗剪强度指标。

直剪仪的主要缺点是破坏面为水平面且人为规定。此外，由于设备条件限制不能严格控制试验中的排水条件，不能量测孔隙水压力；其次，由于剪切过程中试样水平接触面积在改变，如图 10.12（b）所示，剪破面上应力-应变分布不均匀。但直剪仪结构简单、便于操作，所以长期以来一直是工程单位测定抗剪强度的主要仪器。另外，采用直剪仪可以专门进行不同材料之间摩擦强度的测定。

2. 砂土的抗剪强度特性

（1）砂土抗剪强度的表达式

在天然砂土地基上建造建筑物时，随着荷载的增加，土中应力几乎立即由土骨架承

担。在实验室用直剪仪进行砂土的剪切试验时，由于直剪仪不密封，即使在饱和条件下施加竖向荷载 p 后，该荷载也几乎立即由土骨架承担。剪切过程中，孔隙水也能自由排出或吸入。所以，荷载 p 一直由土骨架承担，它即是剪破面上的法向有效应力。因而，所测得的强度包线表示剪破面上的法向有效应力与抗剪强度的关系。

试验结果表明，砂土的强度包线基本通过原点，即 $c \approx 0$。这样，砂土的抗剪强度便可表示为

$$\tau_\mathrm{f} = \sigma' \tan \varphi \tag{10.10}$$

式中 σ'——剪破面上的法向有效应力。

砂土的内摩擦角 φ 与颗粒大小、级配及密实度等因素有关，一般试验获得的中砂、粗砂、砾砂 $\varphi = 32° \sim 40°$，粉砂、细砂 $\varphi = 28° \sim 36°$。密实度较大的可取上限值，反之应取低值。一般来说，砂土抗剪强度比较高，也比较稳定。因此，工程上常用砂土作为置换软弱黏性土的材料，以改善地基性质。

（2）应力路径

在二维应力问题中，应力的变化过程可以用若干个应力圆表示。例如，土试件先受周围压力 σ_3 作用，这时的应力圆表示为图 10.14（a）中的一个点 C_0。然后，在试件的竖直方向分级增加偏差应力 $(\sigma_1 - \sigma_3)$，每一级偏差应力可以绘出一个直径为 $(\sigma_1 - \sigma_3)$ 的应力圆。但是，这种用若干个应力圆表示应力变化过程的方法显然很不方便，特别是出现应力不是单调增加，而是有时增加、有时减小的情况。用应力圆来表示应力变化过程，不但不方便，而且极易发生混乱。

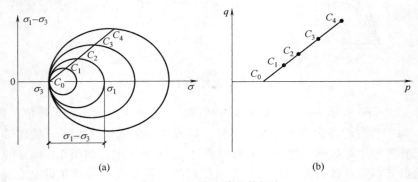

图 10.14　应力路径的概念

应力变化过程较为简易的表示方法是，选择土体中某一个特定的面上的应力变化来表示土单元体的应力变化。因为该面的应力在应力圆上表示为一个点，因此这个面上的应力变化过程即可用该点在应力坐标上的移动轨迹来表示。这个应力点的移动轨迹，就称为**应力路径**。

通常选择与应力面成 45° 的斜面作为代表面最方便，因为每个应力圆都可以用应力圆圆心的位置 $p = (\sigma_1 + \sigma_3)/2$ 和应力圆半径 $q = (\sigma_1 - \sigma_3)/2$ 唯一确定，即表示该斜面的应力的 C 点同时也代表该单元的应力状态。因此，C 点的变化轨迹 C_1、C_2、$\cdots$、C_n 就代表试件或单元土体的应力路径，如图 10.14（b）所示。当然，也可以选用其他面。例如，土体的破裂面为代表面，但不如 45° 面方便。因此，在绘制试件或单元土体的应力路径时，常把 σ-τ 应力坐标改换成 p-q 坐标。p-q 坐标上某一点的横坐标 p 提供该点所代表的

应力圆的圆心位置$(\sigma_1+\sigma_3)/2$，而纵坐标q则表示该应力圆的半径$(\sigma_1-\sigma_3)/2$。

　　如前所述，土体中的应力可以用总应力σ表示，也可以用有效应力σ'表示。表示总应力变化的轨迹就是**总应力路径**，表示有效应力的变化轨迹则是**有效应力路径**。按有效应力计算的p'和q'，与按照总应力计算的p和q有如下的关系，因为$\sigma_3'=\sigma_3-u$，$\sigma_1'=\sigma_1-u$，故

$$p'=\frac{1}{2}(\sigma_1'+\sigma_3')=\frac{1}{2}(\sigma_1-u+\sigma_3-u)$$

$$=\frac{1}{2}(\sigma_1+\sigma_3)-u=p-u \tag{10.11}$$

而

$$q'=\frac{1}{2}(\sigma_1'-\sigma_3')=\frac{1}{2}(\sigma_1-u-\sigma_3+u)$$

$$=\frac{1}{2}(\sigma_1-\sigma_3)=q \tag{10.12}$$

　　即单元土体在应力发展过程中的任一阶段，用有效应力表示的应力圆与用总应力表示的应力圆大小相等，但圆心位置相差一个孔隙水压力值，如图10.15所示。也就是说，通过单元土体的任意平面，用总应力表示的法向应力σ_n比用有效应力表示的σ_n'差值也是孔隙水压力值u。而剪应力则不论是以总应力表示或以有效应力表示，其值不变。因为水不能承受剪应力，所以水压力的大小不会影响土骨架所受的剪应力值。

　　下面简要介绍一下没有孔隙水压力时几种典型的加载应力路径。因为$u_w=0$，所以$\sigma=\sigma'$。为讨论方便，让试件先在某一周围压力σ_3作用下排水固结。这时，$p=\sigma_3=C$，C为常量，然后按下列几种典型的应力路径加载。

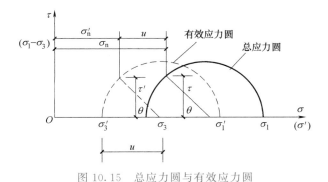

图 10.15　总应力圆与有效应力圆

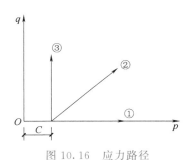

图 10.16　应力路径

　　1）增加周围压力σ_3

　　这时的应力增量为$\Delta\sigma_1=\Delta\sigma_2=\Delta\sigma_3$，且不断增加。在图10.16的$p$-$q$坐标上，表示为应力路径①，其特点是$p$不断增加，$q$始终等于零，试件中只有压应力而无剪应力。应力圆恒是一个圆点，其位置在σ轴上移动。

　　2）增加偏差应力 $(\sigma_1-\sigma_3)$

　　这时σ_3不变，周围应力增量$\Delta\sigma_3=0$。但σ_1不断增加。p的增加$\Delta p=(\Delta\sigma_1)/2$，$q$的增加可表示为$\Delta q=(\Delta\sigma_1)/2$。因此应力路径是45°的斜线，如图10.16中直线②所示，

应力圆的变化见图 10.14（a）。

3）增加 σ_1 相应减小 σ_3

当试件上 σ_1 的增加等于 σ_3 的减小，即 $\Delta\sigma_1=-\Delta\sigma_3$ 时，p 的增量 $\Delta p=(\Delta\sigma_1+\Delta\sigma_3)/2=0$，而 q 的增量 $\Delta q=(\Delta\sigma_1-\Delta\sigma_3)/2=\Delta\sigma_1$。显然，这种情况的应力路径是 $p=C$ 的竖直向上发展的直线，如图 10.16 中的直线③所示。应力圆的变化是圆心位置不动，而半径不断增大。

【例 10-1】 若土的泊松比 $\mu=0.3$，求侧限压缩条件加载时土体中的应力路径。

【解】 根据本章分析，侧限压缩条件加载时，水平向应力增量 $\Delta\sigma_3$ 与竖直向应力增量 $\Delta\sigma_1$ 之比为侧压力系数 K_0。

故　　$K_0=\dfrac{\Delta\sigma_3}{\Delta\sigma_1}=\dfrac{\mu}{1-\mu}=\dfrac{0.3}{1-0.3}=0.429$

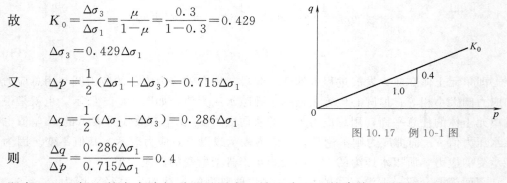

图 10.17　例 10-1 图

$\Delta\sigma_3=0.429\Delta\sigma_1$

又　　$\Delta p=\dfrac{1}{2}(\Delta\sigma_1+\Delta\sigma_3)=0.715\Delta\sigma_1$

$\Delta q=\dfrac{1}{2}(\Delta\sigma_1-\Delta\sigma_3)=0.286\Delta\sigma_1$

则　　$\dfrac{\Delta q}{\Delta p}=\dfrac{0.286\Delta\sigma_1}{0.715\Delta\sigma_1}=0.4$

即在 p-q 坐标上的应力路径时通过圆点、坡比为 0.4 的直线，见图 10.17。

（3）砂土的剪胀（剪缩）性与临界孔隙比

剪切过程中土体的另一个重要性质是剪胀（剪缩）性。在直剪试验条件下，砂土能够自由排水和吸水，因而，松砂在剪切过程中排水导致体积减小，称为剪缩；而密实砂土在剪切过程中吸水导致体积膨胀，称为剪胀。图 10.18（a）所示的孔隙比 e 与剪切位移 δ 的关系即表明了这样的现象。即对于同一颗粒组成的砂土，受到相同法向应力作用情况下，当剪切位移足够大时，松砂与密砂的孔隙比趋于同一数值 e_{cr}。e_{cr} 称为该砂土在这一法向应力作用下的临界孔隙比。松砂与密砂在剪切过程中，其剪应力与剪切位移的关系也不同，如图 10.18（b）所示。密砂具有明显的峰值强度，呈现应变软化的趋势；而松砂并无峰值，呈现应变硬化的趋势。密砂与松砂在剪切位移足够大时，所抵抗的剪应力趋于一致。

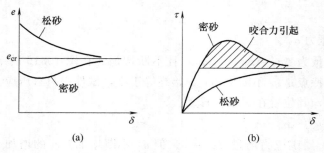

图 10.18　砂土的剪胀（缩）性

　　这是由于松砂处于一种不稳定的结构状态，在剪应力作用下更易发生剪切变形。在颗粒相对位移的过程中，颗粒要趋于更稳定的位置，因而体积持续减小，剪应力持续增大。而密实砂土颗粒间相互咬合在一起，已经处于相对稳定的结构状态，剪切过程中颗粒需要从周围颗粒所形成的凹槽中滚出，对剪应力有较大的抵抗力。达到峰值强度以后，伴随着体积的膨胀，剪应力降低。剪破面形成后，在剪破面上下某一范围内的土颗粒连续滚动，所抵抗的剪应力及孔隙比趋于稳定。

　　3. 黏性土的抗剪强度特性

　　（1）影响黏性土抗剪强度的主要因素

　　黏性土抗剪强度的构成机理与砂土不同，黏粒之间靠颗粒间的引力，包括它所吸引的阳离子及结合水间的引力形成联结强度，所以土越密实，强度越高。密实度是影响黏性土抗剪强度的主要因素。

　　而黏性土的密实程度又与不同的应力历史与法向有效应力相联系。设想，由同一稀软淤泥切取三个试样，一个施加垂直荷载 p 后立即较快地施加剪应力剪破；另一个施加垂直荷载 p 后固结稳定，再较快地施加剪应力剪破；第三个施加比 p 大的垂直荷载固结稳定以后再卸荷到 p，待膨胀完成后再较快地施加剪应力剪破，可以推断尽管施加剪应力的方式相同，三个试样的抗剪强度必然各不相同。因此，施加剪力之前试样所受的有效应力及应力历史是影响土的抗剪强度的另一个主要因素。

　　黏性土同样具有剪胀（剪缩）性，研究表明：当试样处在高度超固结状态时，剪切过程中试样体积将有膨胀的趋势。当试样处在轻度超固结或正常固结状态时，剪切过程中试样体积有缩小的趋势。饱和黏性土，体积膨胀将吸水，体积缩小将排水。如果剪切过程进行得很慢，使吸水或排水能够充分完成，则体积膨胀或缩小也将充分完成。如果土的渗透性很低且剪切进行得很快，则剪切过程中基本上不能吸水或排水，因而体积不变。这时，剪胀或剪缩的趋势将转而产生超孔隙水压力。有剪胀的趋势而不能胀将产生负超孔隙水压力，有剪缩的趋势而不能缩则产生正超孔隙水压力。这样，可以建立一个重要概念，剪应力也能产生超孔隙水压力，条件是：土具有剪胀（剪缩）性，而且剪切过程中不排水。

　　根据黏性土的抗剪强度与密实程度有关以及黏性土的剪胀（剪缩）性，可以推断，如果把两个相同的低渗透性试样，在同一垂直荷载下固结稳定，一个在不排水条件下剪破—剪切进行得很快，试样体积不变；一个在排水条件下剪破—剪切进行得很慢，产生剪胀或剪缩变形，两者的抗剪强度必然也会有较大的差别。因此，剪切过程中的排水条件也是影响土的抗剪强度的又一个主要因素。

　　归根结底，试样在剪切之前的有效应力及其应力历史，以及剪切过程中的排水条件是影响黏性土抗剪强度的主要因素。受这些因素的影响，才使黏性土具有不同于砂土的直剪试验方法及试验结果。

　　（2）三种试验方法

　　把剪前的应力状态与剪切中的排水条件组合起来，工程中采用如下三种试验方法对黏性土进行直接剪切试验。

　　1）快剪（记为 q）

　　切取若干个（通常 4 个）试样，分别放在直剪仪中，试样和透水石之间上下放塑料片。对各试样施加不同垂直荷载 p，比如 100、200、300、400（单位：kPa）。加 p 后，立即较快地施加剪应力，控制在 3～5min 内剪破。把所测得的抗剪强度 τ_f 对应各自的 p 值点绘在 τ_f-p 坐标上，于是得到快剪强度包线及快剪强度指标 c_q、φ_q。

加荷载 p 后立即剪切，目的在于使试样不产生固结（或膨胀）；剪切过程控制在 3～5min 内，目的在于使试样在剪切过程中不排水（或吸水）。由于直剪仪不能密封，尽管进行快剪试验时试样上下都加塑料片阻碍排水，但从塑料片与上下盒的缝隙中以及上下盒之间的剪切缝中都可能有一定程度的排水。只有对于低渗透性黏性土（渗透系数 $k < 10^{-6}$ cm/s），这种排水作用才不会对试验结果造成显著影响。

2）固结快剪（记为 c_q）

切取若干个（通常 4 个）试样，放在直剪仪中，试样和透水石之间上下放滤纸。对各试样施加不同的垂直荷载 p，比如 100、200、300、400（单位：kPa）。加 p 后，待试样固结稳定，通常等待 24h，再较快地施加剪应力，控制在 3～5min 内剪破。把所测得的抗剪强度 τ_f 对应各自的 p 值点绘在 τ_f-p 坐标上，于是得到固结快剪强度包线及固结快剪强度指标 c_{cq}、φ_{cq}。

固结快剪试验中，加 p 后等待 24h，目的在于给予充分的时间使试样固结稳定。而剪切时较快地施加剪应力，目的在于使试样不排水（或吸水）。由于直剪仪不能密封，所以剪切过程尽管只有 3～5min，仍有少量排水（或吸水），对试验结果也有一定影响。

3）慢剪（记为 s）

切样、装样及施加垂直荷载同固结快剪。也要待试样在垂直荷载 p 作用下固结稳定后再开始剪切。与固结快剪的差别在于：慢剪施加剪应力要很慢。《土工试验方法标准》GB/T 50123—2019 建议，达到破坏所经历的时间 t_f 可按下式估算

$$t_f = 50t_{50} \tag{10.13}$$

式中，t_{50} 为侧限压缩试验中，同样试样固结度达到 50% 所需的时间。如果某试样 t_{50} 为 8min，则慢剪施加剪应力至破坏的过程应经过 400min，即持续剪切 6 个多小时。把所测得的抗剪强度 τ_f 对应各自的 p 值点绘在 τ_f-p 坐标上，于是得到慢剪强度包线及慢剪强度指标 c_s、φ_s。

慢剪试验中，缓慢施加剪应力的目的在于使试样能充分排水（或吸水），不产生超孔隙水压力。可适用于各类黏性土。

下面，将较详细地讨论三种试验方法所得强度指标的规律性。

（3）固结快剪试验指标

1）正常固结情况

自然条件下，在水中刚刚沉积下来的黏性土很稀软。随着沉积的进行，它上面的荷载越来越大，因而土越来越密实，强度越来越高。在实验室，为模拟这一过程，说明固结快剪的意义，人工制备一块含水量超过液限的低渗透性饱和黏性土，用它切取 5 个试样。分别装入直剪仪，并向各试样施加荷载 p，比如：$p_0 = 0$，$p_1 = 100$kPa，$p_2 = 200$kPa，$p_3 = 300$kPa，$p_4 = 400$kPa。当荷载较大时，宜分级缓慢施加，以免试样挤出。等待足够的时间使其固结稳定，通常需要 24h。这样，施加剪应力前，各试样的密实程度必然各不相同，各试样剪前孔隙比可在压缩曲线主支上查得，如图 10.19 所示。第一个试样，$p_0 = 0$，未加荷载，因而剪前孔隙比仍保持制备后的状态，含水量大于流限，其固结快剪的抗剪强度

接近零。随着施加 p 的加大，剪前的初始孔隙比逐渐减小，试样依次变密实，试样的抗剪强度必然一个比一个大，试验结果可得到一条通过原点的强度包线，如图 10.19 所示。于是，得到 $c_{cq} \approx 0$，φ_{cq} 值随土质而不同，可从十几度到 $20°$ 以上。这条强度包线与压缩曲线主支相对应，所以也称剪切主支。

在上述固结快剪试验中，每个试样在剪前相对于荷载 p 都处在正常固结状态。所以，所得强度包线反映了正常固结土的强度特性。正常固结土承受剪切应力时，有剪缩的趋势，但由于剪切过程短，对低渗透性土基本上可认为是不排水的。所以，剪缩的趋势转而产生正超孔隙水压力。超孔隙水压力随剪应力的增加而增加。这样，垂直荷载 p 只是在固结稳定后施加剪应力之前是由土骨架承担。随着剪应力逐渐增加，超孔隙水压力也逐渐增加，而荷载 p 保持不变，试样剪破面上的有效应力则逐渐减小。从有效应力的观点，荷载 p 是试样承受剪应力之前的有效固结应力，称为剪前的有效固结压力。所得固结快剪强度包线表示在不排水条件下施加剪应力时，土的抗剪强度与剪前有效固结应力的关系。符号 p 应当用 σ_c' 代替。于是，用固结快剪指标表示抗剪强度时，应为

$$\tau_f = \sigma_c' \tan \varphi_{cq} + c_{cq} \tag{10.14}$$

式中 σ_c' ——施加剪应力前剪破面上的有效应力，简称剪前的有效固结压力。

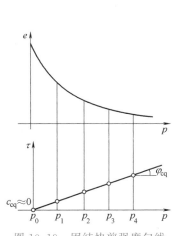

图 10.19   固结快剪强度包线

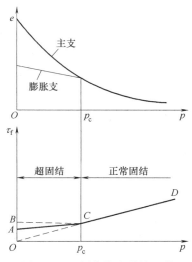

图 10.20   原状饱和黏性土的
固结快剪强度包

2）原状饱和黏性土的固结快剪

在天然土层中取出的原状土，无论它在天然条件相对于自重应力处在正常固结状态、超固结状态或是欠固结状态，都存在一个历史最大的有效应力——先期固结压力 p_c。用具有某一 p_c 值的土进行固结快剪试验时，若加给试样的荷载 p 大于 p_c，则试样将进一步压密，剪前试样相对于 p 处在正常固结状态，其孔隙比在对应的压缩曲线主支上，剪破后将得到一条基本通过原点的强度包线 CD，如图 10.20 所示，称为正常固结段。若加给试样的荷载 p 小于 p_c，经过 $24h$，剪前试样处在卸荷膨胀的状态，即超固结状态，超固结比 $OCR = p_c / p$，其孔隙比在对应的压缩曲线膨胀支上。剪破后将得到一条通过 C 点但

不通过 O 点的强度包线 AC，如图 10.20 所示，称为超固结段。AC 低于水平线 BC 的部分，是由于卸荷膨胀引起的强度降低。不同的 p_c 值，将有不同的超固结段强度包线。

由于强度包线由两段组成，所以强度指标也应区分开。正常固结段与超固结段分别使用各自的 c_{cq}、φ_{cq}。究竟使用哪一组强度指标，要由工程实际应力变化范围来确定。当工程实际应力变化范围处在该土的超固结段时，要使用具有相同 p_c 值的超固结段的 c_{cq}、φ_{cq}。抗剪强度仍用式（10.14）表达，σ_c' 仍表示剪前的有效固结应力。

在实验室测定固结快剪强度指标时，操作人员往往不注意该试样的先期固结压力 p_c 值，只是按常规施加荷载 p，例如 100、200、300、400（单位：kPa），如果试样的 p_c 值很大，比如大于 400kPa，则试验测得的强度包线将是超固结段。如果试样的 p_c 值较小，比如小于 100kPa，则试验测得的强度包线将是正常固结段。有时，p_c 值介于所加 p 值范围之内，这时强度包线将为折线。选取哪一段，应考虑工程实际的应力变化范围。但这种情况常被试验人员认为"试验误差使试验点分散"，画一条照顾每一个试验点的强度包线，这样给出的指标不够理想。

上面，通过重塑饱和黏性土及原状饱和黏性土讨论了固结快剪指标的规律性。对非饱和土，其孔隙（水、气）压力的产生及消散比饱和土复杂，但固结快剪 c_{cq}、φ_{cq} 的规律与前述大致相同。

（4）快剪试验指标

设有一均质正常固结低渗透性饱和黏性土层，深度 z_1 处，自重应力 $\sigma_c = p_c = 100\text{kPa}$。现从该处取出一筒原状土，进行快剪试验。切取 4 个试样分别施加垂直荷载 p 为 100、200、300、400（单位：kPa）。下面，用渗透固结的概念对 4 个试样的应力情况进行简化分析。当试样从天然土层中取出后，试样边界上原来所承受的静水压力及有效应力都卸除了。卸除静水压力不改变试样的有效应力，而卸除有效应力（$\sigma_c = 100\text{kPa}$）将使试样产生膨胀的趋势。这种膨胀的趋势使各试样产生负的超孔隙水压力 $u = -100\text{kPa}$。负的超孔隙水压力限制了膨胀的发生，保持有效应力的存在。对第 1 个试样（$p = 100\text{kPa}$），所加荷载恰好消除试样中负的超孔隙水压力，而有效应力仍保持原有值 $\sigma' = \sigma_c = 100\text{kPa}$。对第 2 试样（$p = 200\text{kPa}$），加载后除消除了负超孔隙水压力外，还产生正超孔隙水压力 $u = 100\text{kPa}$，有效应力仍为 $\sigma' = \sigma_c = 100\text{kPa}$。同理，第 3 个试样（$p = 300\text{kPa}$），$u = 200\text{kPa}$，有效应力 $\sigma' = \sigma_c = 100\text{kPa}$ 不变；第 4 个试样（$p = 400\text{kPa}$），$u = 300\text{kPa}$，有效应力 $\sigma' = \sigma_c = 100\text{kPa}$ 不变。也就是说，4 个试样的有效应力及应力历史是相同的，有效应力都等于土体天然条件下的有效固结应力。如果试样严格不排水，各试样的密实程度也是相同的，它们应具有相同的抗剪强度。所以，快剪试验结果抗剪强度包线应为一条水平线，$\varphi_{cq} = 0$、$\tau_f = c_{q1}$，如图 10.21 所示。

1）快剪与固结快剪强度指标的关系

如果从该土层自重应力 $\sigma_c = 200\text{kPa}$ 的 z_2 深处另取一筒原状土做同样的快剪试验，参照上述分析，4 个试样的应力情况分别为：$p = 100\text{kPa}$ 时，$u = -100\text{kPa}$，$\sigma' = 200\text{kPa}$；$p = 200\text{kPa}$ 时，$u = 0$，$\sigma' = 200\text{kPa}$；$p = 300\text{kPa}$ 时，$u = 100\text{kPa}$，$\sigma' = 200\text{kPa}$；$p = 400\text{kPa}$ 时，$u = 200\text{kPa}$，$\sigma' = 200\text{kPa}$。4 个试样的有效应力和应力历史相同，也具有相同的抗剪强度，强度包线为一水平线。但由于其有效应力增大，因此位置高于前者，得到 $\varphi_q = 0$、$\tau_f = c_{q2}$，如图 10.21 所示。

如果从 $\sigma_c = 300\text{kPa}$、$\sigma_c = 400\text{kPa}$ 的深处取土做快剪试验，则得到图 10.21 中的 $\tau_f = c_{q3}$ 及 $\tau_f = c_{q4}$ 另两条强度包线。

在上面 16 个试样中，如图 10.21 所示，如果把 p 与 σ_c 相等的 4 个点连起来，恰好得到一条固结快剪强度包线的主支（正常固结段），只不过"固结"不是在仪器中进行，而是在天然土层中进行。过固结快剪强度包线上的每一点都通过一条快剪强度包线。固结快剪的各试样是用不同荷载固结，然后在不排水条件下施加剪应力至剪破得到的强度包线；而快剪的各试样则是在同一荷载作用下预固结，然后在剪前施加不同的荷载 p，但不使试样产生新的固结，立即在不排水条件下施加剪应力至剪破得到的强度包线。如果这一预固结荷载是天然土层中的有效应力，则快剪强度也称为天然强度。也可以说，天然强度是试样保持天然密实状态，在不排水条件下剪破所得到的强度。由图 10.21，可以把正常固结土层中某点的天然强度表示为

$$\tau_{f0} = \sigma_c \tan\varphi_{cq} \tag{10.15}$$

式中 τ_{f0}——天然强度。

其余符号同前。

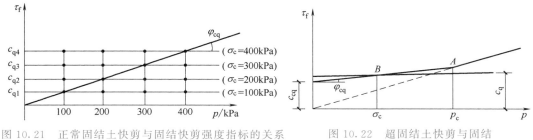

图 10.21 正常固结土快剪与固结快剪强度指标的关系　　图 10.22 超固结土快剪与固结快剪强度指标的关系

2）超固结土快剪与固结快剪强度指标的关系

若某一低渗透性饱和黏性土层，历史上曾受到 p_c 的作用。此时，如果在不排水条件下施加剪应力至剪破，其强度在主支上一点 A，如图 10.22 所示。后来卸荷至 σ_c，其不排水强度将沿相应的超固结段降低至 B 点。如果这时从土层中取出一筒原状土样，做快剪试验，必然得到一条通过 B 点的水平包线，$\varphi_q = 0$、$\tau_f = c_q$，如图 10.22 所示。所以，固结快剪强度包线超固结段上的每一点也通过一条快剪强度包线，超固结土的天然强度也可用固结快剪指标表示为

$$\tau_{f0} = \sigma_c \tan\varphi_{cq} + c_{cq} \tag{10.16}$$

式中 φ_{cq}、c_{cq}——相应超固结段的固结快剪指标。

3）直剪快剪 $\varphi_q \neq 0$ 的原因

上面通过低渗透性饱和黏性土说明了快剪强度指标的特点。但应说明，由于直剪仪不能密封，即使对低渗透性黏性土，试验结果也常有较小的 φ_q 值。比如，软黏土常可测得 3°～5° 的 φ_q 值。对渗透系数 $k \geqslant 10^{-6}\text{cm/s}$ 的黏性土，《土工试验方法标准》GB/T 50123—2019 规定，不宜用直剪仪做快剪试验。因为试验过程中排水影响较大，有时可得到 20° 以上的 φ_q 值，这样的试验结果意义不明确。

对非饱和黏性土，由于加载后气体立即压缩或部分排出，土体变密，强度增加，快剪

测得 $\varphi_q \neq 0$，这是正常的。

（5）慢剪试验指标

慢剪与固结快剪的差别在于：慢剪在施加剪应力的过程中要充分排水，完成剪胀（剪缩）变形，不产生超孔隙水压力。如果把图 10.19 中做固结快剪的各试样固结稳定后，在排水条件下施加剪应力，即缓慢施加剪应力。由于剪前试样相对于 p 处在正常固结状态，所以剪切中将产生剪缩变形。试样进一步压密，所发挥出的抗剪强度必然高于固结快剪，如图 10.23 所示。第一个试样荷载 $p=0$，剪前仍保持制备后的稀软状态，抗剪强度接近零。所以，得到一条基本通过原点的强度包线，$c_s \approx 0$，φ_s 的常见值为 30°左右。

慢剪过程中不产生超孔隙水压力。荷载 p 在剪切过程中一直由土骨架承担，随着剪应力的增加，剪破面上的应力 p、τ 所对应的点垂直上升，所以，垂直于横轴的直线为有效应力路径（ESP）也是总应力路径（TSP），如图 10.23 所示。

由于荷载 p 在剪切过程中一直由土骨架承担，可以把 p 用符号 σ_f' 表示，σ_f' 为剪破时剪破面上的有效应力。所得慢剪强度包线就表示土的抗剪强度与剪破时剪破面上法向有效应力的关系，于是抗剪强度可表示为

$$\tau_f = \sigma_f' \tan\varphi_s + c_s \tag{10.17}$$

如果试样在天然土层中先期固结压力为 p_c，试验时所加荷载 $p > p_c$，则所得慢剪强度包线为正常固结段，如图 10.24 所示。若 $p < p_c$，则为超固结段。在超固结段，慢剪与固结快剪强度指标间的关系为：$c_s < c_{cq}$、$\varphi_s > \varphi_{cq}$。两条强度包线有一交点。交点左侧，慢剪强度低，这是因为交点左侧为高度超固结，剪胀变形使慢剪强度低与固结快剪强度。交点右侧，慢剪强度高，这是因为交点右侧为轻度超固结或正常固结，剪缩变形使慢剪强度高于固结快剪强度。

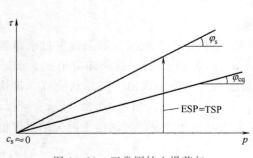

图 10.23　正常固结土慢剪与
固结快剪强度指标的关系

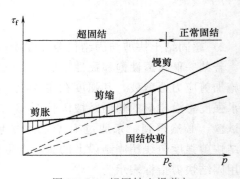

图 10.24　超固结土慢剪与
固结快剪强度指标的关系

【例题讨论】

　　上面介绍了三种直剪试验方法所得黏性土抗剪强度指标的规律性，这些规律性可通过图 10.19～图 10.24 表示。理解这些规律性对正确确定土在各种条件下的抗剪强度，合理选择强度指标很有用处。但一般规律性不能代替具体试验结果，由于影响土的抗剪强度的因素十分复杂，具体试验结果会在一定程度上偏离一般规律。

10.6.2   三轴剪切试验测定土的抗剪强度

1. 三轴剪切仪

三轴剪切仪也称三轴压缩仪,与直剪仪比较,主要优点是能严格控制排水条件并可以量测试样的孔隙水压力。它除可测定强度指标 c、φ 以外,还可测定土的变形指标(如 E、μ)等,还能够进行土的应力-应变关系特性研究。目前,三轴剪切仪的应用正日趋普及。

图 10.25 为应变控制式三轴剪切仪的主要部分。应变控制式是指试验中控制剪切应变速率。三轴剪切仪包括压力室、孔隙水压力量测系统、施加轴向压力 P 的系统及施加周围压力,即固结压力 σ_3 及测量系统。目前,较先进的三轴仪还配备有自动化控制系统、电测和数据自动采集与处理系统等。

三轴试样为圆柱形,常用的高径比(高度与直径之比)为 2~2.5,试样尺寸一般采用(直径)3.91cm×(高度)8cm 或(直径)6.18cm×(高度)15cm。试样包在不透水橡皮膜内。橡皮膜下端绑扎在底座上,上端绑扎在试样帽上。使试样内的孔隙水与压力室内的流体(通常用水)完全隔开。孔隙水通过试样下端的透水石与孔隙水压力量测系统连通,或者通过上端透水石与排水管连通。

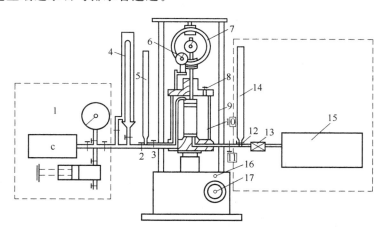

图 10.25   应变控制式三轴仪

1—周围压力系统;2—周围压力阀;3—排水阀;4—反应系统体变管;5—排水管;
6—轴向位移表;7—量力环;8—压力室排气孔;9—轴向加压框架;10—压力室;11—孔压阀;
12—量管阀;13—孔压传感器;14—量管;15—孔压量测系统;16—离合器;17—手轮

2. 三轴剪切试验

试样用橡皮膜绑扎好以后,安装压力室并在压力室内灌满水,向封闭好的压力室内施加围压 σ_3,可使试样承受各向均等压力 σ_3,如图 10.26(a)所示。保持围压不变的条件下,通过抬升下底座施加轴向压力 P,可使试样承受偏应力 $(\sigma_1-\sigma_3)=\dfrac{P}{F}$,式中 F 为试样横截面积,于是试样所承受的大主应力 $\sigma_1=\sigma_3+\dfrac{P}{F}$。$\sigma_3$ 值常用压力表量测,P 值用活塞上面的量力环(或压力传感器)量测。对于饱和试样的排水量用排水体积量管(或体变传感器）量测。试样的竖向应变 ε_a，可用百分表（或位移传感器）量测活塞竖向位移算得。孔隙水压力目前多采用孔隙水压力传感器直接量测。

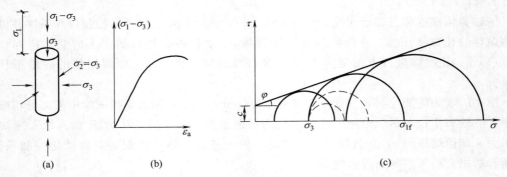

图 10.26　三轴剪切试验确定强度指标的原理

试验时，在压力室内充满水后先通过水向试样施加各向均等压力 σ_3，并保持不变。这时，在应力坐标中试样的应力圆仅为一点，然后逐渐施加竖向压力，即向试样施加偏应力（$\sigma_1-\sigma_3$）。随着轴向应变的变化关系如图 10.26（b）所示，应力圆随之逐渐扩大，如图 10.26（c）中虚线圆所示。由试验过程中（$\sigma_1-\sigma_3$）—ε_a 的关系曲线，即图 10.26（b），选其峰值为破坏点，若无峰值时选竖向应变 $\varepsilon_a=15\%$ 时为破坏点，得到剪破时的偏应力 $(\sigma_1-\sigma_3)_f$ 及大主应力 $\sigma_{1f}=(\sigma_1-\sigma_3)_f+\sigma_3$。用 σ_3、σ_{1f} 作应力圆即获得一个极限应力圆。通常一组试验用三四个试样，每个试样的 σ_3 值不同。这样，一组试验可得到 3～4 个极限应力圆。根据极限平衡条件可知，极限应力圆必与强度包线相切。作各极限应力圆的公切线即为强度包线，如图 10.26（c）所示，从而得到 c、φ 值。这就是三轴剪切试验的过程和原理。

3. 砂土的三轴剪切试验特性

天然条件下的砂土层，在静荷载作用下具备充分的排水条件，建筑物荷载都是由土骨架承受的，不产生超孔隙水压力。因此，室内试验也应使加在试样上的力全由土骨架承受，不产生超孔隙水压力。为此，在砂土的常规三轴剪切试验中施加各向均等压力 σ_3 时要打开排水阀门，使试样充分排水固结。施加偏应力（$\sigma_1-\sigma_3$）时，也要打开排水阀门，并控制试验剪切速率使试样能够充分排水（或吸水），不产生超孔隙水压力。这样测得的砂土的强度包线，其意义与砂土直剪试验一样，都表示剪破面上的法向有效应力与抗剪强度的关系。两种仪器的试验结果也大致相当。工程设计中，两种仪器测得的 φ 角可以互相代替。

4. 孔隙水压力系数 A、B 的测定方法

与砂土不同，黏性土的渗透系数很小，实际工程中黏性土的破坏大多是在不排水条件下发生的，土中产生孔隙水压力。研究在外荷载作用下土中孔隙水压力产生的规律不仅对分析土体的强度与变形具有重要意义，而且也有助于理解黏性土在三轴剪切试验中的性状。

在第 6 章中提及了 Skempton 公式为

$$\Delta u = B[\Delta\sigma_3 + A(\Delta\sigma_1 - \Delta\sigma_3)] \tag{10.18}$$

式中　Δu——受外荷作用后试样孔隙水压力增量；

$\Delta\sigma_1$、$\Delta\sigma_3$——分别为对试样施加的轴向和水平向外荷增量；

　　A、B——孔隙水压力系数。

其中，孔隙水压力系数 B 反映土的饱和程度。孔隙水压力系数 A 反映真实土体在偏应力作用下的剪胀（剪缩）性质。当土体剪缩时，产生正的超孔隙水压力；当土体剪胀时，产生负的超孔隙水压力。

　　孔隙水压力系数 A、B 可用三轴剪切仪测定：把试样按三轴剪切试验的要求装好，关闭排水阀门，施加各向均等应力增量 $\Delta\sigma_3$，测得相应的孔隙水压力增量 Δu_B，于是

$$B=\frac{\Delta u_B}{\Delta\sigma_3} \tag{10.19}$$

　　然后，打开排水阀门，使 Δu_B 消散为零。再关闭排水阀门，通过活塞施加偏应力增量 $(\Delta\sigma_1-\Delta\sigma_3)$，测得相应的孔隙水压力增量 Δu_A，于是

$$A=\frac{\Delta u_A}{B(\Delta\sigma_1-\Delta\sigma_3)} \tag{10.20}$$

式中，B 值的大小由式（10.19）算出。

　　实测结果表明，完全饱和土的 B 值完全有理由视为 1.0，在实验室常用 B 值量测试样的饱和程度。但 A 值，严格讲并不是常数，随偏应力增量 $(\Delta\sigma_1-\Delta\sigma_3)$ 的大小而变化。

　　因砂土的渗透系数很大，在静荷载作用下，孔隙水极易排出，砂土中孔隙水压力几乎无增长，故孔隙水压力系数 A 和 B 主要对黏性土的变形和强度的研究具有意义。

　　A 值大致范围见表 10.1。

A 值的大致范围 表 10.1

土类	A 值
高灵敏度软黏土	$0.75\sim1.5$
正常固结黏土	$0.5\sim1.0$
轻微超固结黏土	$0.2\sim0.5$
一般超固结黏土	$0.0\sim0.2$
高度超固结黏土	$-0.5\sim0.0$

　　实际工程中，A、B 主要用于确定土体在荷载作用下所产生的初始超孔隙水压力。该值是固结计算的初始条件，对分析土体变形及强度增长具有重要意义。

5. 黏性土的三种试验方法

　　在直剪试验中，对黏性土有快剪、固结快剪和慢剪三种试验方法；在三轴剪切试验中，相应地有不固结不排水剪、固结不排水剪和固结排水剪三种试验方法。

　　不固结不排水剪（记为 **UU**），简称不排水剪（**U**）。在试验过程中，施加各向均等压力 σ_3 时，关闭排水阀门（不固结）；施加偏应力 $(\sigma_1-\sigma_3)$ 时，也关闭排水阀门（不排水）。这样测得的强度指标记为 c_u、φ_u。

　　固结不排水剪（记为 **CU**）：试验过程中，施加各向均等压力 σ_3 时，打开排水阀门，使试样在 σ_3 作用下固结稳定；然后，关闭排水阀门，在不排水条件下施加偏应力 $(\sigma_1-\sigma_3)$ 直至剪破。这样测得的强度指标记为 c_{cu}、φ_{cu}。

　　固结排水剪（记为 **CD**），简称排水剪（**D**）。试验过程中，施加各向均等压力 σ_3 时，打开排水阀门，使试样在 σ_3 作用下固结稳定；在施加偏应力（$\sigma_1 - \sigma_3$）的过程中，也要打开排水阀门，并且控制剪切速率缓慢施加偏应力（对低渗透性黏性土，需要几天才能剪坏），使试样充分排水（或吸水），完成剪缩（或剪胀）变形，不产生超孔隙水压力。这样测得的强度指标记为 c_d、φ_d。

　　下面具体介绍黏性土各种试验方法的三轴剪切试验结果的规律性。

　　（1）不固结不排水剪切试验结果

　　由于三轴剪切仪能严格控制排水条件，饱和黏性土不固结不排水剪切试验可测得一条相当满意的水平强度包线，$\varphi_u = 0$、$\tau_f = c_u$，如图 10.27 所示。与直剪快剪一样，如果试样为天然地层中的原状土，则 c_u 表示天然强度。因此可以看出，饱和黏性土的不固结不排水强度指标为定值。但值得注意的是，该值与取土深度密切相关。

　　（2）固结排水剪切试验结果

　　与直剪慢剪一样，三轴固结排水剪切过程中，施加给试样的荷载也完全由土骨架承担，不产生超孔隙水压力。所测得的强度包线也表示剪破时剪破面上的法向有效应力与抗剪强度的关系，如图 10.28 所示。所以工程中，直剪 c_s、φ_s 与三轴 c_d、φ_d 可互相代替。

　　图 10.28 中，σ_c 表示各试样在试验之前所受过的各向均等预固结压力。与直剪类似，强度包线在 σ_c 处转折，左侧为超固结段，右侧为正常固结段。图 10.28 中的第三个应力圆，虽然剪前 $\sigma_3 < \sigma_c$，但剪破时，剪破面上的有效应力超过了 σ_c，所以仍处在正常固结段。

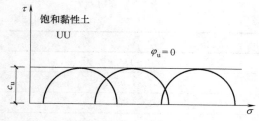

图 10.27　饱和土的不排水剪切试验强度包线

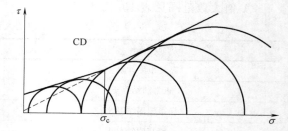

图 10.28　排水剪试验强度包线

　　（3）固结不排水剪切试验结果

　　与直剪固结快剪类似，进行三轴固结不排水剪试验时，如果所施加的固结压力 σ_3 大于先期固结压力 p_c，则剪前，试样相对于 σ_3 处在正常固结状态。如 $\sigma_3 < p_c$，则处在超固结状态。连接正常固结各试样极限应力圆的公切线，可得到一条基本通过原点的强度包线，如图 10.29 中的实线所示。连接超固结各试样极限应力圆的公切线，其强度线不通过原点，如图 10.30 中的实线所示。由于剪破时 σ_{1f}、σ_{3f} 是加在试样上的总应力，所以一般把图 10.29、图 10.30 中的 c_{cu}、φ_{cu} 称为固结不排水剪的总应力强度指标。

　　1）有效应力强度指标

　　在三轴固结不排水剪过程中，可连续测得试样内的孔隙水压力。如果从剪破时的总主应力 σ_{1f}、σ_{3f} 中扣除该时刻的孔隙水压力值 u_f，便得到剪破时的有效主应力 σ'_{1f}、σ'_{3f}

$$\left.\begin{aligned}\sigma'_{1f} &= \sigma_{1f} - u_f\\ \sigma'_{3f} &= \sigma_{3f} - u_f\end{aligned}\right\} \tag{10.21}$$

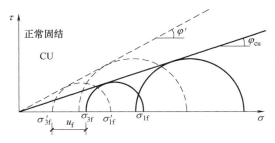

图 10.29　正常固结土固结不排水剪强度包线

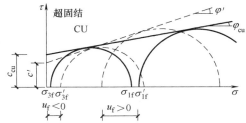

图 10.30　超固结土固结不排水剪强度包线

用 σ'_{1f}、σ'_{3f} 作应力圆，称为有效应力圆。由式（10.21）可知，$\sigma'_{1f}-\sigma'_{3f}=\sigma_{1f}-\sigma_{3f}$，即有效应力圆与原总应力圆大小相等，只是平移一个距离。当 $u_f>0$ 时，有效应力圆向左移，如图 10.29 所示；$u_f<0$ 时，比如高度超固结土，有效应力圆向右移，如图 10.30 所示。根据有效应力圆绘出的强度包线称为有效强度包线，对应的 c' 称为有效黏聚力，φ' 称为有效内摩擦角，合称有效应力强度指标，如图 10.29、图 10.30 中的虚线所示。

由有效应力圆所确定的有效强度包线表示"剪破时剪破面上的法向有效应力与抗剪强度的关系"。这与直剪慢剪、三轴固结排水剪强度包线的意义是一致的。因此，工程上针对黏性土通常不做很费时间的慢剪、固结排水剪，而采用固结不排水剪获得 c'、φ' 代替。

2）直剪固结快剪指标与有效应力强度指标间的关系

三轴固结不排水剪试验可求得 c'、φ'，由此可以联想到直剪固结快剪试验。假如在进行直剪固结快剪试验时，能测出试样内的孔隙水压力。那么在垂直荷载 p 中扣去剪破时的孔隙水压力 u_f，便可得到剪破时的法向有效应力 p'，如图 10.31 所示。把测得的抗剪强度 τ_f 对应 p' 绘在 τ-p 坐标上，得到点 B。把各试样的 B 点连起来，便得到有效强度包线及 c'、φ'。但实际上，直剪试验无法量测孔隙水压力，因此无法通过直剪试验获得有效应力强度指标。

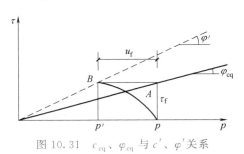

图 10.31　c_{cq}、φ_{cq} 与 c'、φ' 关系

10.6.3　无侧限压缩试验

对于饱和黏性土而言，三轴不固结不排水剪结果为 $\varphi_u=0$、$\tau_f=c_u$，即各试样获得的极限应力圆大小相等。既然如此，只用一个试样便可求得 c_u。试验时，将削好的土样裸露地直接放在无侧限压缩仪上，在不施加侧向压力的情况下，只施加竖向压力快速将试样剪破。剪破时，试样的应力状态为 $\sigma_3=0$，$\sigma_{1f}=q_u$，如图 10.32（b）所示。q_u 称为无侧限抗压强度，为偏应力 q 与轴向应变 ε_a 关系曲线上的峰值，如图 10.32（a）所示。如无峰值，《土工试验方法标准》GB/T 50123—2019 建议取 $\varepsilon_a=15\%$ 时的 q 值。取得 q_u 值后，由图 10.32（c）可知

$$c_u=\frac{1}{2}q_u \tag{10.22}$$

无侧限压缩试验，仪器轻便、操作简单，是测定饱和黏性土不排水剪强度的常用试验方法。但由于土样直接裸露于空气中，不能密封，所以只适用于低渗透性饱和黏性土。常

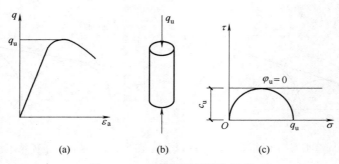

图 10.32　无侧限压缩试验原理

用无侧限压缩试验确定土体的灵敏度，采用原装试样获得的 q_u 除以同样密度和含水量的重塑试样获得的 q_u'，即可获得试样的灵敏度。

10.6.4　十字板剪切试验

十字板剪切试验主要用于现场测定 $\varphi_u = 0$ 的饱和软黏土的不排水剪强度。

十字板剪切仪的主要工作部分见图 10.33。测试前，把十字板测头插入土中待测的土层高程处。然后，在地面上加扭转力矩于杆身，带动十字板旋转，使翼板转动范围内的圆柱形土体与周围不动的土体发生相对的剪切位移，发挥其抗剪强度。通过量力设备测出最大扭转力矩 M_{max}，据此算出土的抗剪强度。

$$c_u = \frac{M_{max}}{\dfrac{\pi D^2}{2}\left(H + \dfrac{D}{3}\right)} \tag{10.23}$$

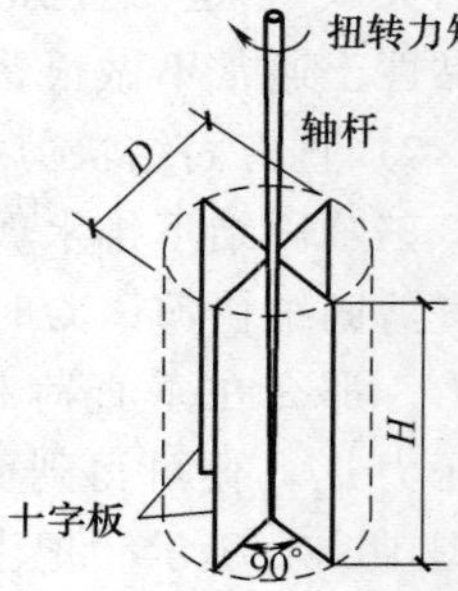

式中　D、H——分别为十字板的宽度（即圆柱体直径）和高度；

　　　　c_u——土的抗剪强度。

图 10.33　十字板

现场十字板剪切试验的主要优点是避免了取土、运输、切样等对土的扰动，使土体基本保持其原有的应力状态和原状结构。是目前用于饱和软黏土强度测试的常用方法，特别对均匀的饱和软黏土更适宜。通过在剪破的土层中再一次进行剪切，能够获得重塑土的抗剪强度。原状土与重塑土的抗剪强度的比值也是土的灵敏度，是测量灵敏度的另一种方法。

10.7　现场平板载荷试验

在重要的建筑物设计中，要求必须采用现场载荷试验确定地基承载力。现场载荷试验分为浅层平板载荷试验和深层平板载荷试验，浅层平板载荷试验适用于确定浅部地基土层的荷载板下应力主要影响范围内的承载力和变形参数，荷载板面积不应小于 $0.25m^2$，对于软土不应小于 $0.5m^2$。深层平板载荷试验适用于确定深部地基土层及大直径桩端土层承载力及变形参数，荷载板采用直径为 $0.8m$ 的刚性板，紧靠承压板周围外侧的土层高度不少于 $80cm$。

平板载荷试验就是在拟建建筑物的场地上先挖一试坑，再在试坑的底部放上一块荷载板，并在其上安装加荷及测量设备等，如图 10.34（a）所示。然后，逐级施加荷载并测读相应的变形值，绘出如图 10.34（b）所示的荷载与变形的关系曲线。根据荷载与变形关系曲线的形式，确定出该建筑物场地地基的临塑荷载 p_{cr} 或极限荷载 p_u。根据地基土类别，按照荷载控制或按照变形控制可获得地基承载力特征值，而且还能通过现场载荷试验确定地基土的变形模量 E。

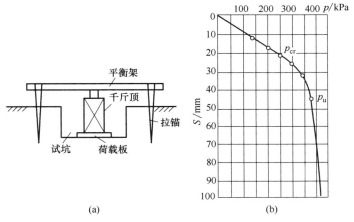

图 10.34 载荷试验及结果示意图

下面主要介绍《建筑地基基础设计规范》GB 50007—2011 规定的利用载荷试验成果 p-S 曲线确定地基承载力特征值的具体方法。

对于密实砂土、硬塑黏土等低压缩性土，其 p-S 曲线通常具有比较明显的起始直线段和极限值，即具有急剧破坏的"陡降段"，如图 10.35（a）所示。说明该类土发生整体剪切破坏。考虑到低压缩性土的承载力特征值通常由强度控制，故规范规定以直线段的终点比例界限荷载 p_{cr}（即临塑荷载）作为地基承载力特征值。此时，地基的沉降量很小，能为一般建筑物所允许，强度安全储备也足够，因由 p_{cr} 发展到 p_u 破坏，还存在较大的压力差值，可满足一般建筑要求。但是，当极限荷载小于对应比例界限的荷载值的 2 倍时，地基承载力特征值取极限荷载值的一半。

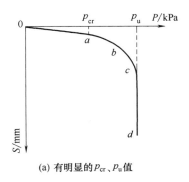

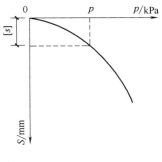

图 10.35 p-S 曲线

对于松砂、人工填土、较软的黏性土，其 p-S 曲线往往无明显转折点，具有缓变渐进破坏特点，曲线属于"缓变型"，如图 10.35（b）所示，说明该类土发生局部剪切破坏或冲剪破坏。由于中、高压缩性土的沉降较大，故其承载力特征值一般受允许沉降量控制。因此，当荷载板面积为 $0.25 \sim 0.5 m^2$ 时，规范规定可取沉降 $S = (0.01 \sim 0.015) b$（b 为荷载板的宽度或直径）所对应的荷载作为承载力特征值，但其值不应大于最大加载量的一半。

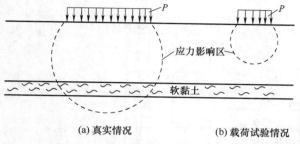

(a) 真实情况　　　(b) 载荷试验情况

图 10.36　载荷试验与真实情况的比较

对同一土层，宜选取 3 个以上的试验点。当各试验点所得的承载力特征值的极差（最大值与最小值之差）不超过其平均值的 30％时，取其平均值作为该土层的地基承载力特征值。

载荷试验的优点能较好地反映天然土体的压缩性和强度。对于成分或结构很不均匀的土层，如杂填土、裂隙土、风化岩等，因为难以取得原状土样，载荷试验则显示出其他方法难以替代的优越性。其缺点是试验工作量和费用较大，时间较长，由于压力的影响深度仅为荷载板宽度的 $1.5 \sim 2$ 倍，由于试验条件所限，荷载板宽度往往远小于实际设计的基础宽度，特别是当设计的基础宽度较宽、基底土层又含有较厚的软弱土层时，可能试验结果无法反映深层地基的影响，还应配合其他方法确定地基承载力（图 10.36）。

【例题讨论】

目前，工程上常用的荷载板的尺寸为 50cm×50cm、70cm×70cm、100cm×100cm。显然，按这样的小尺寸荷载板试验得到的承载力，不能完全反映地基土的真实情况。例如，图 10.36（a）表示建筑场地土层分布和建筑物基础尺寸的真实情况；而图 10.36（b）为载荷试验情况。从两图比较就可以明显看出，平板载荷试验由于载荷板尺寸太小，不能反映软弱夹层对承载力的影响。

因此，不能笼统地说，平板载荷试验就是一种可靠的方法。特别是对于地基情况复杂、软弱土层比较深厚以及基础尺寸大的建筑物来讲，不宜采用小尺寸载荷试验确定地基承载力，否则将导致不良后果。

🔍 思考题

1. 土的基本物理性质指标分别采用何种试验方法测定？

2. 反映无黏性土密实状态的指标有哪些？哪些由试验测定得到？如何测定？

3. 黏性土的界限含水量如何由试验测定？

4. 击实实验的目的是什么？如何应用？

5. 土料的不均匀系数越大，土的颗粒级配越差，该说法对吗？为什么？施工时为了使土料容易压实，应尽可能选用何种级配的土料？

6. 粗粒土和细粒土的分类定名需要进行哪些室内试验？可获得哪些试验结果和指标？

7. 渗透试验的方法有哪些？

8. 侧限压缩试验条件是什么？侧限压缩能够获得哪些试验结果？

9. 说明快剪、固结快剪、慢剪的试验过程及所得强度指标的规律、相关关系。

10. 何为土的剪胀（剪缩）性？说明剪应力产生超孔隙水压力的原因和条件。

11. 何为土的天然强度？如何用固结快剪指标表示天然强度？

12. 试述影响黏性土抗剪强度的主要因素？

13. 实验室中确定土体抗剪强度的三轴剪切试验方法有哪几种？其特点是什么？

14. 通常用哪一种试验方法测定土的有效强度指标 c'、φ'？用排水剪确定 c_d、φ_d 或慢剪确定 c_s、φ_s 代替 c'、φ' 是否可以？是否完全一致？

15. 试比较直接剪切试验与三轴剪切试验的优缺点。

16. 单向压缩试验与三轴剪切试验所获得的应力-应变关系有何主要差异？他们的变形各有何特点？并分析产生差异的原因。

17. 载荷试验结果在任何条件下都可靠吗？为什么？

 习题

1. 某饱和砂层天然密度 $\rho=2.01\text{g/cm}^3$，相对密度 $G_s=2.67$，试验测得该砂最松状态时装满 1000cm^3 容器需干砂 1550g，最紧状态需干砂 1700g，求其相对密实度 D_r，并判断其松密状态。

2. 某黏性土土样的击实试验成果如表 10.2 所示。该土土粒相对密度 $G_s=2.70$，试绘出该土的击实曲线及饱和曲线，确定其最优含水量 w_{op} 与最大干密度 ρ_{dmax}，并求出相应于击实曲线峰点的饱和度与孔隙比 e 各为多少？

击实试验结果 表 10.2

含水量(%)	14.7	16.5	18.4	21.8	23.7
干密度(g/cm³)	1.59	1.63	1.66	1.65	1.62

3. 某黏土试样直剪固结快剪试验结果如表 10.3 所示。

(1) 规范作图确定黏聚力 c_{cq}、摩擦角 φ_{cq}；

(2) 如该土另一试样，用 $p=280\text{kPa}$ 固结稳定，快速施加剪应力至 $\tau=80\text{kPa}$，试判断是否剪破？

习题 3 直剪固结快剪试验结果 表 10.3

p(kPa)	50	100	200	300
τ_f(kPa)	23.4	36.7	63.9	90.8

4. 以一无黏性土的试样在法向应力为 100kPa 作用下进行直剪试验。当剪应力到达 60kPa 时试样破坏，①求出 φ 值；②如法向应力为 250kPa，土破坏时的剪应力是多少？

5. 某低渗透性饱和黏土，直剪慢剪试验结果如表 10.4 所示。

习题 5 直剪慢剪试验结果（kPa） 表 10.4

p	100	200	300	400
τ_f	53.2	106.3	159.5	212.7

（1）规范作图确定 c_s、φ_s；

（2）若该土另一试样作固结快剪，当 $p=200\text{kPa}$、$\tau=65\text{kPa}$ 时剪破，问剪破时试样内的孔隙水压力应为多少？

6. 对砂土试样进行直剪试验，在法向应力 250kPa 作用下，测得剪破时的剪应力 $\tau_f=100\text{kPa}$，试用应力圆确定剪切面上一点的大、小主应力 σ_1、σ_3 数值，并在单元体上绘出相对剪破面 σ_1、σ_3 的作用方向。

7. 以某一饱和黏土作三轴固结不排水剪试验，测得 4 个试样剪破时的最大主应力、最小主应力和孔隙水压力如表 10.5 所示。

试用总应力绘图确定该试样的 φ_{cu}、c_{cu}，并用有效应力绘图确定其 φ'、c'。

习题 7 三轴固结不排水剪试验结果（kPa）　　　　　　表 10.5

试样编号	σ_1	σ_3	u
1	145	60	31
2	228	100	55
3	310	150	92
4	104	200	126

8. 已知饱和黏土层内一点的某一截面上的法向总应力 $\sigma=295\text{kPa}$，孔隙水压力 $u=120\text{kPa}$，该土的有效强度指标为 $c'=12\text{kPa}$，$\varphi'=30°$，试确定该平面上的抗剪强度。

9. 已知某饱和黏土固结排水剪指标 $c_d=0$、$\varphi_d=29°$，现对同一饱和黏土作固结不排水剪试验，测得剪破时 $\sigma_3=132\text{kPa}$，$\sigma_1=228\text{kPa}$，试计算剪破时的孔隙水压力。

10. 有一正常固结饱和黏土试样，已知其不排水剪强度 $c_u=100\text{kPa}$，有效应力强度指标 $c'=0$、$\varphi'=30°$。如果该试样在不排水条件下剪破，问破坏时的 σ_1、σ_3 各为多少？

参 考 文 献

[1] Terzaghi K. Soil Mechanics on Soil Physical Basis [J]. F. Deuticke, 1925.

[2] Terzaghi K. Theoretical Soil Mechanics [M]. John Wiley & Sons, 1948.

[3] Terzaghi K, Peck R B, Mesri G. Soil mechanics in engineering practice [M]. John Wiley & Sons, 1996.

[4] Biot M A. General theory of three-dimensional consolidation [J]. Journal of applied physics, 1941, 12 (2): 155-164.

[5] Bishop A W. The use of the slip circle in the stability analysis of slopes [J]. Geotechnique, 1955, 5 (1): 7-17.

[6] Barron R A. Consolidation of fine-grained soils by drain wells by drain wells [J]. Transactions of the American Society of Civil Engineers, 1948, 113 (1): 718-742.

[7] Drucker D C, Gibson R E, Henkel D J. Soil mechanics and work-hardening theories of plasticity [J]. Transactions of the American Society of Civil Engineers, 1957, 122 (1): 338-346.

[8] Roscoe K H, Poorooshasb H B. A theoretical and experimental study of strains in triaxial compression tests on normally consolidated clays [J]. Geotechnique, 1963, 13 (1): 12-38.

[9] Fredlund D G, Morgenstern N R. Stress state variables for unsaturated soils [J]. Journal of the geotechnical engineering division, 1977, 103 (5): 447-466.

[10] Fredlund D G, Rahardjo H. Soil mechanics for unsaturated soils [M]. John Wiley & Sons, 1993.

[11] Mitchell J K, Soga K. Fundamentals of Soil Behavior, John Wiley&Sons [J]. Inc., New York, 1993, 422.

[12] Vanapalli S K, Fredlund D G, Pufahl D E, et al. Model for the prediction of shear strength with respect to soil suction [J]. Canadian geotechnical journal, 1996, 33 (3): 379-392.

[13] Croney D. Pore pressure and suction in soil [C] //Proc. of Conf. on Pore Pressure and Suction in Soils. Institution of Civil Engineers, 1960: 31-37.

[14] Lee I M, Sung S G, Cho G C. Effect of stress state on the unsaturated shear strength of a weathered granite [J]. Canadian Geotechnical Journal, 2005, 42 (2): 624-631.

[15] 邵龙潭. 孔隙介质力学分析方法及其在土力学中的应用 [D]. 大连: 大连理工大学博士学位论文, 1996.

[16] Jennings J E. A revised effective stress law for use in the prediction of the behaviour of unsaturated soils [J]. Pore pressure and suction in soils, 1961: 26-30.

[17] Skempton A W. Effective stress in soils, concrete and rocks [C] //Proceedings of Conference on Pore Pressure and Suction in Soils, London, 1961. 1961: 4-25.

[18] Alonso E E, Pereira J M, Vaunat J, et al. A microstructurally based effective stress for unsaturated soils [J]. Géotechnique, 2010, 60 (12): 913-925.

[19] Lu N, Godt J W, Wu D T. A closed-form equation for effective stress in unsaturated soil [J]. Water Resources Research, 2010, 46 (5).

[20] 雷志栋, 杨诗秀, 谢森传. 土壤水动力学 [M]. 北京: 清华大学出版社, 1988.

[21] 邵龙潭, 温天德, 郭晓霞. 非饱和土渗透系数的一种测量方法和预测公式 [J]. 岩土工程学报, 2019, 41 (05): 806-812.

[22] 温天德. 非饱和土的渗透系数研究及其应用 [D]. 大连: 大连理工大学, 2019.

[23] Duncan J M, Chang C Y. Nonlinear analysis of stress and strain in soils [J]. Journal of the soil mechanics and foundations division, 1970, 96 (5): 1629-1653.

[24] Duncan J M, Wright S G. The accuracy of equilibrium methods of slope stability analysis [J]. En-

gineering geology，1980，16（1-2）：5-17.

[25] Henkel D J. The relationships between the effective stresses and water content in saturated clays [J]. Geotechnique，1960，10（2）：41-54.

[26] Parry R H G. Observations on laboratory prepared lightly overconsolidated specimens of kaolin [J]. Geotechnique，1973，24（3）：345-358.

[27] Roscoe K H，Burland J B. On the generalized stress-strain behaviour of wet clay. 1968.

[28] 刘港. 基于全表面测量的三轴土样剪切破坏过程研究 [D]. 大连：大连理工大学，2017.

[29] Xia P，Shao L，Deng W. Mechanism study of the evolution of quasi-elasticity of granular soil during cyclic loading [J]. Granular Matter，2021，23（84）：1-15.

[30] Coulomb C. Test on the applications of the rules of maxima and minima to some problems of statics related to architecture [J]. Mem Math Phys，1773，7：343-382.

[31] Flamant A. On the distribution of pressures in a transversely loaded rectangular solid [J]. Comptes Rendus，1892，114：1465-1468.

[32] 谢康和. 双层地基一维固结理论与应用 [J]. 岩土工程学报，1994，16（5）：24-35.

[33] 天津大学主编. 土力学 [M]. 北京：人民交通出版社，1980.

[34] Biot M A. General theory of three-dimensional consolidation [J]. Journal of Applied Physics，1941，12（2）：155-164.

[35] Skempton A W. Adress on Effective Stress in Soils，Concrete and Rocks，Pore Pressure and Suction in Soils [C] //Conf. Butterworth London. 1960：4-25.

[36] 钱家欢，殷宗泽. 土工原理与计算 [M]. 北京：中国水利水电出版社，1993.

[37] 邵龙潭，唐洪祥，韩国城. 有限元边坡稳定分析方法及其应用 [J]. 计算力学学报，2001.

[38] 赵杰. 边坡稳定有限元分析方法中若干应用问题研究 [D]. 大连：大连理工大学，2006.

[39] 邵龙潭. 土坝边坡及混凝土重力坝地基滑动稳定分析的广义数学规划法 [D]. 大连：大连理工大学，1989.

[40] 邵龙潭，刘士乙，李红军. 基于有限元滑面应力法的重力式挡土墙结构抗滑稳定分析 [J]. 水利学报，2011.

[41] 唐洪祥，邵龙潭. 地震动力作用下有限元土石坝边坡稳定性分析 [J]. 岩石力学与工程学报，2004，23（8）：1318-1324.

[42] 邵龙潭，韩国城. 堆石坝边坡稳定分析的一种方法 [J]. 大连理工大学学报，1994，34（3）：365-369.

[43] 冯树仁，丰定祥，葛修润，等. 边坡稳定性的三维极限平衡分析方法及应用 [J]. 岩土工程学报，1999，21（6）：657-661.

[44] Hungr O，Salgado F M，Byrne P M. Evaluation of a three-dimensional method of slope stability analysis [J]. Canadian geotechnical journal，1989，26（4）：679-686.

[45] 住房和城乡建设部. 建筑地基基础设计规范：GB 50007—2011. 北京：中国建筑工业出版社，2012.

[46] 交通运输部. 公路桥涵地基与基础设计规范：JTG 3363—2019. 北京：人民交通出版社，2019.

[47] 住房和城乡建设部. 土工试验方法标准：GB/T 50123—2019. 北京：中国计划出版社，2019.